"十三五"普通高等教育本科系列教材

建设工程合同管理

主　编　王瑞玲
副主编　刘亚丽　张泽颖　宋蓉晖
编　写　王建辉　宋春叶
主　审　郑应亨

扫描二维码，关注公众号，
获取《建设工程合同管理》
相关更新案例，以及拓展知识

内 容 提 要

本书为“十三五”普通高等教育本科系列教材。全书注重知识的系统性和延续性，重点突出，体现实践中招投标与合同管理新的发展和变化。主要内容包括：建设工程合同管理概述、合同法基本原理、建设工程招标与投标、建设工程施工合同管理、建设工程监理合同管理、建设工程其他合同管理、国际工程合同条件、建设工程索赔及管理、建设工程合同管理综合案例等。书中理论和实际相结合，选取了大量实践案例，体例新颖，形式活泼，读者可以从中汲取经验教训。每章所附习题贴近工程实际，可以拓展视野，检验学习效果。

本书主要作为普通高等院校工程管理相关专业教材，也可供从事工程管理和工程咨询相关工作的专业人员阅读参考。

图书在版编目（CIP）数据

建设工程合同管理/王瑞玲主编．—北京：中国电力出版社，2020.6（2024.2 重印）
“十三五”普通高等教育本科规划教材
ISBN 978-7-5198-4439-4

Ⅰ．①建…　Ⅱ．①王…　Ⅲ．①建筑工程－经济合同－管理－高等学校－教材　Ⅳ．①TU723.1

中国版本图书馆 CIP 数据核字（2020）第 041468 号

出版发行：中国电力出版社
地　　址：北京市东城区北京站西街 19 号（邮政编码 100005）
网　　址：http://www.cepp.sgcc.com.cn
责任编辑：熊荣华（010-63412543）
责任校对：黄　蓓　王海南
装帧设计：张俊霞
责任印制：吴　迪

印　　刷：廊坊市文峰档案印务有限公司
版　　次：2020 年 6 月第一版
印　　次：2024 年 2 月北京第四次印刷
开　　本：787 毫米×1092 毫米　16 开本
印　　张：16
字　　数：389 千字
定　　价：48.00 元

前　言

建设工程合同管理是高等院校工程管理相关专业的一门主干课程，在课程体系中占据重要地位。建设工程合同管理课程内容不仅在项目实践中扮演重要作用，还对注册造价工程师、建造师等执业能力的培养具有重要作用，是工程管理、工程造价专业人才核心能力培养所需的重要知识结构之一。本书在编写内容上注重知识的系统性和延续性，重点突出，紧随时代发展，体现实践中工程合同管理新的发展和变化。

本书本着理论与实践相结合的目的，大量采用了实践案例，希望通过案例，让读者加深理解，进一步巩固相关理论知识，并从中汲取经验教训。在每章的开头设置了引导案例，目的是事先设问，引起读者的兴趣，让读者读而有获，从而达到本书编写的目的。

本书可作为高等院校工程管理、工程造价相关专业教材，也可作为从事工程管理和工程咨询相关工作的专业人士的参考书，同时还可作为相关领域培训教材使用。

本书由王瑞玲担任主编，刘亚丽、张泽颖、宋蓉晖担任副主编。全书共九章，其中第一章由王瑞玲、王建辉编写；第二章由王瑞玲、张泽颖编写；第三章由刘亚丽、张泽颖编写；第四章由王瑞玲、王建辉编写；第五章由刘亚丽、刘洪峰编写；第六章由王瑞玲、刘亚丽、宋春叶编写；第七章由王瑞玲、宋蓉晖编写；第八章由刘亚丽、李亮编写；第九章由王瑞玲编写。全书由王瑞玲统稿。由郑应亨教授主审。

在本书的编写过程中，查阅了许多国内外专家和学者的著作，如东南大学李启明教授的《土木工程合同管理》等，并借鉴了其中部分内容，在此不一一列出，谨向他们表示深深的谢意！限于编者的水平，书中难免会有不足之处，敬请各位专家和读者批评指正，相关意见和建议请发至邮箱：wangrui661@126.com（王瑞玲）。对您的意见和建议，我们深表感谢!

编　者

2020 年 3 月

扫描二维码，关注公众号，

获取《建设工程合同管理》

相关更新案例，以及拓展知识

目　录

前言

第一章　建设工程合同管理概述……1
　第一节　建设工程合同管理的特征和要求……1
　第二节　建设工程合同过程管理……3
　第三节　建设工程合同纠纷管理……7
　第四节　工程合同的风险管理……9
　本章综合案例……13
　复习思考题……17
第二章　合同法律基础知识……18
　第一节　概述……18
　第二节　合同的订立……20
　第三节　合同的效力……23
　第四节　合同的履行……26
　第五节　合同的变更、转让与终止……27
　本章综合案例……29
　复习思考题……31
第三章　建设工程招标与投标……32
　第一节　建设工程招标与投标概述……32
　第二节　建设工程招标的范围和方式……36
　第三节　建设工程招标、投标的程序和工作内容……39
　第四节　建设工程投标决策与报价……61
　第五节　不同招标、投标应注意的问题……68
　本章综合案例……78
　复习思考题……82
第四章　建设工程施工合同管理……83
　第一节　建设工程施工合同概述……83
　第二节　建设工程施工合同的订立……86
　第三节　施工准备阶段的合同管理……92
　第四节　建设工程施工过程的合同管理……95
　第五节　建设工程竣工阶段的合同管理……112
　本章综合案例……120
　复习思考题……126

第五章　建设工程监理合同管理 127
第一节　监理合同概述 127
第二节　监理合同的订立 128
第三节　监理合同的履行管理 131
本章综合案例 134
复习思考题 138
第六章　建设工程其他合同管理 139
第一节　建设工程勘察设计合同及管理 139
第二节　建设工程物资采购合同管理 158
第三节　建设工程分包合同管理 164
第四节　技术咨询和技术服务合同 168
本章综合案例 178
复习思考题 181
第七章　国际工程合同条件 182
第一节　常用的国际工程合同条件简介 182
第二节　FIDIC 施工合同条件 189
第三节　FIDIC 设计采购施工（EPC）/交钥匙项目合同条件 202
本章综合案例 207
复习思考题 210
第八章　建设工程索赔及管理 211
第一节　建设工程索赔概述 211
第二节　工程索赔的程序及文件 217
第三节　工程索赔值的计算方法 223
本章综合案例 225
复习思考题 230
第九章　建设工程合同管理综合案例 231

参考文献 248

第一章　建设工程合同管理概述

【引导案例】 小浪底工程如何省下38亿投资?

被国内外专家称为“世界上最富挑战性工程”的小浪底水利枢纽，是治理黄河的关键性控制工程。工程投资除国内投资外，还使用了11.09亿美元的国际贷款，其中世界银行贷款8.9亿美元，也是世界银行在中国最大的贷款项目。在长达11年的建设中，工程建设经受了各方的严峻考验，克服了许多意外的风险因素，节余投资38亿元，占总投资近11%。在通货紧缩期施工的大型工程，因物价因素出现节余并不为奇。但小浪底38亿元的节余中，27.3亿元来自管理环节。专家分析，这主要得益于小浪底工程坚持了先进的建设机制，以合同管理为核心。

在工程建设中，业主以合同为依据，解决工程建设过程中的各类问题。要求参与建设的所有人员在处理日常事务中均要遵守合同的规定，根据合同确定的原则处理变更事项。例如二标的工期严重拖期，其承包联营体的牵头企业——德国旭普林公司直接与小浪底建设管理局的领导接触，进行“高层会谈”，讨论工期延误如何处理，并借此机会向业主提出高额补偿，而不保证按合同规定日期截流，这样的高层会谈反复10余次，不能达成协议，竟使承包商感到业主有求于他。这显然是不符合合同条款的规定，势必使工期延误更趋严重。咨询工程师按合同条款的规定直接处理这一合同问题。这样，才把施工合同管理工作纳入了正常轨道，使二标承包商处于承担合同的严峻压力之下。

【评析】 合同是人们合作的基础，并且是处理随后出现争执的依据，项目管理者应认识到合同管理在项目实施过程中的重要作用。

第一节　建设工程合同管理的特征和要求

一、建设工程合同管理的概念和特征

（一）建设工程合同管理的概念

建设工程合同管理，是指在工程建设活动中，对工程项目所涉及的各类合同的协商、签订与履行过程中所进行的科学管理工作，以保证工程项目目标实现的活动。

工程合同管理的目标主要包括工程的工期管理、质量与安全管理、成本（投资）管理、信息管理和环境管理。其中，工期主要包括工程范围和规模、工程总工期、工程开工与竣工日期、工程进度及工程中的一些主要活动的持续时间等；工程质量主要包括安全、使用功能及耐久性能、环境保护等方面所有明显的、隐含的能力和特性总和。

（二）建设工程合同管理的特征

主要特征有：工程规模大；工期长；投资多；技术与施工复杂；涉及单位多；合同条款多，内容具体详细，涉及技术、经济、法律等诸多方面知识；合同纠纷多。

二、建设工程合同管理的基本要求

1. 必须严格遵守国家的法律、法规

我国《建筑法》明确规定，工程项目禁止肢解发包、转包、非法分包。在工程的招标与投标中，禁止以低于工程成本的报价投标。

2. 主体应合格

关于工程承包的主体资格，国家法律有比较严格的规定。首先，自然人不能成为工程承包的主体；其次，承包方的资质条件必须合格，否则，所签订的合同无效，其所得为非法所得，国家将依法予以没收。当前，在建筑活动中表现较为突出的是挂靠问题，即无资格或资质条件不够的自然人和企业，以资质合格建筑企业的名义承揽工程，这种行为在当前的建筑活动中具有一定的普遍性。

3. 工程合同条款应完备、准确与一致

所谓完备，主要指合同的条款完整，不能有漏项；合同的内容齐全，具体详细，不能笼统。

所谓准确，主要指合同的条款应定义准确、清楚，并应是肯定的、具体的、可执行的，不能含糊不清；对双方责任的约定应明确，特别是对具体问题的约定，各方该做什么，不该做什么，谁负责，谁承担费用等，都应有十分明确的约定。

所谓一致，主要指对合同条款前后约定一致，双方对合同条款的解释一致，切忌合同同一条款产生两种及以上的解释。

4. 应按合同的约定严格履行义务

签订合同是为了履行合同。因此，必须按合同的约定全面履行自己的义务，否则就要承担违约责任。

5. 应采用合同示范文本

合同示范文本是指为实现经济合同签订的规范化，由政府职能部门或权威部门将各类经济合同的主要条款、式样等制订出规范的、具有指导性的合同文本，用以推广使用。它具有规范性、可靠性、完备性、适用性等特点。

6. 工程合同文本应标准化

《中华人民共和国民法典》（以下简称《民法典》）第470条规定：“当事人可以参照各类合同的示范文本订立合同”。推广合同示范文本制度，能使当事人订立合同更加认真、更加规范，对于提示当事人在订立合同时更好地明确各自的权利义务，尽量减少合同约定缺款少项，防止合同纠纷，起到了积极的作用。

三、建设工程合同管理的目标

建设工程合同是承包人实施工程建设活动，发包人支付价款或酬金的协议。建设工程合同的顺利履行是建设工程质量、投资和工期的基本保障，不但对建设工程合同当事人有重要意义，还对社会公共利益、公众的生命健康都有重要意义。

（一）发展和完善建筑市场

作为社会主义市场经济的重要组成部分，建筑市场需要不断发展和完善。市场经济与计划经济的最主要区别在于：市场经济主要是依靠合同来规范当事人的交易行为，而计划经济主要是依靠行政手段来规范财产流转关系。因此，发展和完善建筑市场，必须有规范的建设工程合同管理制度。

在市场经济条件下，由于主要是依靠合同来规范当事人的交易行为，合同的内容将成为

实施建设工程行为的主要依据。依法加强建设工程合同管理，可以保障建筑市场的资金、材料技术、信息、劳动力的管理，保障建筑市场有序运行。

（二）推进建筑领域的改革

我国建筑领域推行项目法人责任制、招标投标制、工程监理制和合同管理制。在这些制度中，核心是合同管理制度。因为项目法人责任制是要建立能够独立承担民事责任的主体制度，而市场经济中的民事责任主要是基于合同义务的合同责任。招标投标制实际上是要确立一种公平、公正、公开的合同订立制度，是合同形成过程的程序要求。工程监理制也是依靠合同来规范业主、承包人、监理人相互之间关系的法律制度。因此，建筑领域的各项制度实际上是以合同制度为中心相互推进的，建设工程合同管理的健全和完善无疑有助于建筑领域其他各项制度的推进。

（三）提高工程建设的管理水平

工程建设管理水平的提高体现在工程质量、进度和投资的三大控制目标上，这三大控制目标的水平主要体现在合同中。在合同中规定三大控制目标后，要求合同当事人在工程管理中细化这些内容，在工程建设过程中严格执行这些规定。同时，如果能够严格按照合同的要求进行管理，那么工程的质量就能够得到有效的保障，进度和投资的控制目标也就能够实现。因此，建设工程合同管理能够有效地提高工程建设的管理水平。

（四）避免和克服建筑领域的经济违法和犯罪

建筑领域是我国经济犯罪的高发领域，其原因主要是工程建设中的公开公正公平做得不够好。加强建设工程合同管理，特别是健全和完善建设工程合同的招标投标制度，将建筑市场的交易行为置于阳光之下，约束权力滥用行为，能有效地避免建筑领域的违法犯罪行为。加强建设工程合同履行的管理也有助于政府行政管理部门对合同的监督，避免建筑领域的经济违法和犯罪现象。

第二节　建设工程合同过程管理

一、建设工程合同订立前的管理

合同订立前的管理也称合同总体策划。合同签订意味着合同生效和全面履行，所以必须采取严谨、认真的态度，做好签订前的准备工作。

（一）项目合同管理的制度保证

1. 合同责任制

责任制是以部门、单位、岗位为主体制订的，规定了每个人应该承担的责任，强调创造性地完成各项任务。责任制是根据职位、岗位划分的，不同的职位、岗位因其重要程度和责任轻重不同而不同。责任制完成的标准是多层次的，可以评定等级。责任制建立的基本要求是：一个独立的职责，必须由一个人全权负责，同时应做到人人有责可负。

2. 合同管理章程

项目合同管理章程是以各种活动、行为为主体，明确规定人们行为和活动不得逾越的规范和准则。

3. 合同文档系统

建立合同文档系统是合同履行的重要保证。作用主要在两个方面：一是有利于搜集工期延长和费用索赔的证据；二是有利于搞好工程进度控制，建立和完善工程项目的报告制度。

（二）工程合同分析

1. 合同合法性分析

合同合法性分析的内容有：①当事人资格；②项目是否具备招标和签订合同的全部条件；③合同内容及其所指行为是否符合法律要求；④有些需经公证或官方批准方可生效的合同，是否已办妥了相关手续，获得了证明或批准。对于基础设施工程建设项目的合同分析尤应注意这点。

2. 合同完备性分析

合同的完备性分析应从合同文件完备性和合同条款完备性两个方面来进行。

3. 合同公平性分析

合同公平性分析主要是分析合同所规定的双方的权利和义务的对等、平衡和制约问题。

4. 合同整体性分析和合同类型的选择

合同条款是一个整体，各条款之间有着一定的内在联系和逻辑关系。一个合同事件，往往会涉及若干条款，如关于合同价格就涉及工程计量、计价方式、支付程序、调价条件和方法、暂列金额的使用等条款，必须认真分析这些条款在时间上和空间上、技术上和管理上、权利义务的平衡和制约上的顺序关系和相互依赖关系，各条款之间不能出现缺陷、矛盾或逻辑上的问题。

5. 合同条款的选用分析

合同条款和合同协议书是合同文件最重要的部分，发包人应在保证履行招标承诺的基础上，根据需要选择拟订合同条款，可以选用标准的合同条款，也可以根据需要对标准的文本做出修改限定或补充。

6. 合同间的协调分析

建筑工程项目的建设，要签订若干合同，如勘察设计合同、施工合同、供应合同、贷款合同等。在合同体系中，相关的同级合同之间、主合同与分合同之间关系复杂，必须对此做出周密的分析和协调，其中既有整体的合同策划，又有具体的合同管理问题。

7. 合同文字唯一性和准确性分析

对合同文件解释的基本原则是“诚实信用”，所有合同都应按其文字所表达的意思准确而正当地予以履行。

二、建设工程合同订立中的管理

合同订立阶段，意味着当事人双方经过工程招标投标活动，充分酝酿，经过合同谈判，达成一致意见，从而建立起建设工程合同法律关系。

合同谈判是指合同双方在合同签订前进行认真仔细的会谈和商讨，将双方在招投标过程中达成的协议具体化或做某些增补与删改，对价格和所有合同条款进行法律认证，最终订立一份对双方都有法律约束力的合同文件的过程。

（一）谈判准备

合同谈判的结果直接关系到合同条款的订立是否对己方有利。因此，在合同正式谈判开始前，合同各方应深入细致地做好充分的思想准备、组织准备、资料准备等，为合同谈判最后的成功奠定基础。

（二）缔约谈判

1. 初步洽谈

初步洽谈前要做好市场调查、签约资格审查、信用审查等工作。如果双方通过初步洽谈了解到的资料及信息同各自所要达到的预期目标相符，就可以为下一阶段的实质性谈判做好准备。

2. 实质性谈判

在双方通过初步洽谈并取得了广泛的相互了解后，就可以进入实质性谈判阶段。主要谈判的合同条款一般包括标的物的数量和质量、价款或酬金、合同的履行、验收方法、违约责任等条款。

3. 签约

由于项目的复杂性和合同履行的长期性，在签约前必须就双方一致同意的条件拟订明确、具体的书面协议，以明确双方的权利和义务。具体形式可由一方起草，并经商讨后由另一方确认后形成；或者由双方各起草一份协议，经双方综合讨论，逐条商定，最后形成双方一致同意的合同。

（三）缔约谈判中解决的主要问题

在合同谈判中，应在保证招标要求和中标结果的基础上，谈判相应的合同细节。

1. 工程项目活动的主要内容

工程项目活动的主要内容即承包人应承担的工作范围，主要包括监理、勘察、设计、施工材料和设备的供应、工程量的确定、人员和质量要求等。

2. 合同价格

合同价格是合同谈判中的核心问题，也是双方争取的关键。价格是受工作内容、工期及其他各种义务制约的，除包括单价、总价、工资和其他各项费用外，还有支付条件及附带条件等内容都需要进行认真谈判。

3. 工期

工期是合同双方控制工程进度和工程成本的重要依据，因此在谈判过程中，要依据施工规划和确定的最优工期，考虑各种可能的风险影响因素，双方商定一个较为合理、双方都满意的工期，以保证有足够的时间来完成合同，同时不影响其他项目的进行。

4. 验收

验收是工程项目建设的一个重要环节，因此需要在合同中就验收的范围、时间、质量标准等做出明确的规定。在合同谈判过程中，双方需要针对这些方面的细节性问题仔细商讨。

5. 保证

主要有各种投标保证金、付款保证、履约保证、保险等细节内容。

6. 违约责任

在合同履行过程中，当事人一方由于过错等原因不履行或不完全履行合同时，无过错方有权要求对方承担损失并承担赔偿责任。当事人可以在合同中规定惩罚性条款。这一内容关系到合同能否顺利执行、损失能否得到有效补偿等事项，因而也是合同谈判中双方关注的焦点之一。

（四）缔约过失责任

缔约过失责任是指合同当事人在订立合同过程中，因违反法律规定、违背诚实信用原则，致使合同未能成立，并给对方造成损失而应承担的损失赔偿责任。与违约责任不同的是，缔约过失责任发生在合同成立之前，适用于合同未成立、合同未生效、合同无效等情况下对过失方责任的追究。

三、建设工程合同履行中的管理

（一）合同及履行的具体形式

1. 实际履行

实际履行又称实物履行，是指合同当事人必须严格按照合同规定的标的来履行各自应尽的义务。

实际履行双方当事人必须严格遵守有关法律规定，但遇到下列情况时，允许以货币等其他物品和劳务行为代替履行，或者根据情况变更原则，在另一方当事人不同意变更或解除原合同时，向仲裁机构申请仲裁，或向人民法院起诉。

（1）由于不可抗力因素致使合同无法实际履行；

（2）以特定物为标的的合同实物已经灭失，实际履行已不可能；

（3）由于一方违约，合同履行成为不必要。

2. 全面履行

全面履行又称适当履行，指在合同履行过程中，必须按照合同规定的标的数量和质量，在规定的时间地点、以规定的方式全面履行合同规定的各项义务。

3. 合同的不履行

凡是违反实际履行和全面履行要求的行为都称为不履行合同。

不履行合同的情况是复杂的，原因有多种，包括全部不履行、部分不履行、到期不履行等情况。

（二）违约责任

违反合同的法律责任可分为当事人责任和直接责任人责任。不履行经济合同的行为是由于当事人的过错所引起的，则当事人的行为是一种违约行为，应承担法律责任，简称违约责任。

1. 违约责任的形式

当事人违反合同时应承担违约责任，其形式如下：支付违约金、支付赔偿金、采取补救措施、继续履行合同、解除合同等。

2. 违约责任的减免

当事人一方由于不可抗力的原因不能履行合同时，可以根据情况部分或全部免予承担违约责任。

（三）工程合同的履行中止

合同的履行中止是指合同当事人双方在履行合同过程中，由于当事人一方不能履行合同规定的义务时，另一方当事人为了避免使合同的不履行造成损失而暂时停止履行合同中规定的权利义务的一种法律行为。合同履行中止的法律后果有承担赔偿责任、继续履行合同、承担违约责任等。

第三节　建设工程合同纠纷管理

合同纠纷，是指合同当事人对合同履行情况和不履行后果产生争议，或对违约责任承担等问题所产生的不同看法。

对合同履行情况发生的争议，一般是对合同是否已经履行、履行是否符合合同约定所产生的意见分歧。对合同违约责任承担问题所发生的争议，则是指合同当事人之间没有履行或没有完全履行合同的责任，应由哪一方负责和该负多少责任而发生的意见分歧。

一、工程合同纠纷产生的原因

在建设工程合同订立及履行过程中，各参与方发生纠纷是常有的事。导致建设工程合同中各当事人发生纠纷的原因主要有以下几个方面。

（一）建设工程涉及的问题广泛而复杂

建设工程活动涉及勘探测量、设计咨询、物资供应、现场施工、竣工验收、维护修理全过程，有些还涉及试车投产、人员培训、运营管理，乃至备件供应和保证生产等工程竣工后的责任；每一项进程又都可能牵涉到标准、劳务、质量、进度、监理、计量和付款等有关技术、商务、法律和经济问题。这些都要在合同中明确规定，各方严格遵守而不发生任何异议是很困难的。尽管建设工程合同一般均很详细，有些甚至多达数卷十多册，但仍难免有所缺陷。几乎所有条款都同成本、价格、支付和各方责任发生联系，直接影响各方的权利、义务和损益，这就更加易于使各方坚持己见，由彼此分歧而酿成纠纷。

（二）建设工程合同一般履行时间很长

在漫长的履约过程中，建设工程内外环境条件、法律条例以及工程发包人的意愿变化都会导致工程变更、履约困难和支付款项方面等问题，由此而引起的工期拖延和迟误的责任划分常常引起纠纷。从承包人方面来说，由于工期很长，事先对资金、机具设备和材料、劳务安排等估计不足或处置不妥，因而使成本提高，出现亏损或进度拖延的现象，为使工程继续进行，承包人期望从发包人一方获得补偿。在施工过程中的补偿要求或索赔往往会遭到监理工程师和发包人的拒绝，这也是引发纠纷的另一重要因素。

（三）合同各方的利益期望值相悖

需要特别指出的是，在商签合同期间，发包人和承包人的期望值并不一致，发包人要求尽可能将合同价格压低并得到严格控制执行；而承包人虽然希望尽可能提高合同价格，由于竞争激烈，只好在价格上退让，以免失去中标机会，但希望在执行合同过程中通过其他途径获得额外补偿。这种期望值的差异虽因暂时妥协而签了合同，却埋下了此后发生纠纷的隐患。

二、工程合同中的常见纠纷

许多纠纷案例表明，常见纠纷集中在承包人同发包人之间的经济利益方面。大致有以下一些方面。

（一）已完工程量纠纷

除非合同另有规定，多数工程承包合同的付款是按实际完成工程量乘以该项工程内容的单价计算的。尽管合同中已列出了工程量，但实际施工中会有很多变化，包括设计变更、现场工程师签发的变更指令、现场条件变化（如地质、地形等）以及计量方法等引起的工程数量的增减。这种工程量的变化几乎每天或每月都会发生，而且承包人通常在其每月申请工程进度付款报表中列出，希望得到额外付款。但常因与现场监理工程师有不同意见而遭拒绝或者拖延不决。

（二）质量纠纷

质量方面的纠纷包括工程中所用材料不符合合同规定的技术标准要求，提供的设备性能和规格不符，不能生产出合同规定的合格产品、通过性能试验检测，不能达到规定的质量要求，施工和安装有严重缺陷等。质量纠纷往往变成责任问题纠纷。

（三）工期延误责任纠纷

一项复杂的大型工程的工期延误，往往原因错综复杂。在许多合同条件（包括 FIDIC 合同条件）中都规定了误期损害赔偿费的罚则，但也有许多条款规定承包人对于非自己责任的工期延误免责，甚至对某些由于发包人方面原因造成的工期延误有权要求发包人赔偿该项工期延误造成的损失。例如由于设计变更不得不暂时局部停工，承包人不仅有权要求工期延长，还可以要求赔偿停工期间劳力和施工机具的窝工损失，甚至还可以相应要求对其现场管理费、总部管理费及利润等损失赔偿。由于工期延误的原因可能是多方面的，要分清各方的责任往往十分困难。

（四）工程付款纠纷

上述工程量、质量和工期的纠纷都会导致或者直接表现为付款纠纷。在整个施工过程中，发包人在按进度支付工程款时，往往会根据监理工程师的意见，扣除那些他们未予确认的工程量或存在质量问题的已完工程的应付款项，这种未付款项累积起来可能形成一笔很大的金额，使承包人感到无法承受而引起纠纷，而且这类纠纷在工程施工的中后期可能会越来越严重。承包人会认为由于未得到足够的应付工程款而不得不将工程进度放慢下来；而发包人则会认为在工程进度拖延的情况下更不能多支付给承包人任何款项。这就会形成恶性循环而使争端越演越烈，甚至引发中止合同。

（五）关于中止合同的纠纷

属于发包人中止合同造成的纠纷有：承包人因这种中止造成的损失严重而得不到足够的补偿；发包人对承包人提出的补偿费用计算持有异议等。

属于承包人中止合同造成的纠纷有：承包人因设计错误或发包人拖欠应支付的工程款；发包人不承认承包人提出的中止合同的理由，也不同意承包人的责难及其补偿要求等。

（六）关于终止合同的纠纷

除非是人力不可抗拒的因素，任何终止合同的纠纷都是难以调和的矛盾。终止合同一般都会给某一方或者双方造成严重的损害，如何合理处置终止合同后的权利主张和义务，往往是这类纠纷的焦点。

（七）发包人和承包人的其他常见纠纷

除上述纠纷外，以下一些纠纷也时有发生。例如：

（1）众多独立的承包人处于同一工地，由于发包人或其监理工程师管理协调不周，造成相互干扰或影响，因为这些承包人之间并没有合同法律关系，那些受到不合理干扰和影响的承包人只能向发包人提出有关责任纠纷。

（2）承包人未经发包人事先同意，将部分工程分包或转包给其他分包商而引起纠纷。

（3）价格调整方面的纠纷。在工程变更中可能出现某些原招标和投标文件中没有的新工程内容，因而要确定一个新的价格。承包人认为临时增加新内容使之不得不采取零星订货办法获得较贵的新增材料，并采用计日工资支付劳务费；而现场监理工程师只同意采用原工程价格表中的类似项目确定价格而产生纠纷。对于有调价条款规定的合同，承包人在物价上涨时要求发包人进行调价补偿，但调价计算常常是一个极为复杂的问题，不仅牵涉到价格变动的依据，还有不同时期已购买材料的数量和涨价后购买材料数量的核定，以及未能及早订购材料的责任问题。

（4）由于法规和政策变化导致承包人的成本增加或减少而引起的价格纠纷。在合同签订以后，有关法规、法令或政策发生变化，可能对成本产生严重影响。

三、工程合同中的纠纷处置方式

合同争议和纠纷的发生比较常见，发生合同争议和纠纷时如何处置对双方当事人来说都极为重要。处置合同争议和纠纷的主要方式有：和解、调解、仲裁或诉讼。

（一）和解

和解是指合同当事人发生争议后，在没有第三方介入的情况下，在自愿互谅的基础上，就已经发生的争议进行谈判并达成协议，自行解决争议的一种方式。它的特点在于：无需第三方介入，简便易行，能及时解决争议，并有利于双方的协作和合同的继续履行。

（二）调解

指合同当事人于争议发生后，在第三方即调解人的主持下，根据事实和法律，经过第三方的说服与劝解，争议双方互谅互让，自愿达成协议，从而公平、合理地解决纠纷的一种方式。根据调解人的不同，合同争议的调解有民间调解、仲裁机构调解和法庭调解三种。

（1）民间调解是指当事人临时选任的社会组织或者个人作为调解人对合同争议进行调解。调解成功，双方签署调解协议书，该协议书对当事人具有与合同相同的法律约束力。

（2）仲裁机构调解是指当事人将其争议提交仲裁机构后，经双方当事人同意，将调解纳入仲裁程序中，由仲裁庭主持进行，仲裁庭调解成功，制作调解书，双方签字后生效，只有调解不成才进行仲裁。调解书与裁决书具有同等的效力。

（3）法庭调解是指由法院主持进行的调解。当事人将其争议提起诉讼后，可以请求法庭调解。调解成功，法院制作调解书，调解书经双方当事人签收后生效，调解书与生效的判决书具有同等效力。

（三）仲裁

仲裁又称为公断，是指当发生合同纠纷而协商不成时，仲裁机构根据当事人的申请，对其相互之间的合同争议，按照仲裁法律规范的要求进行仲裁并作出裁决，从而解决合同纠纷的法律制度。根据《中华人民共和国仲裁法》的规定，仲裁分为国内仲裁和涉外仲裁。

（四）诉讼

指司法机关和当事人在其他诉讼参与人的配合下，为解决合同争议或纠纷依法定诉讼程序所进行的全部活动。诉讼参与人，包括原告、被告、第三人、证人、鉴定人、勘验人等。

第四节　工程合同的风险管理

一、建设工程风险的概念和特征

（一）建设工程风险的概念

所谓建设工程风险是指在建设工程合同的履行中可能发生的不确定性事件给当事人所带

来的损失或利益。现代工程项目的特点是投资大、技术复杂、建设周期长、市场竞争激烈等。工程承包不仅涉及从工程项目筹备到项目完成的一系列的项目实施过程，还要涉及贸易、金融、税收、保险、外汇、海关、法律等一系列问题。就具体项目来说，承包商还要针对每个工程的经济技术特征和业主的要求，研究确定自己的实施方案，包括适用技术、所需施工机械、物资采购与运输、劳动力招募、分包选择和资金运筹等，如果是“交钥匙”工程，还包括前期的咨询设计和后期的试生产等工作。正是由于工程的特点和建筑市场的激烈竞争，承包工程中隐藏着大量不确定因素和风险，因此工程承包业尤其是国际工程承包业，是一项高风险性的事业。

（二）建设工程风险的特征

1. 客观性

风险是客观存在的，人们必须承认和正视，并采取积极的态度认真对待。

2. 不确定性

风险是不确定的，这是由事物发展和不断变化所决定的。人们必须对风险发生的频率及其造成损失的程度作出主观判断，从而采取相应措施应对风险。

3. 可预测和可预防性

风险虽是客观存在和不确定的，但却是可预测和预防的。当风险可能带来损失时，人们必须采取预防措施，尽量避免和化解风险。

4. 利益与损失的双重性

风险往往会导致损失，包括直接损失和间接损失。当事人必须采取措施，尽量减少或避免损失。风险的发生虽然会带来损失，但也隐含着巨大的赢利机会。风险越大，赢利机会越大，反之则越小，这是风险的报酬效应。由于利益的驱动，当事人往往甘冒风险，但如果代价太大或决策者小心慎重时，往往就会对风险采取回避行动，这就是风险的约束效应。风险这两个方面的效应同时存在，同时发生作用，且相互矛盾和抵消。因此，业主或承包商应及时抓住可能赢利的机会，主动而不是被动地接受风险，争取以较小的风险争取更多的收益。

二、风险的种类

（一）政治风险

政治风险是指由于政治因素可能给业主和承包商所带来的风险，是业主与承包商最难以承受的最大风险之一。主要包括：

（1）政治局势的风险（如政治的稳定性、战争、社会动乱、禁运、罢工、政变等）。表现为：业主借此终止合同或毁约；建设现场遭受战争破坏，无法继续施工；工程延期导致工程成本增加；承包商为保护生命财产而增加额外开支等。

（2）国有化及没收外资的风险。政府宣布国有化，没收外国在该国的资产和资金，包括对外国承包公司强收差别税、禁止外国公司将其利润汇出国外、拒绝办理出国物资清关和出关、对外国供应商和服务不许支付汇款等。

（3）拒付债务的风险。政府单方面废止其工程项目合同，宣布拒付债务；私营业主毁约或拒付，承包商要承担能否胜诉的风险。

（4）政策与法律的风险。如国家调整税率或增加新税种、新的外汇管理政策等。

（5）社会治安与风气的风险。

（6）发包国政府的国际信誉。

（7）国际交往关系。

（8）政府行政管理的特点等。

（二）经济风险

经济风险大多是付款方面的风险，如：

（1）外汇风险。

（2）市场上价格竞争风险。包括商品价格的稳定性、外贸、国内外市场价格对比等情况。

（3）业主的商业信誉与经济状况风险。

（4）承包商的商业信誉与经济状况风险。

（5）发包国的国内经济形势风险。

（6）税收歧视风险。

（7）带资承包、实物支付的风险。

（8）出具保函风险。包括无理凭保函取款，不及时归还保函等。

（9）垄断与不正当竞争风险。

（10）波及效应。由于分包商违约造成的工期拖延，影响工程衔接，致使其他分包商向总包商提出赔款

（11）平衡所有权。为保护本国利益，政府往往采取各种规定和限制。例如：对合资公司中的外资股份进行限制；规定外国公司必须有当地代理人，雇佣当地工人和工程师等。

（三）技术风险

技术风险常常表现为：

（1）技术规范不合理，或要求高。

（2）现代工程规模大、结构复杂、功能要求高，施工技术难度大，或需要新技术、新工艺以及特殊的施工设备。

（3）现场施工难度大、条件复杂、干扰因素多。

（4）承包商的技术力量、施工力量、装备水平、工程管理水平不足，在投标报价和工程实施过程中的失误，例如技术设计、施工方案、施工计划和组织措施存在缺陷和漏洞，计划不周，报价失误等。

（5）施工计划方案、组织措施有缺陷或不合理。

（6）在国际工程中还常常出现对当地法律、语言不熟悉，对技术文件、工程说明和规范理解不正确的现象。

（7）工程变更较大或频繁。

（四）自然风险

自然风险系指工程所处的地理环境和可能碰上的自然灾害，人力不可抗拒的人为或非人为事件，主要包括：气候条件、环境条件、自然灾害、灾害事故等。

三、工程项目合同风险管理的方法

（一）风险分析及其评价

承包工程的风险有其必然性和偶然性。风险的必然性是指它的发生、发展和消除是有规律的，应当努力探索和认识其规律，把风险造成的损害降到最低。由于承包工程中，承包商处于复杂而变化的多种因素中，很难全面认识这些因素，这就是风险产生的偶然性。但必然性与偶然性是相对的，任何偶然性又是同必然性相联系的。表面看来，某一风险是偶然的，

但其后面隐藏着必然性的规律。风险问题说到底是一个经营管理问题，承包商必须做好调查研究工作，在选择项目和投标阶段，以系统工程和经济控制论的方法对风险进行分析和预测、评议和管理，估量风险所带来的经济损失。

（二）风险控制及处理

承包商在风险管理中，除了分析和评价风险，更重要的是采用适当的策略预防和应对风险。因此，从投标、签订合同到履行合同的整个过程中，承包商都要研究和采取减轻或转移风险的方法，对风险进行控制。

1. 回避风险

（1）对某些存在致命风险的工程拒绝投标。

（2）采取一些报价策略和技巧，避免风险，例如采用修改设计法、不平衡报价法、多方案报价法等。

（3）在法律和招标文件允许的条件下，在投标书中使用保留条件、附加或补充说明，这样可以给合同谈判和索赔留下伏笔。

2. 减轻风险

（1）增加投标报价。提高报价中的不可预见费。对风险大的合同，承包商可以提高报价中的风险附加费，为风险作资金准备，以弥补风险发生所带来的部分损失，使合同价格与风险责任相平衡。

（2）争取合理的合同条款。对于招标文件中的合同条款，承包商应当逐条加以追究，对那些含有风险的条款，应当在洽谈阶段根据权利和义务对等的原则，力求与业主公平划分责任。合同双方通过合同谈判，完善合同条文，选择合适的合同类型，使合同能体现双方权利义务关系的平衡和公平合理，这是在实际工作中使用最广泛，也是最有效的对策。例如：对业主的延迟付款，可以要求支付利息，而且可以争取明确延付的期限，如超过期限，应增加利率。

（3）加强经营管理。承包商要加强经营管理，尽量减少自己的失误，如避免发生工程质量、安全事故等。同时，承包商要在商务、银行、市场等方面广泛收集各种信息，学会与当地人交往，使自己能应付各种风险，防患于未然。

（4）提高职工素质。减轻风险的根本措施是提高职工素质。许多风险的出现，如监理工程师的刁难造成的施工中断，若施工人员熟悉技术规范和合同条款，则可以说服对方，让对方改变态度，使施工得以继续。

3. 转移风险

（1）购买工程保险。保险是业主和承包商转移风险的一种重要手段。承包商虽然要花费一定数额的保险费，但这种方式可以将大部分风险转移给保险公司，使承包商不至于遭到毁灭性打击。承包工程保险有工程一切险、施工设备保险、第三方责任险、人身伤亡保险等。

（2）施工机械设备的租赁，可以使承包商获得新型设备的使用权，避免因施工机械陈旧、效率低以及更新设备而带来风险。

4. 分散风险

（1）与其他承包商建立联营体，联合承包，共同承担风险。

（2）承包商可以根据自己的能力同时承担几项工程，这样有助于分散亏损的风险，加速资金周转，相应地增加收入。但是，要注意各项工程之间的协调与调度工作。

（3）承包商还可以利用分包与转包，将一些风险大的分项工程分包出去，向分包商转嫁风险，这也是当前通用的方法。但是，分包与转包的合同条款中，必须要求分包商接受招标文件中的合同条款，还必须要求分包商同样提供履约保函、维修保函以及保险单等。

（4）承受风险。由于承包商及其雇员失职而造成的经济损失将由承包商自己承担，因此承包商在编制企业经费预算时，要单列风险损失费，有计划地储备资金，以备不时之需；并且要密切注意风险发生和发展的征兆，做出风险损失的预测，提请经理人员和各管理部门采取必要的措施，防止风险的发生与扩大。当非自身原因造成风险并带来损失的，应及时向责任方提出索赔（即包括向业主、保险公司和分包商的索赔），用索赔和反索赔来弥补或减少损失，提高合同价格，增加工程收益，补偿由风险造成的损失。

本章综合案例

案例1　合同缺陷引起的一场合同纠纷

英国的一个钢铁公司应某桥梁工程公司的要求，为一座钢桥的改建加固提供大量的铸钢锚固节点。桥梁公司在向钢铁公司提交的一份供货意向书中，提出了铸钢节点的技术质量标准，以及严格的供货期限，并要求钢铁公司提出所供货物的价格。桥梁公司在意向书中特别强调了以下三点：

（1）根据钢铁公司的报价，拟与公司签订一份分包合同；

（2）分包合同的标准格式由桥梁公司提出，其中对交货期的要求甚为苛刻，任何拖期交货将承受数额可观的罚款；

（3）要求钢铁公司开始制造和供货，合同的协商和签字等工作，待双方达成一致后办理。

根据桥梁公司的要求，钢铁公司开始了铸钢节点的制造和分批供货工作，但由于桥梁公司对节点的技术质量标准做了修改，而且对拖期供货的责任要求过于苛刻，加上报价上的差距，双方长期未能达成一致，无法签订分包合同。10个月后，桥梁公司要求的供货任务即将完成，但对钢铁公司的中期付款仅支付了一小部分，拒绝继续付款，并对钢铁公司的某些拖期供货提出了索赔要求。在双方争执不下时，钢铁公司将桥梁公司告到了法庭。

法官们对此项合同争端的实质详细了解之后，也感到难以裁决，因为：①这是一个没有正式合同的工程承包争端。虽然桥梁公司提出了供货意向书和技术质量标准，但钢铁公司对其苛刻的拖期供货罚款条款不能接受，桥梁公司对钢铁公司的报价也没有接受。意向书并不是合同，它不具备合同的法律效力。②对原告钢铁公司的补偿额难以确定。对钢铁公司已完成的大量工作，按理应给予合理的补偿，但缺乏具体的合同条款来确定一个合理的款额。在这种情况下，法院只好依据普通法系统的法律原则，对此案进行审理判决，法官参照赔偿法和不正当致富法的原则规定，裁定桥梁公司继续向钢铁公司支付工程款，直至达到法院裁定的合理金额。

在合同争端的审理过程中，法官可以根据合理的金额的原则，确定违约一方应该向受损害方支付一定数额的、合理的经济补偿。针对这一争端，法官说，同他们的期望相反，合同未能签订。这样，已完成的工程便没有可参照的合同条款来确定它的价值，而不正当致富法可以向要求进行施工的一方强加责任，令其支付已完工程的合理款额，这样的支付责任，就是赔偿，也就是一个准合同。根据以上原则，法官裁定由桥梁公司向钢铁公司补偿的款额包括：已提供的铸钢节点的直接费和生产管理费，并包括该钢铁公司的多年平均利润率。

评析：

案例中阐述的合同纠纷，是由于钢铁公司轻率地、在没有签订合同的条件下承担起了向桥梁公司制造并供应铸钢节点的任务。原以为桥梁公司提出分包合同文本后，双方可以很快地达成协议，并签订正式的合同。但由于甲方的分包合同条款中对拖期供货提出了苛刻的罚款要求，又修改了供货的技术质量标准，而且拒绝接受乙方的报价款额，导致长期讨论而不能达成一致。如果是有经验的承包商，乙方这时应立即停止制造和供货，同甲方谈判，并在合同正式签订之前暂停供货，但遗憾的是，乙方采取边供货边谈判的做法，以致供货任务完成时，合同还没有签订，在没有合同的条件下完成了自己的合同任务，却不能得到应有的报酬。

对于这种没有合同的“合同争端”，无论是仲裁还是诉讼，解决起来都比较困难，因为它无合同条款的依据。但是仲裁员或法官不得不寻找相关的法律法规或国际惯例对这样的合同争端做出裁决。此案例给了我们以下教训：

（1）没有正式签订的合同，不要开始施工。在我国现阶段工程承包市场还不是很完善的情况下，有些承包商为了急于承揽工程，在合同未签订之前就开始施工，有的甚至垫资施工，这样的做法往往会给承包商带来较大的损失，从而引起争端。

（2）没有议定工程变更的新单价，可以不开始实施变更。有的工程变更，属于超出合同、工作范围，或变更量巨大，或施工难度超出预料，均应议定新单价。

（3）对于重大的施工索赔事项，如果业主有意拖延不决，或无理由拒绝时，承包商可以放慢施工进度，甚至暂停施工。这一点，在FIDIC施工合同条件（红皮书）第4版第69.1条和第69.4条做了规定：在1999年FIDIC新版红皮书的第16.1条及第16.2条中也明确了这个规定。

案例2 某联合体承建非洲公路项目风险

我国某工程联合体（某央企和某省公司共同组成）在承建非洲某公路项目时，由于风险管理不当，造成工程严重拖期，亏损严重，同时也影响了中国承包商的声誉。该项目业主是该国政府工程和能源部，出资方为非洲开发银行和该国政府，项目监理是英国监理公司。

在项目实施的四年多时间里，中方遇到了极大的困难，尽管投入了大量的人力、物力，但由于种种原因，合同于2005年7月到期后，实物工程量只完成了35%。2005年8月，项目业主和监理工程师不顾中方的反对，单方面启动了延期罚款，金额每天高达5000美元。为了防止国有资产的进一步流失，维护国家和企业的利益，我国承包商在我国驻该国大使馆和经商处的指导和支持下，积极开展外交活动。

2006年2月，业主致函我国承包商同意延长3年工期，不再进行工期罚款，条件是我国承包商必须出具由当地银行开具的约1145万美元的无条件履约保函。由于保函金额过大，又无任何合同依据，且业主未对涉及工程实施的重大问题做出回复，为了保证公司资金安全，维护我方利益，中方不同意出具该保函，而用中国银行出具的400万美元的保函来代替。但是，由于政府对该项目的干预未得到项目业主的认可，2006年3月，业主在监理工程师和律师的怂恿下，不顾政府高层的调解，无视我方对继续实施本合同所做出的种种努力，以我方企业不能提供所要求的1145万美元履约保函的名义，致函终止了与中方公司的合同。针对这种情况，中方公司积极采取措施并委托律师，争取安全、妥善、有秩序地处理好善后事宜，力争把损失降至最低。

该项目的风险主要有：

外部风险：项目所在地土地全部为私有，土地征用程序及纠纷问题极其复杂，当地民众阻工的事件经常发生，当地工会组织活动活跃；当地天气条件恶劣，可施工日很少，一年只有1/3的可施工日；该国政府对环保有特殊规定，任何取土采沙场和采石场的使用都必须事先进行相关环保评估并最终获得批准方可使用，而政府机构办事效率极低，这些都给项目的实施带来了不小的困难。

承包商自身风险：在陌生的环境特别是当地恶劣的天气条件下，中方的施工、管理、人员和工程技术等不能适应于该项目的实施。在项目实施之前，尽管我方承包商从投标到中标的过程还算顺利，但是其间蕴藏了很大的风险。业主委托一家对当地情况十分熟悉的英国监理公司起草该合同。该监理公司非常熟悉当地情况，将合同中几乎所有可能存在的对业主的风险全部转嫁给了承包商，包括雨季计算公式、料场情况、征地情况。我方公司在招投标前期做的工作不够充分，对招标文件的熟悉和研究不够深入，现场考察也未能做好，对项目风险的认识不足，低估了项目的难度和复杂性，对可能造成工期严重延误的风险并未做出有效的预测和预防，造成了投标失误，给项目的最终失败埋下了隐患。随着项目的实施，该承包商也采取了一系列的措施，在一定程度上推动了项目的进展，但由于前期的风险识别和分析不足以及一些客观原因，这一系列措施并没有收到预期的效果。特别是由于合同条款先天就对我方承包商极其不利，造成了我方索赔工作成效甚微。

内部风险：在项目执行过程中，由于我方承包商内部管理不善，野蛮使用设备，没有建立质量管理、保证体系，现场人员素质不能满足项目的需要，现场的组织管理沿用国内模式，不适合该国的实际情况，对项目质量也产生了一定的影响。这一切都导致项目进度仍然严重滞后，成本大大超支，工程质量也不如意。

该项目由某央企工程公司和省工程公司双方五五出资参与合作，项目组主要由该省公司人员组成。项目初期，设备、人员配置不到位，部分设备选型错误，中方人员低估了项目的复杂性和难度，当项目出现问题时又过于强调客观理由。现场人员素质不能满足项目的需要，现场的组织管理沿用国内模式。在一个以道路施工为主的工程项目中，道路工程师却严重不足甚至缺位，所造成的影响是可想而知的。在项目实施的四年间，该承包商竟三次调换办事处总经理和现场项目经理。在项目的后期，由于项目举步维艰，加上业主启动了惩罚程序，这使原本亏损巨大的该项目雪上加霜，项目组织也未采取积极措施稳定军心。由于看不到希望，现场中外职工情绪不稳，人心涣散，许多职工纷纷要求回国，当地劳工纷纷辞职，这对项目也产生了不小的负面影响。由上可见，尽管该项目有许多不利的客观因素，但是项目失败的主要原因还是在于承包商的失误，前期工作不够充分，特别是风险识别、分析管理过程不够科学。尽管在国际工程承包中价格因素极为重要而且由市场决定，但可以说，承包商风险管理（及随之的合同管理）的好坏直接关系到企业的盈亏。

评析：

对于施工项目，承包商绝对不能低估所需完成的工程量和所需投入的资源（人工、机械设备、材料等）数量，如果低估了工程量和资源数量，以及通货膨胀或变更（不管是否有业主或工程师的变更通知）的影响，成本就会超支。而且可能会发生工期延误的风险。管理成本超支风险主要存在以下几方面：

人工、机械设备、材料的成本以及日常费用（包括维护与更换成本）；相关法律、法规规定的费用；贷款的利息支付；应上缴的地方和国家税收；变更及索赔；通货膨胀、工资上涨以及重要进口物资的汇率波动；处理建筑垃圾和受污染土地的费用；现金流（资金的减少、如周转不灵，就会影响分包商和供应商的工作状况）；不必要的或过高的施工保函或担保；雇佣了不得力的分包商；不充分的现场调查等。

项目没有在合同规定的竣工日期前完成（考虑经协商同意或通知的工期延长）就是工期延误，该风险与施工合同条款密切相关，如果是由于承包商的失误造成工期延误，承包商就需要支付违约赔偿金或罚金。施工阶段特别是施工前期导致工期延误的主要原因有：合同不公平，合同管理不规范、设计或图纸的错误、变更过多或图纸供应延误、施工现场用地获取延误、施工错误（特别是设计复杂的情况下）、分包商或供应商的过失、恶劣的天气、未预计到的现场地质情况或设施供应情况、施工方法或设备选择错误、争端、材料短缺、人员、机械设备或事故、规划许可或审批延误。

案例 3 自然力作用产生的风险

某地扶贫工程公路网建设，是世行贷款项目，按 FIDIC 合同条件进行合同管理。公路网全长 160km，于 2009 年 10 月建成。但是，在项目缺陷责任期期间，2010 年 6 月 17 日该地区遭遇暴雨袭击，3 次倾盆暴雨降雨量分别为 417mm、467mm、497mm，暴雨持续时间均为 5 ~ 6h，导致整个地区全部公路网约 81%的公路路段全部被洪水淹没，水深达 2m，浸泡时间超过 200h，路基、路面遭受严重水毁。据水文和气象部门统计资料证明，实际洪水频率已大大超过百年一遇。世行监督团在现场督察期间，向项目业主建议，根据 FIDIC 合同条件第 20.4 款“业主风险”第（h）项，“一个有经验的承包商通常无法合理地预见防范任何自然力的作用”写出专题报告，由业主承担风险，向世行申请增拨水毁修复贷款。世行根据实际水毁损失，批准增拨水毁修复贷款 441 万美元，被毁工程于 2011 年 6 月全部修复。

评析：

（1）该项目遭受的特大罕见洪水自然灾害，其实际洪水频率均大大超过了设计洪水频率，完全符合 FIDIC 合同条件第 20.4 款“业主风险”第（h）项，而且此项目在合同规定的缺陷责任期内，水毁修复工程属于正常的合同管理范围。因此，世行同意按业主风险条款处理批准增拨水毁修复工程费用以保持项目的连续性和完整性是完全正确的。

（2）世行监督团通过现场考察向业主建议由业主承担风险并向世行申请增拨水毁修复工程费用的做法，不仅避免了承包商进行施工索赔的繁复手续，减少国家关于水毁修复的直接投资以外，更体现了世行监督团在项目管理和合同管理上的负责精神。

关于“业主风险”条款中自然力产生的风险的损失，世行在合同管理中也比较实事求是地对待和处理。只要自然力作用造成的风险损失符合世行专用条件中所规定的2条，即：一个有经验的承包商不能合理预见或能合理预见但他不能合理地采取措施以避免这种力量所造成的损失或损坏，也不能合理地对此予以投保。但是总的要求是这种事故损失必须发生在项目永久工程实施的施工现场。

复习思考题

1．合同管理的特征是什么？
2．合同缔约谈判主要解决什么问题？
3．合同纠纷产生的原因有哪些？
4．合同风险的控制方法有哪些？
5．合同面临的风险有哪些？

第二章 合同法律基础知识

【引导案例】 李某与包工头陈某签订的雇佣合同中，有“若不注意安全，受伤后责任自己承担”的条款。2008 年 7 月，李某摔伤，用去医疗费 5000 余元。李某找包工头陈某要求给予赔偿，被拒绝。李某能要求陈某赔偿吗？

【评析】 这是典型的格式条款中的免责条款。《合同法》和即将实施的《民法典》都明确规定了两种无效免责条款：①造成对方人身伤害的；②因故意或者重大过失造成对方财产损失的。根据该规定，该雇佣合同中的免责条款无效，李某与陈某约定的该条款属无效条款。陈某作为雇主，应赔偿李某的摔伤损失。

第一节 概 述

合同法是民法的一个分支，是调整平等主体之间的交易关系的法律，即将于 2021 年 1 月 1 日起施行的《民法典》“第三编 合同”也调整因合同产生的民事关系。《民法典》施行时，婚姻法、继承法、民法通则、收养法、担保法、合同法、物权法、侵权责任法、民法总则同时废止。

合同是民事主体之间设立、变更、终止民事法律关系的协议。依法成立的合同，受法律保护。依法成立的合同，仅对当事人具有法律约束力，但是法律另有规定的除外。

一、合同订立的基本原则

（1）平等原则。合同当事人的法律地位平等，一方不得将自己的意志强加给另一方。

（2）自愿原则。当事人依法享有自愿订立合同的权利，任何单位和个人不得非法干预。

（3）公平原则。当事人应当遵循公平原则确定各方的权利和义务，正当行使合同权利和履行合同义务，兼顾他人利益。对于显失公平的合同，当事人一方有权请求人民法院或仲裁机构变更或撤销。

（4）诚实信用原则。当事人行使权利、履行义务应当遵循诚实信用原则。

（5）公共秩序和善良风俗原则。当事人订立合同、履行合同，应当遵守法律、行政法规，尊重社会公德，不得扰乱社会经济秩序，损害社会公共利益。

二、合同的性质

1. 公平性

（1）指双方当事人签订合同时的地位是平等的，相互间的权利义务关系是对等的，享受了权利就应当承担义务。

（2）指司法机关与仲裁机构办案，解决经济纠纷应依法办事，与法律的准绳应一致，要一碗水端平，不偏不倚。

2. 道义性

我国制定的各项法律都是从道义出发的，如《中华人民共和国刑法》第 49 条规定：“犯罪的时候不满 18 岁的人和审判的时候怀孕的妇女，不适用死刑。” 这体现了刑事责任能力的要求及人道主义关怀。

3. 规范性

合同必须具备三点，即：①条件，在什么条件下；②行为，办什么事；③结果，要达到什么目的。如果不具备这三点，合同就无法成立。

4. 纲领性

（1）超前性。在签订合同时，应预见今后一个时期要达到何种目的或可能发生的情况，从而制订必要的预防措施，明确写在合同条款中。

（2）先行性。在签订合同之前应先行一步，对对方资信情况、市场信息进行事前调查和预测。

5. 避免矛盾性

合同条款不能前后矛盾，应严谨。

6. 可行性

凡做不到的，不宜在合同中签订。

7. 效力不可追溯性

合同的效力，在正式生效前是不受法律保护的，一般来说，书面合同双方签字（盖章）后方能生效。如果合同有另行约定条款（如要签证或公证）的，必须得履行完这些手续后，合同才能生效。

8. 强制性

合同生效后，即受法律保护，当事人双方必须按合同的约定履行，不履行或不适当履行就要承担法律责任。

9. 严肃性

签订经济合同是一项非常严肃和细致的工作，不可草率，不能用形容词和夸张性语言，否则在具体履行中不好操作。

10. 严格性

签订合同要求十分严格、严密。不能因双方签订合同而损害他人利益或国家利益、社会公共利益，否则法律不予保护。

三、合同的分类

（一）基本分类

典型合同有：买卖合同，供用电、水、气、热力合同，赠与合同，借款合同，租赁合同，融资租赁合同，承揽合同，建设工程合同，运输合同，技术合同，保管合同，仓储合同，委托合同，物业服务合同，行纪合同和中介合同等。

（二）其他分类

（1）计划合同与非计划合同。计划合同是依据国家有关计划签订的合同；非计划合同是当事人根据市场需求和自己的意愿订立的合同。

（2）双务合同与单务合同。双务合同是当事人双方相互享有权利和相互负有义务的合同。大多数合同都是双务合同，如建设工程合同。单务合同是指合同当事人双方并不相互享有权利、负有义务的合同，如赠予合同。

（3）诺成合同与实践合同。诺成合同是当事人意思表示一致即可成立的合同。实践合同则要求在当事人意思表示一致的基础上，还必须交付标的物或者其他给付义务的合同。在现代经济生活中，大部分合同都是诺成合同。这种合同分类的目的在于确立合同的生效时间。

（4）主合同与从合同。主合同是指不依赖其他合同而独立存在的合同，从合同是以主合同的存在为存在前提的合同。主合同的无效、终止将导致从合同的无效、终止，但从合同的无效、终止不能影响主合同。担保合同是典型的从合同。

（5）有偿合同与无偿合同。有偿合同是指合同当事人双方任何一方均须给予另一方相应权益方能取得自己利益的合同，而无偿合同的当事人一方无须给予相应权益即可从另一方取得利益。在市场经济中，绝大部分合同都是有偿合同。

（6）要式合同与不要式合同。法律要求必须具备一定形式和手续的合同，称为要式合同。反之，法律不要求具备一定形式和手续的合同，称为不要式合同。

四、《合同法》、《民法典》中合同有关内容简介

《合同法》共23章428条，分为总则、分则和附则三个部分。总则部分共8章，将各类合同所涉及的共性问题进行了统一规定，包括一般规定、合同的订立、合同的效力、合同的履行、合同的变更和转让、合同的权利义务终止、违约责任和其他规定等内容。分则部分共15章，分别对15类合同进行了具体的规定。

《民法典》“第三编 合同”有三个分编，即通则（8章132条）、典型合同（19章384条）、准合同（2章10条）。通则部分在《合同法》总则基础上增加了“合同的保全”。典型合同在《合同法》分则的15类合同规定外，还单列了保证合同、保理合同、物业服务合同、合伙合同。

第二节 合同的订立

一、合同的主体

（一）自然人订立合同的主体资格

1. 基本规定

（1）年满18周岁的自然人是成年人，具有完全民事行为能力，可以独立进行民事活动，可以以自己的行为订立合同。

（2）16周岁以上不满18周岁的自然人，以自己的劳动收入为主要生活来源的，视为完全民事行为人，符合这一规定的自然人，也可以独立订立合同。

（3）8周岁以上的未成年人是限制民事行为人，可以进行与他的年龄、智力相适应的民事活动，其他的民事活动由他的法定代理人、监护人代理，或征得他的法定代理人同意。

（4）8周岁以下的未成年人和精神病人均属无民事行为能力的自然人，不具备独立订立合同的主体资格。

注意：精神病人被作为无民事行为能力人，只能由法院作出其无民事行为能力的宣告；无民事行为能力人可以订立纯获利益的合同，即一旦享受权利，不承担义务的合同。

2. 自然人的民事权利能力和民事行为能力

自然人的民事权利能力是指公民享有民事权利、承担民事义务的资格。是指自然人（公民）通过自己的行为取得民事权利或者设定民事义务的能力。它分为三类：完全民事行为能力、限制民事行为能力和无民事行为能力。

自然人的民事权利能力一切人都有，始于出生，终于死亡，在整个生存期间都享有。

自然人的民事行为能力并不是一切人都有，也不是从一出生就有，只有当公民智力发育

成熟，能够理智地判断自己的行为后果，能够审慎地处理自己的事务，知道自己的行为会给自己产生有利或不利的法律后果的时候，才算具备了行为能力。

（二）法人订立合同的主体资格

法人从成立时就具备订立合同的资格。

1. 法人构成条件

（1）必须具有一定的组织结构（企业名称、地址、常设机构、负责人、章程等）。

（2）必须有独立支配的财产或独立核算（不是皮包公司）。

（3）以自己的名义参与经济活动、承担经济责任。

（4）按法定程序成立，经国家机关核准登记。

以上4个基本条件共同构成法人的特征，一个社会组织，必须同时具备这4个条件才能成为法人，缺一个就构不成法人资格，不能成为经济合同主体，也不能以法人的名义开展经济活动，订立合同。

2. 法人与自然人的行为能力的区别

自然人的权利能力从出生时开始，死亡时终止。而行为能力的法定年龄是18周岁。法人的行为能力与权利能力同时产生，同时终止。

（三）其他经济组织

指合法成立、有一定的组织机构和财产，但又不具备法人资格的经济组织。主要包括：

（1）依法登记领取营业执照的私营独资企业、合伙企业。

（2）依法登记领取营业执照的合伙联营企业。

（3）中外合资企业、外资企业。

（4）法人依法设立并领取营业执照的分支机构。

（5）乡、镇、街道、村办企业。

（6）个体工商户。公民在法律允许的范围内，依法经核准登记，从事工商业经营的为个体工商户。

（7）农村承包经营户。农村集体经济组织的成员，在法律允许的范围内，按照承包合同的规定从事商品经营的，为农村承包经营户。如按合同程序，签订合同承包养鱼场、养鸡场、水果基地、粮食经营等。

（8）符合本条规定的其他经济组织。

二、合同的形式

（1）口头形式：简便易行，但发生纠纷时不易分清责任。

（2）书面形式：合同书、信件、数据电文（电报、电传、传真、电子数据交换和电子邮件）。

（3）其他形式：指以当事人的行为或者特定情形推定成立的合同。

三、合同的内容

（1）当事人的名称或者姓名和住所。

（2）标的：是合同当事人权利义务共同指向的对象。有的标的是财产，有的是行为。

（3）数量：标的的数量。

（4）质量：如产品的品种、规格、执行标准等。

（5）价款或者报酬。

（6）履行期限、地点和方式。

（7）违约责任。

（8）解决争议的办法。

四、订立合同的方式

合同相关法律规定：当事人订立合同采取要约、承诺的方式。

（一）要约

1. 要约的概念

要约是希望和他人订立合同的意思。提出要约的一方为要约人，另一方为受要约人。

2. 要约生效应当具备的条件

（1）要约必须表明要约人具有与他人订立合同的愿望。

（2）要约的内容必须具体确定。

（3）要约经受要约人承诺，要约人即受该要约的约束。

3. 要约邀请

要约邀请又称要约引诱，是希望他人向自己发出要约的意思表示。要约邀请并不是合同成立过程中的必经过程，它是当事人订立合同的预备行为，在法律上无须承担责任。这种意思表示的内容往往不确定，不含有合同得以成立的主要内容，也不含有相对人同意后受其约束的表示。比如价目表的寄送、招标公告、商业广告（如果商业广告的内容符合要约规定的，视为要约）、招股说明书等，即是要约邀请。

4. 要约与要约邀请的区别

要约是当事人自己主动表示愿意与他人订立合同；而要约邀请则是希望他人向自己提出要约。要约的内容必须包括将要订立合同的实质条件；而要约邀请则不一定包含合同的主要内容。要约经受要约人承诺，要约人受其要约的约束；要约邀请则不含有受其要约邀请约束的意思。要约到达受要约人时生效。

案例 2-1 育才中学要建立实验室，分别向几个计算机商发函，称“我校急需计算机 100 台。若贵公司有货，请速告。”第二天新河公司就将 100 台计算机送到学校，而此时育才中学已经决定购买另一家计算机商的计算机，故拒绝新河公司的计算机，由此产生了纠纷，新河公司认为育才中学发出的是要约，你认为呢？

评析：

育才中学发出的是要约邀请，而非要约，要约的内容必须包括将要订立的合同的实质条件。因此，育才中学不用承担任何责任。

5. 要约撤回和撤销

要约撤回是指要约在发生法律效力之前，欲使其不发生法律效力而取消要约的意思。要约人可以撤回要约，撤回要约的通知应当在要约到达受要约人之前或同时到达受要约人。

要约撤销是要约在发生法律效力之后，要约人欲使其丧失法律效力而取消该项要约的意思表示。要约可以撤销，撤销要约的通知应当在受要约人发生承诺通知之前到达受要约人。

6. 合同相关法律规定的不得撤销要约的情形

（1）要约人确定了承诺期限或者以其他形式明确表示要约不可撤销；

（2）受要约人有理由认为要约是不可撤销的，并已经为履行合同作了准备工作。

可以认为，要约的撤销是一种特殊情况，且必须在受要约人发出承诺通知之前到达受要约人，因为承诺发出，合同即告成立。

7. 要约失效

即要约的效力归于消灭。合同相关法律规定了要约失效的四种情形：

（1）拒绝要约的通知到达要约人。

（2）要约人依法撤销要约。

（3）承诺期限届满，受要约人未作出承诺。

（4）受要约人对要约的内容作出实质性变更。

案例 2-2 2007 年 7 月 5 日，我国某公司向菲律宾一公司发盘：以每吨 5000 元人民币的价格出售螺纹钢 200t，7 月 25 日前承诺有效。菲律宾商人接到电话后，要求我方将价格降至 4800 元。经研究，我方决定将价格降为 4900 元，并于 8 月 1 日通知对方。“此为我方最后出价，8 月 10 日前承诺有效。”可是发出这个要约后，我方就收到国际市场钢材涨价的消息，每吨螺纹钢涨价 400 元人民币。于是，我方在 8 月 6 日致函撤盘，菲律宾方于 8 月 8 日来电接受我方最后发盘。菲律宾公司认为合同已成立，我方撤盘系违约行为，要求我方赔偿其 4 万元人民币。你认为菲律宾方的做法有道理吗？

评析：

在我方发的要约中明确了要约承诺的期限，这是合同法规定的不得撤销要约的情形之一，但我国公司因忽略了这个问题，所以应该给菲律宾方赔偿。

（二）承诺

承诺是指受要约人同意要约。

1. 承诺生效的条件

（1）承诺必须由受要约人向要约人作出。

（2）承诺的内容应当与要约的内容相一致。

（3）受要约人应当在承诺期限内作出承诺。

（4）承诺应以通知的方式作出。

2. 承诺的效力

合同相关法律规定：承诺通知到达要约人时生效。承诺生效时合同即告成立。法律对合同成立的时间规定了以下四种情况：

（1）承诺通知到达要约人时生效。

（2）当事人采用合同书形式订立合同的，自双方当事人签字或者盖章时合同成立。

（3）当事人采用信件、数据电文等形式订立合同的，可以在合同成立之前要求签订确认书，签订确认书时合同成立。

（4）法律、行政法规规定或者当事人约定采用书面形式订立合同，当事人未采用书面形式但一方已经履行主要义务，对方接受的，该合同成立。

第三节 合同的效力

一、合同生效要件

合同相关法律对合同生效规定了三种情形：

1. 成立生效

依法成立的合同，自成立时生效。

2. 批准登记生效

批准登记的合同，是指法律、行政法规规定应当办理批准登记手续的合同。按照我国现有的法律和行政法规的规定，有的将批准登记作为合同成立的条件，有的将批准登记作为合同生效的条件。法律、行政法规规定应当办理批准、登记手续生效的，依照其规定。

3. 约定生效

是指合同当事人在订立合同时，约定以将来某种事实的发生作为合同生效或合同失效的条件，合同成立后，当约定的某种事实发生后，合同才能生效或合同即告失效。

二、效力待定合同

效力待定合同是指行为人未经权利人同意而订立的合同，因其不完全符合合同生效的要件，合同有效与否，需要由权利人确定。根据合同相关法律规定，效力待定合同有以下几种：

1. 限制行为能力人订立的合同

该种合同经法定代理人追认后，该合同生效。

2. 无权代理合同

代理合同指行为人以他人名义，在代理权限范围内与第三人订立的合同。而无权代理合同则是行为人不具有代理权而以他人名义订立的合同。

对于无权代理合同，法律规定："未经被代理人追认，对被代理人不发生效力，由行为人承担责任。"但是，"相对人有理由相信行为人有代理权的，该代理行为有效。"具体有三种情况：

（1）行为人没有代理权。即行为人事先并没有取得代理权却以代理人自居而代理他人订立的合同。

（2）无权代理人超越代理权。即代理人虽然获得了被代理人的代理权，但他在代订合同时，超越了代理权限的范围。

（3）代理权终止后以被代理人的名义订立合同。即行为人曾经是被代理人的代理人，但在以被代理人的名义订立合同时，代理权已终止。

3. 无处分权的人处分他人财产的合同

这是指无处分权的人以自己的名义对他人的财产进行处分而订立的合同。合同相关法律规定：无处分权的人处分他人的财产，经权利人追认或者无处分权的人订立合同后取得处分权的，该合同有效。

三、无效合同

是指虽经当事人协商订立，但因其不具备合同生效的条件，不能产生法律约束力的合同。无效合同从订立时起就不具有法律约束力。合同相关法律规定了 5 种无效合同：

（1）一方以欺诈、胁迫的手段订立合同，损害国家利益。

（2）恶意串通，损害国家、集体或者第三人利益。

（3）以合法形式掩盖非法目的。

（4）损害社会公共利益。

（5）违反法律、行政法规的强制性规定。

四、可变更或可撤销合同

可变更合同是指合同部分内容违背了当事人的真实意思表示，当事人可以要求对该部分内容的效力予以撤销的合同。

可撤销合同是指虽经当事人协商一致，但因为对方的过错而导致一方当事人意思表示不真实，允许当事人依照自己的意思，使合同效力归于消灭的合同。

下列合同当事人一方有权请求人民法院或者仲裁机构变更或撤销：

1. 因重大误解订立的合同

最高人民法院曾在相关文件中规定："行为人对行为的性质、对方当事人、标的物的品种、质量、规格和数量等的错误认识，使行为的后果与自己的意思相悖，并造成较大损失的，可以认定为重大误解。"

2. 在订立合同时显失公平的合同

最高人民法院曾在相关文件中规定："一方当事人利用优势或者利用对方没有经验，致使双方的权利义务明显违反公平、等价有偿原则的，可以认定为显失公平。"

《合同法》和《民法典》都规定："一方以欺诈、胁迫的手段或者乘人之危，使对方在违背真实意思的情况下订立的合同，受损害方有权请求人民法院或者仲裁机构变更或者撤销。"

如果当事人未请求变更的，人民法院或者仲裁机构不得撤销。

《合同法》和《民法典》都规定：有下列情形之一的，撤销权消灭：

（1）具有撤销权的当事人自知道或者应当知道撤销事由之日起 1 年内没有行使撤销权。

（2）具有撤销权的当事人知道撤销事由后明确表示或者以自己的行为放弃撤销权。

五、无效合同的法律责任

无效合同是一种自始确定就没有法律约束力的合同，从订立时起国家法律就不承认其有效，订立之后也不可能转化为有效合同。

被撤销的合同也是自始就没有法律约束力的合同，但是，如果当事人没有请求撤销，则可撤销的合同对当事人就具有法律约束力。因此，可撤销的合同的效力取决于当事人是否依法行使了撤销权。

因对无效合同和被撤销合同的履行而引起的财产后果有三种处理方式：①返还财产；②赔偿损失；③追缴财产。

案例 2–3　某市房地产开发公司（甲方）在某市建有多栋 17 层的住宅楼，在楼房销售时，置业顾问多次告知顾客"购买住宅，便可拥有一片面积为 90m^2 的绿地"。李某于 2006 年 6 月到甲方售楼部了解详情，甲方售楼小姐为其出示该楼及周围环境的设计图，并指出待楼房盖成后，准备在楼房周围修置约 500 m^2 的草坪花园。李某看后，感到满意，当时便与其签订合同，并向甲方交付了 5 万元的定金。2007 年 1 月，甲方向李某交付楼房时，李某发现周围仅有 50 m^2 的空地且尚未绿化，遂与甲方交涉。甲方提出，合同中并未规定上述内容，甲方不负有提供绿地的义务。李某因交涉未果，遂以甲方欺诈为由提起诉讼，要求解除合同，并要求被告双倍返还定金并赔偿损失。

评析：

本案例中，房地产公司明知其不会在房屋周围修置草坪而在传媒上做出购房即可同时拥有绿地的虚假宣传，并在李某去其处了解详情时仍强调楼房盖成后将会有草坪花园，房地产公司向李某告知了与事实完全不符的虚假情况，而李某因受欺诈而做出了不真实的意思表示，因而房地产公司所实施的欺诈行为与其和李某订立合同之间有因果关系。据此，李某可以以合同欺诈为由请求人民法院或仲裁机构宣告合同无效，并请求房地产公司返还价款，赔偿损失。房地产公司除了承担民事责任，并不免除其应承担的其他责任，如吊销营业执照，吊销许可证等行政责任；情节严重的，甚至要追究当事人的刑事责任。

第四节 合同的履行

一、合同履行的概念

合同的履行是指合同生效后，当事人双方按照合同约定的标的、数量、质量、价款、履行期限、履行地点和履行方式等，完成各自应承担的全部义务的行为。有关合同履行的规定，是合同法的核心内容。合同履行包括全面履行、部分履行和未履行三种情况。其中合同的部分履行或不完全履行是指当事人只完成合同规定的部分义务。合同未履行或不履行是指合同的义务全部没有完成。

二、债务人履行抗辩权

1. 同时履行抗辩权

是指在双务合同中，当事人履行合同义务没有先后顺序，应当同时履行，当对方当事人未履行合同义务时，一方当事人可以拒绝履行合同义务的权利。

债务人行使同时履行抗辩权的条件有：第一，在合同中，双方当事人互负债务，即合同必须是双务合同；第二，在合同中未规定履行互负债务的先后顺序，即当事人双方应当同时履行合同债务；第三，对方当事人未履行合同债务或履行债务不符合合同约定；第四，对方当事人有全面履行合同债务的能力。

案例 2-4 甲建筑公司与乙水泥厂签订一份买卖水泥的合同，约定提货时付款。甲建筑公司提货时称公司出纳员突发急病，支票一时拿不出来，要求先提货，过两天再把货款送过来，乙水泥厂拒绝了甲公司的要求。乙水泥厂行使的这种权利在法律上称为同时履行抗辩权。

2. 异时履行抗辩权

也称后履行抗辩权，是指在双务合同中，当事人约定了债务履行的先后顺序，当先履行的一方未按约定履行债务时，后履行的一方可拒绝履行其合同债务的权利。

案例 2-5 甲建筑公司与乙建材公司订立的买卖合同约定：“甲公司向乙公司购买建材价值 90 万元，甲公司于 8 月 1 日前向乙公司预先支付货款 60 万元，余款于 10 月 15 日在乙公司交付全部建材后 2 日内一次付清。甲公司以资金周转困难为由未按合同约定预先支付货款 60 万元。10 月 15 日，甲公司要求乙公司交付建材。根据合同法律制度的规定，乙公司可以行使的权利是后履行抗辩权，因此乙公司可以拒不交付建材。

3. 不安抗辩权

也称中止履行，是指在双务合同中，先履行债务的当事人掌握了后履行债务一方当事人丧失或者可能丧失履行债务能力的确切证据时，暂时停止履行其到期债务的权利。

合同相关法律规定：应当先履行债务的当事人，有确切证据证明对方有下列情形之一的，可以中止履行：①经营状况严重恶化；②转移财产、抽逃资金，以逃避债务；③丧失商业信誉；④有丧失或者可能丧失履行债务能力的其他情形。

当事人行使不安抗辩权的条件是：

第一，当事人订立的是双务合同并约定了履行先后顺序；第二，先履行一方当事人的履行债务期限已届，而后履行一方当事人的债务未届履行期限；第三，后履行一方当事人丧失或者可能丧失履行债务能力，证据确切；第四，合同中未约定担保。

当事人行使了不安抗辩权，并不意味着合同终止，只是当事人暂时停止履行其到期债务。

案例 2-6　甲与乙订立挖掘机买卖合同，规定甲应于 8 月 1 日交货，乙应于同年 8 月 7 日付款。7 月底，甲发现乙经营状况恶化，没有支付货款的能力，并有确切证据，遂要求乙提供担保，但乙不同意，于是甲于 8 月 1 日未按约定交货。根据《合同法》的有关规定，甲实行了不安抗辩权。

第五节　合同的变更、转让与终止

一、合同的变更

是指合同依法成立后，在尚未履行或尚未完全履行时，当事人双方依法对合同的内容进行修订或调整所要达成的协议。合同变更一般不涉及已履行的部分，而只对未履行的部分进行变更，因此，合同变更不能在合同履行后进行。

二、合同的转让

合同的转让包括全部转让和部分转让。是指当事人一方将合同的权利和义务转让给第三人，由第三人接受权利和承担义务的法律行为。

合同相关法律规定了合同权利转让、合同义务转让和合同权利义务一并转让三种情况：

1. 合同权利的转让

也称债权转让，是指合同当事人将合同中的权利全部或部分地转让给第三人的行为。转让合同权利的当事人也称让与人，接受转让的第三人成为受让人。合同相关法律对债权的让与作出了如下规定：

（1）不得转让的情形。包括：①根据合同性质不得转让；②按照当事人约定不得转让；③依照法律规定不得转让。

（2）债权人转让权利的条件。应当通知债务人，未经通知的转让对债务人不发生效力，除非受让人同意，债权人转让权利的通知不得撤销。

（3）债权的让与，对其从权利的效力。债权人转让权利的，受让人取得与债权有关的从权利，但该从权利专属于债权人自身的除外。

（4）债权的让与，对债务人的抗辩权及抵消权的效力。债务人接到债权让与通知后，债务人对让与人的抗辩，可以向受让人主张；债务人对让与人享有债权，并且债务人的债权先于转让债权到期或者同时到期的，债务人可以向受让人主张抵消。

案例 2–7 2007 年 6 月，A 公司与 B 公司签订了一份合同，约定 B 公司在 12 月底提供 2000t 建筑钢材给 A 公司。合同签订后，A 公司即把货款全部支付 B 公司。9 月底，A 公司为了赶工，遂与 B 公司协商提前交货事宜。B 公司无提前交货能力，A 公司只好另从其他渠道购得建筑钢材 2000t。原定建筑刚才 2000t 刚好满足 C 公司的要求，A 公司遂将合同全部转让给 C 公司。合同转让时市场钢材价格上涨，因此，C 公司按 4300 元/吨支付 A 公司 860 万元。12 月底，C 公司前往 B 公司提货遭拒绝。B 公司提出原合同是和 A 公司签的，没有得到任何合同转让通知，如要交货，A 公司就要补偿其与市场价差 60 万元。C 公司不同意 B 的要求，遂以 A 公司和 B 公司为被告，诉至法院。法院判令合同转让因未尽通知义务而无效，判令 A 公司返还 860 万元给 C 公司，并继续履行与 B 公司的合同。

2. 合同义务的转让

也称债务承担，是指债务人将合同的义务全部或部分地转移给第三人的行为。

债务人将合同的义务全部或部分转让给第三人的，应当经债权人同意。债务人转让义务的，新债务人可以主张原债务人对债权人的抗辩，而且新债务人应当承担与主债务有关的从债务，但该从债务专属于原债务人自身的除外。

案例 2–8 案例：某房地产开发公司 A 和某房地产销售公司 B 于 2006 年 1 月签订了一份房地产买卖合同，房地产销售公司（B 公司）以 2 亿元的价格购买开发公司开发的一高档住宅小区，并由新达集团公司为怡景公司提供履约担保。怡景公司首期支付了 4000 万元给宏大公司。怡景公司在销售该区楼盘时，由于策划不成功而销售不理想。眼看不能依约支付余款 6000 万元给宏大公司，于是怡景公司找到金海公司代为履行其债务，宏大公司也表示同意，但到还款期限，金海公司也无法履约。宏大公司将担保人新达集团公司作为被告诉至法院，法院判决新达公司不承担担保责任。

本案例中怡景公司与金海集团间的债务转让既未通知新达公司，更未获经新达公司的同意，因而新达公司的担保义务自债务转让之时已经免除。

3. 合同权利和义务一并转让

也称债权债务的概括转让，是指合同当事人一方将债权债务一并转移给第三人，由第三人概括地接受这些债权债务的行为。合同权利和义务一并转让，分两种情况：

一种是合同转让，即依据当事人之间的约定而发生债权债务的转让。

另一种是因当事人的组织变更而引起的合同权利义务转让。当事人的组织变更是指当事人在合同订立后，发生合并或分立。

三、合同的终止

又称合同的消灭，是指当事人之间的合同关系由于某种原因而不复存在。

1. 合同终止的情形

（1）债务已经按照约定履行。

（2）合同解除。

（3）债务相互抵消。

（4）债务人依法将标的物提存。

（5）债权人免除债务。

（6）债权债务同归于一人。

（7）法律规定或者当事人约定终止的其他情形。

2. 合同后义务

合同终止后，按照诚实信用原则和交易习惯，当事人还应履行一定的义务，以维护履行合同的效果，有关这方面的义务称为合同后义务。

3. 合同的解除

是指合同依法成立后，在尚未履行或者尚未完全履行时，提前终止合同效力的行为。合同的解除有约定解除和法定解除两种情况。

（1）约定解除。指当事人通过行使约定的解除权或者通过协商一致而解除合同。

（2）法定解除。是指当具有了法律规定可以解除合同的条件时，当事人即可依法解除合同。《合同法》和《民法典》都规定了五种法定解除合同的情形：①因不可抗力致使不能实现合同目的；②在履行期限届满之前，当事人一方明确表示或者以自己的行为表示不履行主要债务；③当事人一方延迟履行主要债务，经催告后在合理期限内仍未履行；④当事人一方延迟履行债务或者有其他违约行为致使不能实现合同目的；⑤法律规定的其他情形。

本章综合案例

案例 1

某建筑公司与某钢厂于某年5月签订钢材买卖合同，交货期为自合同成立之日起至次年4月底，货款一次付清。某建筑公司依约给付了全部货款，但某钢厂因生产能力有限，且钢材质量达不到合同约定的标准，至次年4月底，仅向某建筑公司给付一半钢材。某建筑公司经多次催告，某钢厂仍未能依约履行。为不影响工程进度，某建筑公司提出终止与某钢厂签订的合同，并采取其他措施加以补救。但某钢厂不同意，而且在生产形势好转的情况下，请求某建筑公司继续提货。但某建筑公司因其建设工程已完工，不再需要钢材，故请求某钢厂退回多付的货款。为此双方协商不成，某建筑公司遂诉至法院。请问：本案应如何处理？

评析：

《合同法》第94条第4项和《民法典》第563条都明确规定，当事人一方迟延履行债务致使不能实现合同目的的，另一方当事人可解除合同。本案当事人某钢厂在交货期限届满时仅向某建筑公司给付一半钢材，某钢厂的行为则构成部分迟延履行。因某钢厂迟延履行部分债务的行为致使某建筑公司不能实现其合同目的，其建设工程不能按期完工。在此情况下，某建筑公司享有合同解除权，而且根据法律的规定，这种解除权的行使可以不经催告，只要某建筑公司通知了某钢厂，即发生解除合同的效力。因此，可以认为，某建筑公司与某钢厂的合同已经解除，某建筑公司自然没有义务接受给付，而且某钢厂多收的货款应返还给某建筑公司。如果某钢厂的违约行为给某建筑公司造成损害的，某建筑公司还可请求某钢厂承担损害赔偿责任。

案例 2

某百货公司因建造一栋大楼，急需钢材，遂向本省的甲、乙、丙钢材厂发出传真，传真中称："我公司急需标号为 01 型号的钢材 200t，如贵厂有货，请速来传真，我公司愿派人前往购买。"三家钢材厂在收到传真后，都先后向百货公司回复了传真，在传真中告知他们有现货，且告知了钢材的价格。而甲钢材厂在发出传真的同时，便派车给百货公司送去了 100t 钢材。在该批钢材送达之前，百货公司得知丙钢材厂所生产的钢材质量较好，且价格合理，因此，向丙钢材厂发去传真，称："我公司愿意购买贵厂 200t 01 型号钢材，盼速送货，运费由我公司承担。"在发出传真后第二天上午，丙钢材厂发函称已准备发货。下午，甲钢材厂将 100t 钢材送到百货公司，但甲钢材厂被告知，他们已决定购买丙钢材厂的钢材，因此不能接受其送来的钢材，甲钢材厂认为，百货公司拒收货物已构成违约，双方因协商不成，甲钢材厂遂向法院提起诉讼。

对比案例的几种观点：

（1）被告违约。因为被告向原告发出的传真，是购买钢材的要约。而原告发送钢材，实际上是以行为做出承诺，可见，双方已成立买卖合同，故被告拒收货物，构成违约。

（2）被告并未违约，因为被告向原告发出的传真并非要约，而是要约邀请，原告送货则是要约，对此，被告可以承诺，也可以拒绝承诺，本案中被告拒绝收货，即表明他不愿意承诺，这完全是合法的。

（3）双方买卖合同已经成立，但由于被告在要约中明确提出"将派人前往购买"，表明合同约定的交货方式是买方自提，而非卖方送货。原告未与被告协商而主动送货，违反了合同约定的交货方式，故被告有权拒绝收货。

请问您的观点是什么？

评析：

确定本案被告是否构成违约，前提是判定该买卖合同是否成立。根据合同相关法律规定，当事人订立合同，采用要约和承诺的方式，承诺生效时合同成立。要判定本案合同是否成立，关键在于认定被告向原告所发出的传真在性质上是要约还是要约邀请？合同相关法律分别对要约和要约邀请做了规定。本案被告向原告发出的传真，在性质上属于要约邀请，而非要约。现依据合同相关法律规定具体分析如下：

首先，从当事人的意愿角度来看，应属于要约邀请。要约是希望和他人订立合同的意思表示，一项要约应当含有当事人受要约约束的意愿，表明一经受要约人承诺，合同即告成立，要约人即受该意思表示约束，故要约是一种能导致合同关系产生的法律行为。而要约邀请则是希望对方主动向自己提出订立合同的意思表示，不能导致合同关系的产生，只能诱导他人向自己发出要约。如果当事人在其订约的建议中提出其不愿意接受要约的约束力，或特别声明其提议是要约邀请而非要约，则应认为该提议在性质上是要约邀请，而非要约。本案中，被告向原告发出的传真称："如贵厂有货，请速来传真，我厂愿意派人前往购买"，"请速来传真"表明被告希望原告向自己发出要约，"我厂愿派人前往购买"应理解为是派人前去协商购买，并不是前往原告处提货，一般在原告尚未来函告知价格等情况，被告亦未派人前去查验钢材质量的情况下，不能决定要购买该货物，而且是被告送货上门，可见，该传真是要约邀请，而非要约。本案被告在给丙钢材厂发去的传真中明确指出"盼速发货，运费由我公司承担"。可见，该传真内容中已明确具有被告愿受该传真约束的意思表示，一旦发货，被告不仅要接受货物，而且要承担运费。

其次，从传真的内容上看，是要约邀请而非要约。要约的意思表示不应当抽象笼统，模糊不清，而应当具体明确，只要受要约人接受该要约后就能够使合同成立。具体来说应当按照合同相关法律规定的合同条款作出具体明确的表示，即使不能按照合同相关法律规定的合同条款做出明确的表示，至少应提出合同主要条款，也即决定着未来合同是否成立并生效的核心条款，这样才能因承诺人的承诺而成立合同。其余欠缺条款可以按合同相关法律处理。而要约邀请，则旨在希望对方当事人提出要约，故不必包含合同的主要条款。在本案中，由于未来合同是买卖合同，所以被告向原告发出的传真，如果构成要约，就必须具备买卖合同要具备的主要条款。根据《联合国国际货物销售合同公约》第 14 条规定：一项要约必须具备标的、数量和价格。一个建议如果写明货物并且明示或暗示地规定数量和价格，或规定如何确定数量和价格，即为十分确定。我国司法实践及理论都认为标的与价款是买卖合同的基本条款，从本案来看，被告在传真中只明确规定了标的和数量（200t 01 型号的钢材），但并未提价款，被告显然是希望原告向其告知价款，以进一步与其协商是否购买其钢材。由于传真内容中缺少价格条款，不符合要约的构成条件，所以只能视为要约邀请。

至于原告回复传真和发运钢材的行为，法律上应认定为是一种要约行为，原告以传真告知货物的价格并发出货物来做出订立合同的提议，该提议已具备了未来合同的基本条款，且表明了原告愿意订立合同的明确意思。相对而言被告则处于承诺人的地位，被告可以承诺也可以不承诺，被告拒收货物，表明其拒绝承诺，所以合同根本没有成立，自然不能要求被告承担违约责任。

此外，按照合同相关法律规定，在合同不成立情况下，如果一方当事人在缔约过程中具有过失，则应当根据诚实信用原则，承担缔约过失责任。但从本案来看，被告发出传真及拒绝收货，都不能认定其具有过失，因此，也不应当承担缔约过失责任。

复习思考题

1．订立合同的主体有哪些？需具备什么主体资格？
2．其他经济组织是指哪些组织？
3．合同的内容包括哪些部分？
4．要约和要约邀请的区别是什么？
5．效力待定合同有哪几类？
6．哪几种情况属于无效合同？
7．合同转让有哪几种情况？

第三章 建设工程招标与投标

【引导案例】 广东招标投标第一案

广东某医院大楼建筑面积19945m²，预计造价7400万元。该工程进入本省建设工程交易中心公开招标。常以“某公司总经理”身份对外交往的郑某得知该项目后，分别找该地4家建筑公司挂靠参与投标。中标后，给挂靠单位交造价3%~5%的管理费。为揽到工程，郑某拉拢该省交易中心评标处长张某、办公室副主任陈某，请张、陈吃喝玩乐，并送钱、物品等。张、陈两人积极为郑某提供服务，泄露招标投标中有关保密事项。评标时，评委不按招标文件规定执行，影响了评标结果的合理性。评标结束，深圳某建筑公司中标。郑某挂靠的公司均未中标，便投诉，因投诉不断，未发出中标通知书。该省纪委、省监察厅同省建设厅组成联合调查组展开调查。查实在招标投标中存在包工头串标、建筑施工单位出让资质证照、评标委员会不依法评标、省交易中心个别工作人员收受包工头钱物等违纪违法问题。即取消该项目招标投标结果，依法重新组织招标投标。交易中心工作人员张某、陈某已被停职，立案审查，其非法收受的钱物已被依法收缴。

【评析】 该工程招标投标中的包工头串标、建筑施工单位出让资质证照、评标委员会不依法评标、省交易中心个别工作人员收受包工头钱物等违法违纪问题，是一宗包工头串通有关单位内部人员干扰和破坏建筑市场秩序的典型案件。建立建设工程交易中心是规范建筑市场秩序的一项重要举措，对建筑领域腐败问题的滋生蔓延起到了有效的遏制作用。当时我国多数地区有形建筑市场才建立不久，一些配套的管理制度和措施还未健全完善。交易中心工作人员和评标委员成了不法分子拉拢腐蚀的重点对象，有关人员应十分警惕。整顿和规范建筑市场秩序，要把健全和规范有形建筑市场的运行作为一项重要任务来抓。

第一节 建设工程招标与投标概述[1]

一、招标投标的概念

招标投标是在市场经济条件下进行工程建设、货物买卖、财产出租、中介服务等经济活动的一种竞争形式和交易方式，是引入竞争机制订立合同（契约）的一种法律形式。它是指招标人对工程建设、货物买卖、劳务承担等交易业务，事先公布选择分派的条件和要求，招引他人承接，若干或众多投标人作出愿意参加业务承接竞争的表示，招标人按照规定的程序和办法择优选定中标人的活动。

建设工程招标是指招标人在发包建设项目之前，公开招标或邀请投标人，根据招标人的意图和要求提出报价，择日当场开标，以便从中择优选定中标人的一种经济活动。

---

[1] 陈慧玲．建设工程招标投标实务．南京：江苏科学技术出版社，2004．

建设工程投标是工程招标的对称概念，指具有合法资格和能力的投标人根据招标条件，经过初步研究和估算，在指定期限内填写标书，提出报价，并等候开标，决定能否中标的经济活动。

招标投标的标的，包括工程以及与工程有关的货物、服务等。工程指建设工程，包括建筑物和构筑物的新建、改建、扩建及其相关的装修、拆除、修缮等。工程建设有关的货物指指构成工程不可分割的组成部分，且为实现工程基本功能所必需的设备、材料等。与工程建设有关的服务指为完成工程所需的勘察、设计、监理、造价咨询等服务。

从法律意义上讲，建设工程招标一般是建设单位（或业主）就拟建的工程发布通告，用法定方式吸引建设项目的承包单位参加竞争，进而通过法定程序从中选择条件优越者来完成工程建设任务的法律行为。建设工程投标一般是经过特定审查而获得投标资格的建设项目承包单位，按照招标文件的要求，在规定的时间内向招标单位填报投标书，并争取中标的法律行为。

二、招标投标制度发展历程

1. 大胆探索和创立期

从改革开放初期到社会主义市场经济体制改革目标的确立（1979～1989 年）。在这一时期，招标投标基本原则初步确立，但未能有效落实；招标领域逐步扩大，但进展得很不平衡；各种招标投标规定较为全面，但非常简略。

2. 加快改革和逐步深化期

从确立社会主义市场经济体制改革目标到《招标投标法》颁布（1990～1999 年）。在这一时期，当事人市场主体地位进一步加强；对外开放程度进一步提高；招标的领域进一步扩大；对招标投标活动的规范进一步深入。

3. 基本定型和深入发展期

从《招标投标法》颁布实施到现在，经过 20 多年的发展。在这一时期，改革了缺乏明晰范围的强制招标制度；改革了政企不分的管理制度；改革了不符合公开原则的招标方式；改革了分散的招标公告发布制度；改革了以行政为主导的评标制度；改革了不符合中介定位的招标代理制度。

三、招标投标的性质

我国合同相关法律明确规定，招标公告是要约邀请。投标即是要约，中标通知书是承诺。投标符合要约的所有条件，如具有缔结合同的主观目的；一旦中标，投标人将受投标书的约束；投标书的内容具有足以使合同成立的主要条件等。招标人向中标的投标人发出的中标通知书，则是招标人同意接受中标的投标人的投标条件，即同意接受该投标人的要约的意思表示，应属于承诺。

四、招标投标的意义

实行建设项目的招标投标是我国建筑市场趋向规范化、完善化的重要举措，对于择优选择承包单位、全面降低工程造价，进而使工程造价得到合理有效的控制，具有十分重要的意义，具体表现在：

1. 形成了由市场定价的价格机制

实行建设项目的招标投标基本形成了由市场定价的价格机制，使工程价格更加趋于合理。其最明显的表现是若干投标人之间出现激烈竞争（相互竞标），这种市场竞争最直接、最集中的表现就是在价格上的竞争。通过竞争确定出工程价格，使其趋于合理或下降，这将有利于节约投资、提高投资效益。

2. 不断降低社会平均劳动消耗水平

实行建设项目的招标投标能够不断降低社会平均劳动消耗水平，使工程价格得到有效控制。在建筑市场中，不同投标者的个别劳动消耗水平是有差异的。通过推行招标投标，最终使那些劳动消耗水平最低或接近最低的投标者获胜，这样便实现了生产力资源较优配置，也对不同投标者实行了优胜劣汰。面对激烈竞争的压力，为了自身的生存与发展，每个投标者都必须切实在降低自己个别劳动消耗水平上下功夫，这样将逐步而全面地降低社会平均劳动消耗水平，使工程价格更为合理。

3. 工程价格更加符合价值基础

实行建设项目的招标投标便于供求双方更好地相互选择，使工程价格更加符合价值基础，进而更好地控制工程造价。由于供求双方各自出发点不同，存在利益矛盾，因而单纯采用“一对一”的选择方式，成功的可能性较小。采用招标投标方式就为供求双方在较大范围内进行相互选择创造了条件，为需求者（如建设单位、业主）与供给者（如勘察设计单位、施工企业）在最佳点上结合提供了可能。需求者对供给者选择（即建设单位、业主对勘察设计单位和施工单位的选择）的基本出发点是“择优”，即选择那些报价较低、工期较短、具有良好业绩和管理水平的供给者，这样即为合理控制工程造价奠定了基础。

4. 公开、公平、公正的原则

实行建设项目的招标投标有利于规范价格行为，使公开、公平、公正的原则得以贯彻。我国招标投标活动有特定的管理机构，必须遵循严格的程序，有高素质的专家支持系统、工程技术人员的群体评估与决策，能够减少盲目过度的竞争和营私舞弊现象，也有效遏制了建筑领域中的腐败现象，使价格形成过程透明和规范。

5. 减少交易费用

实行建设项目的招标投标能够减少交易费用，节省人力、物力、财力，进而降低工程造价。我国目前从招标、投标、开标、评标直至定标，均在统一的建筑交易市场中进行，并有较完善的一些法律法规，已进入制度化操作。招标投标中，若干投标人在同一时间、地点报价竞争，在专家支持系统的评审下，以群体决策方式确定中标者，必然减少交易过程的费用，这本身就意味着招标人收益的增加，对工程造价必然产生积极的影响。

建设项目招标投标活动的内容十分广泛，具体包括建设项目强制招标的范围、建设项目招标的种类与方式、建设项目招标的程序、建设项目招标投标文件的编制、标底编制与审查、投标报价以及开标、评标、定标等。所有环节的工作均应按照国家有关法律、法规规定认真执行并落实。

五、工程项目建设程序和招标的分类

（一）工程项目建设程序

（1）前期阶段。包括可行性研究、资源条件、建设规模、水文地质条件、投资总额、经济效益等。

（2）勘查设计阶段。勘查阶段，包括工程测量、水文地质等工作；设计阶段，包括初步、技术、施工图的设计。

（3）施工阶段。包括组织施工、竣工验收投入使用，完成最终建筑产品。

（二）招标分类

（1）按工程项目建设程序分：项目开发招标、勘查设计招标、工程施工招标。

（2）按工程承包范围分：项目总承包招标（实施阶段的全过程招标、建设全过程招标）、施工总包招标、专项工程承包招标。

（3）按行业分：土木工程、勘查设计、物资设备、机电设备、生产工艺技术转让、咨询服务（工程咨询）。

（4）按工程专业分：房建工程施工招标（土建工程、安装工程、装饰工程）、市政工程施工招标、交通工程施工招标、水利工程施工招标、勘察设计招标等。

（5）按是否涉外分：国内工程招标、国际工程招标。

（三）工程项目施工招标条件

建设部1992年颁发的《工程建设施工招标投标管理办法》对建设单位及建设项目的招标条件做了明确规定，其目的在于规范招标单位的行为，确保招标工作有条不紊地进行，稳定招标投标市场的秩序。

1. 建设单位招标应当具备的条件

（1）招标单位是法人或依法成立的其他组织。

（2）有与招标工程相适应的经济、技术、管理人员。

（3）有组织编制招标文件的能力。

（4）有审查投标单位资质的能力。

（5）有组织开标、评标、定标的能力。

不具备上述后四项条件的，须委托具有相应资质的招标代理服务机构进行代理招标。上述五条中，（1）、（2）两条是对单位资格的规定，后三条则是对招标人能力的要求。

2. 建设项目招标应当具备的条件

（1）概算已经批准。

（2）建设项目已经正式列入国家、部门或地方的年度固定资产投资计划。

（3）建设用地的征用工作已经完成。

（4）有能够满足施工需要的施工图纸及技术资料。

（5）建设资金和主要建筑材料，设备的来源已经落实。

（6）已经建设项目所在地规划部门批准，施工现场“三通一平”已经完成或一并列入施工招标范围。

上述规定是为了促使建设单位严格按基本建设程序办事，防止“三边”（边立项、边设计、边实施）工程现象的发生，并确保招标工作的顺利进行。（项目立项是一个非常重要的决策，需要从技术、经济、政治、环境等各个角度评估项目的风险状况，但是往往为了抢机会、争利益或者其他原因，项目还没有正式批准就开始组织人马提前进入了设计甚至实施阶段，最后的结果可能是大量的设计变更、返工、索赔、争议，甚至项目中途终止。）

但对于建设项目不同工程任务的招标，其条件有所侧重或不同。如：建设工程勘察设计招标的条件，一般主要侧重于：①设计任务书或可行性研究报告已获批准；②具有设计所必需的可靠基础资料。

建设工程施工招标的条件，一般主要侧重于：①建设工程已列入年度投资计划；②建设资金（含自筹资金）已落实；③施工前期工作已基本完成；④有持证设计单位设计的施工图纸和有关设计文件。

建设监理招标的条件，一般主要侧重于：①设计任务书或初步设计已获批准；②工程建设的主要技术工艺要求已确定。

建设工程材料设备供应招标的条件，一般主要侧重于：①建设项目已列入年度投资计划；②建设资金（含自筹资金）已落实；③具有批准的初步设计或施工图设计所附的设备清单。

建设工程总承包招标的条件，一般主要侧重于：①计划文件或设计任务书已获批准；②建设资金和地点已经落实。

第二节 建设工程招标的范围和方式

一、招标投标活动所应遵循的基本原则

《招标投标法》第 5 条规定："招标投标活动应当遵循公开、公平、公正和诚实信用的原则。"招标投标工作应当保护国家利益、社会公共利益和招标投标活动当事人的合法权益，应依法进行，任何单位和个人不得以任何方式非法干涉招标投标工作，自觉接受建设工程交易管理机构和监察部门的监督与检查。

1. 公开原则

公开原则，首先要求招标信息公开。《招标投标法》规定，依法必须进行招标的项目的招标公告，应当通过国家指定的报刊、信息网络或者其他媒介发布。无论是招标公告、资格预审公告还是投标邀请书，都应当载明招标人的名称和地址、招标项目的性质、数量、实施地点和时间以及获取招标文件的办法等事项。其次，公开原则还要求招标投标过程公开。《招标投标法》规定开标时招标人应当邀请所有投标人参加，招标人在招标文件要求提交截止时间前收到的所有投标文件，开标时都应当当众予以拆封、宣读。中标人确定后，招标人应当在向中标人发出中标通知书的同时，将中标结果通知所有未中标的投标人。

2. 公平原则

公平原则，要求给予所有投标人平等的机会，使其享有同等的权利，履行同等的义务。《招标投标法》第 6 条明确规定："依法必须进行招标的项目，其招标投标活动不受地区或者部门的限制，任何单位和个人不得违法限制或者排斥本地区、本系统以外的法人或者其他组织参加投标，不得以任何方式非法干涉招标投标活动。"

3. 公正原则

公正原则，要求招标人在招标投标活动中应当按照统一的标准衡量每一个投标人的优劣。进行资格审查时，招标人应当按照资格预审文件或招标文件中载明的资格审查的条件、标准和方法对潜在投标人或者投标人进行资格审查，不得改变载明的条件或者以没有载明的资格条件进行资格审查。《招标投标法》还规定评标委员会应当按照招标文件确定的评标标准和方法，对投标文件进行评审和比较。评标委员会成员应当客观、公正地履行职务，遵守职业道德。

4. 诚实信用原则

诚实信用原则，是我国民事活动所应当遵循的一项重要基本原则。法律规定："民事活动应当遵循自愿、平等、等价有偿、诚实信用的原则。"合同相关法律也明确规定："当事人行使权利、履行义务应当遵循诚实信用原则。"招标投标活动作为订立合同的一种特殊方式，同样应当遵循诚实信用原则。例如，在招标过程中，招标人不得发布虚假的招标信息，不

得擅自终止招标。在投标过程中，投标人不得以他人名义投标，不得与招标人或其他投标人串通投标。中标通知书发出后，招标人不得擅自改变中标结果，中标人不得擅自放弃中标项目。

参加招标工作的人员在工程招标中，不得隐瞒工程真实情况，弄虚作假；不得泄露标底或串通招标单位，排挤竞争对手公平竞争；不得接受相关企业宴请或礼物、礼金；不得私自在家中接待投标企业。与招标工作无关的人员不得在招标过程中以各种方式向工作人员授意、施加压力；不得引荐投标企业到工作人员家中；不得向招标工作人员骗取有关情况并泄露给投标企业。投标单位不得在投标中弄虚作假；不得非法获取标底；不得在投标中串通投标，抬高或压低标价；不得采取行贿或其他手段串通投标单位排挤竞争对手。

二、必须招标的项目范围和规模标准

（一）必须招标的工程建设项目范围

根据《招标投标法》第3条规定，在中华人民共和国境内进行下列工程建设项目包括项目的勘察、设计、施工、监理以及与工程建设有关的重要设备、材料等的采购，必须进行招标：①大型基础设施、公用事业等关系社会公共利益、公众安全的项目；②全部或者部分使用国有资金投资或者国家融资的项目；③使用国际组织或者外国政府贷款、援助资金的项目。

根据《招标投标法实施条例》第3条规定，依法必须招标的工程建设项目的具体范围和规模标准，由国务院发展计划部门会同国务院有关部门制订，报国务院批准后公布实施。

（二）必须招标项目的规模标准

根据《必须招标的工程项目规定》（国家发展和改革委员会令第16号，自2018年6月1日起施行）第2～5条，必须招标工程项目规定如下：

（1）全部或者部分使用国有资金投资或者国家融资的项目包括：①使用预算资金200万元人民币以上，并且该资金占投资额10%以上的项目；②使用国有企业事业单位资金，并且该资金占控股或者主导地位的项目。

（2）使用国际组织或者外国政府贷款、援助资金的项目包括：①使用世界银行、亚洲开发银行等国际组织贷款、援助资金的项目；②使用外国政府及其机构贷款、援助资金的项目。

（3）不属于本规定第（1）（2）条情形的大型基础设施、公用事业等关系社会公共利益、公众安全的项目，必须招标的具体范围由国务院发展改革部门会同国务院有关部门按照确有必要、严格限定的原则制订，报国务院批准。

（4）本规定第（1）～（3）条规定范围内的项目，其勘察、设计、施工、监理以及与工程建设有关的重要设备、材料等的采购达到下列标准之一的，必须招标：①施工单项合同估算价在400万元人民币以上；②重要设备、材料等货物的采购，单项合同估算价在200万元人民币以上；③勘察、设计、监理等服务的采购，单项合同估算价在100万元人民币以上。

同一项目中可以合并进行的勘察、设计、施工、监理以及与工程建设有关的重要设备、材料等的采购，合同估算价合计达到前款规定标准的，必须招标。

（三）可以不进行招标的工程建设项目

《招标投标法》第66条规定："涉及国家安全、国家秘密、抢险救灾或者属于利用扶贫资金实行以工代赈、需要使用农民工等特殊情况，不适宜招标的项目，按照国家有关规定可以不进行招标。”

《工程建设项目施工招标投标办法》（根据2013年3月11日第23号令《关于废止和修改部分招标投标规章和规范性文件的决定》修订）第12条也有规定，依法必须进行施工招标的工程建设项目有下列情形之一的，可以不进行施工招标：①涉及国家安全、国家秘密、抢险救灾或者属于利用扶贫资金实行以工代赈需要使用农民工等特殊情况，不适宜进行招标；②施工主要技术采用不可替代的专利或者专有技术；③已通过招标方式选定的特许经营项目投资人依法能够自行建设；④采购人依法能够自行建设；⑤在建工程追加的附属小型工程或者主体加层工程，原中标人仍具备承包能力，并且其他人承担将影响施工或功能配套要求；⑥国家规定的其他情形。

三、工程招标方式

根据《招标投标法》第10条规定，招标方式分为公开招标和邀请招标。

1. 公开招标

公开招标，也称无限竞争招标，是指招标人以招标公告的方式邀请不特定的法人或者其他组织投标。优点：招标人可以在较广的范围内选择中标人，投标竞争激烈，有利于将工程项目的建设交予可靠的中标人实施并取得有竞争性的报价。缺点：由于申请投标人较多，一般要设置资格预审程序，而且评标的工作量也较大，所需招标时间长、费用高。

2. 邀请招标

邀请招标，也称有限竞争招标，是指招标人以投标邀请书的方式邀请特定的法人或者其他组织投标。采用这种招标方式，由于被邀请参加竞争的潜在投标人数量有限，而且事先已经对投标人进行了调查了解，因此不仅可以节省招标人的招标成本，而且能提高投标人的中标概率，因此潜在投标人的投标积极性会较高。当然，由于邀请招标的对象被限定在特定范围内，可能使其他优秀的潜在投标人被排斥在外。

《工程建设项目施工招标投标办法》（根据2013年3月11日第23号令《关于废止和修改部分招标投标规章和规范性文件的决定》修订）第11条规定，依法必须进行公开招标的项目，有下列情形之一的，可以进行邀请招标：①项目技术复杂或有特殊要求，或者受自然环境限制，只有少量几家潜在投标人可供选择；②涉及国家安全、国家秘密或者抢险救灾，适宜招标但不宜公开招标；③采用公开招标方式的费用占项目合同金额的比例过大。

邀请招标的优缺点：

优点：不需要发布招标公告和设置资格预审程序，节约招标费用和节省时间；由于对投标人以往的业绩和履约能力比较广解，减小了合同履行过程中承包方违约的风险。为了体现公平竞争和便于招标人选择综合能力最强的投标人中标，仍要求在投标书内报送表明投标人资质能力的有关证明材料，作为评标时的评审内容之一。

缺点：由于邀请范围较小选择面窄，可能排斥了某些在技术或报价上有竞争实力的潜在投标人，因此投标竞争的激烈程度相对较差。

邀请招标的对象虽然被具体化了，但为了保证邀请招标的竞争性，我国法律对邀请招标的对象，有最低数量的规定。根据《招标投标法》第17条第1款的规定：“招标人采用邀请招标方式的，应当向三个或三个以上具备承担招标项目的能力、资信良好的特定的法人或者其他组织发出投标邀请书。”

第三节　建设工程招标、投标的程序和工作内容

一、建设工程施工招标程序

招标程序是指招标活动的内容的逻辑关系，不同的招标方式，具有不同的活动内容。我们以施工公开招标为例，介绍施工招标的一般程序。程序开始前的准备工作和结束后的后续跟踪工作，不属建设工程招标投标程序之列，但可以纳入整个建设工程招标投标工作流程之中。比如，招标人提交整个项目的发包初步方案，是招标前的一项主要准备工作。

（一）设立招标组织或委托招标代理人

招标人自己组织招标，要填写招标人自行办理招标事宜备案表，报招标投标管理机构备案，确认其具有编制招标文件和组织评标的能力，能够自己组织招标后，才能自己组织招标、自行办理招标事宜。

招标人委托招标代理人代理招标，必须与之签订招标代理合同（协议）。招标代理合同，应当明确：委托代理招标的范围和内容；招标代理人的代理权限和期限；代理费用的约定和支付；招标人应提供的招标条件、资料和时间要求；招标工作安排；违约责任等主要条款。

在招标公告或投标邀请书发出前，招标人取消招标委托代理的，应向招标代理人支付招标项目金额的 0.2%的赔偿费；在招标公告或投标邀请书发出后开标前，招标人取消招标委托代理的，应向招标代理人支付招标项目金额 1%的赔偿费；在开标后招标人取消招标委托代理的，应向招标代理人支付招标项目 2%的赔偿费。招标人和招标代理人签订的招标代理合同，应当报政府招标投标管理机构备案。

（二）办理招标文件备案手续

招标人在依法设立招标组织或委托招标代理人后，就可开始编制资格预审文件、招标文件、标底，并将这些文件报招标投标管理机构备案。

通常只有施工招标必须编制标底。实行资格后审的，不要求编制资格预审文件。资格预审文件一般主要由资格预审通告、资格预审须知、资格预审申请书和资格预审合格通知书、资格预审结果通知书等组成。

（三）发布招标公告或发出投标邀请书

1. 招标公告或投标邀请书发布的要求

预审文件、投标文件等备案后，招标人就要发布招标公告或发出投标邀请书。采用公开招标方式的，招标人要在网络、报纸、杂志、广播、电视等大众传媒或工程交易中心公告栏上发布招标公告，招请一切愿意参加工程投标的不特定的承包商申请投标资格审查或申请投标。

在国际上，对公开招标发布招标公告有两种做法：一是实行资格预审的，用资格预审通告代替招标公告，即只发布资格预审通告。二是实行资格后审的（即在开标后进行资格审查），不发资格审查通告，而只发招标公告。

实践中，邀请招标的投标邀请书和招标公告差不多。一般来说，它们应当载明以下几项内容：①招标人的名称、地址及联系人姓名、电话；②工程情况简介，包括项目名称、性质、数量、投资规模、工程实施地点、结构类型、装修标准、质量要求、时间要求等；③承包方

式，材料、设备供应方式；④对投标人的资质和业绩情况的要求及应提供的有关证明文件；⑤招标日程安排，包括发放、获取招标文件的办法、时间、地点，投标地点及时间、现场踏勘时间、投标预备会时间、投标截止时间、开标时间、开标地点等；⑥对招标文件收取的费用（押金数额）；⑦其他需要说明的问题。

2. 招标公告发布的注意事项

（1）对招标公告的监管要求。依法必须招标项目的招标公告必须在指定的报纸、信息网络等媒介发布。招标公告的发布应当充分公开，任何单位和个人不得非法限制招标公告的发布地点和发布范围。拟发布的招标公告文本应当由招标人或其委托的招标代理机构的主要负责人签名并加盖公章。公告文本及有关证明材料必须在招标文件或招标资格预审文件开始发出之日的 15 日前送达指定媒体和项目招标方式核准部门。招标人或其委托的招标代理机构发布招标公告，应当向指定媒介提供营业执照（或法人证书）、项目批准文件的复印件等证明文件。

（2）对指定媒介的要求。指定媒介应当在收到招标公告文本之日起七日内发布招标公告。指定媒介应与招标人或其委托的招标代理机构就招标公告的内容进行核实，经双方确认无误后在前款规定的时间内发布。指定媒介发布依法必须招标项目的招标公告，不得收取费用，但发布国际招标公告的除外。

招标人或其委托的招标代理机构在两个以上媒介发布的同一招标项目的招标公告的内容应当相同。若出现不一致情况时，有关媒介可以要求招标人或其代理人及时予以改正、补充或调整。指定媒介发布的招标公告的内容与招标人或其委托的招标代理机构提供的招标公告文本不一致，并造成不良影响的，应当及时纠正，重新发布。

（3）对招标人或招标代理机构的要求。招标人或其委托的招标代理机构应至少在一家指定的媒介发布招标公告。招标公告中不得以不合理的条件限制或排斥潜在投标人。

案例 3-1 招标公告发出后马上发售招标文件案

某学校学生宿舍项目，于 2009 年 5 月 10 日登出招标公告，5 月 11 日上午售完招标文件，当地 5 家企业报名投标。评标后第一中标候选人因被举报投标文件有重大偏差，被取消中标资格，第二候选人中标。第一中标候选人投诉，提出第二中标候选人是 5 月 13 日才从招标人处获得招标文件，其投标应被拒绝。

评析：

招标中排斥和限制了潜在投标人，情节严重的，应责令招标人重新招标，对有关责任人作出处罚处理。违法公布招标公告行为应由国家发展和改革委员会和有关行政监督部门进行处罚。

（四）对投标人进行资格审查

资格审查是招标人的一项重要权利，其主要内容是审查潜在投标人或者投标人的资质、业绩、经验，以及信誉、财务状况、人员、设备、分包、诉讼等履约标准，其根本目的是审查潜在投标人或投标人是否具有承担招标项目的能力，以保证投标人中标后，能切实履行合同义务，完成招标项目。

经过报名的投标人进行资格预审后确定下来的投标人名单，通常称为“短名单”。只有被列入短名单的投标人，才有权参加投标。

1. 资格审查的种类

根据《工程建设项目施工招标投标办法》的有关规定，资格审查分为资格预审和资格后审。

（1）资格预审。资格预审，是指在投标前对潜在投标人进行的资格审查。采取资格预审的，招标人可以发布资格预审公告，资格预审公告适用有关招标公告的规定。

经资格预审后，招标人应当向资格预审合格的潜在投标人发出资格预审合格通知书，告知获取招标文件的时间、地点和方法，并同时向资格预审不合格的潜在投标人告知资格预审结果。资格预审不合格的潜在投标人不得参加投标。

（2）资格后审。资格后审，是指在招标后对投标人进行的资格审查。进行资格预审的，一般不再进行资格后审，但招标文件另有规定的除外。资格后审不合格的投标人的投标应作废标处理。

2. 资格审查的主要内容和要求

《工程建设项目施工招标投标办法》第 20 条规定，资格审查主要审查潜在投标人或者投标人是否符合下列条件：

（1）具有独立订立合同的权利。

（2）具有履行合同的能力，包括专业、技术资格和能力，资金、设备和其他物质设施状况，管理能力，经验、信誉和相应的从业人员。

（3）没有处于被责令停业，投标资格被取消，财产被接管、冻结，破产状态。

（4）在最近三年内没有骗取中标和严重违约及重大工程质量问题。

（5）国家规定的其他资格条件。

资格审查时，招标人不得以不合理的条件限制、排斥潜在投标人或者投标人，不得对潜在投标人或者投标人实行歧视待遇。任何单位和个人不得以行政手段或者其他不合理方法限制投标人的数量。

案例 3-2　资格审查纠纷案

某轨道交通招标项目要求投标人必须有成功完成两个类似招标项目建设的经验。一位潜在投标人有一个即将竣工的项目建设经历和业绩，该投标人经业主同意，参加了投标，并且顺利通过了资格预审和评委评审，被确定为第一中标候选人。后有人举报该投标人。招标人又组织了资格审查，取消了该投标人的中标候选人资格。该投标人不服，认为其已告知招标人实际情况，招标人、评委也已对其进行过资格审查，招标人不能出尔反尔再对其进行资格审查。该市招标办也觉得该投标人陈述有理，从中协调要求招标人让其中标。最后，招标人让该投标人中标。问：应该让该投标人中标吗？如不应该，招标人需要承担一定的责任吗？

评析：

按照招标文件规定，该投标人并不具备投标资格，其只有成功完成一个轨道交通项目的经验，而没有两个类似的成功经验，在建的虽接近竣工，但还没通过验收，不能算为成功经验。因而让其中标是不对的。资格审查贯穿于招标投标的全过程，这是招标人的一项权利。招标人不仅可以进行资格预审，还可以进行资格后审，不仅招标人可以审查，招标代理机构、评标委员会也可以进行审查；不仅评标过程中可以审查，中标候选人推荐出来以后，仍可对中标候选人进行审查；不仅招标投标过程中可以审查，合同履行过程中仍可审查。本案中招标人在资格审查中有一定过错，应承担一定责任。

（五）出售招标文件并收取投标保证金

根据《工程建设项目施工招标投标办法》第15条的规定，招标人应当按招标公告或者投标邀请书规定的时间、地点出售招标文件。自招标文件出售之日起至停止出售之日止，最短不得少于5日。对招标文件的收费应当合理，不得以营利为目的。招标人在发布招标公告、发出投标邀请书后或者售出招标文件或资格预审文件后不得擅自终止招标。

招标文件发出后，招标人不得擅自变更其内容。确需进行必要的澄清、修改或补充的，应当在招标文件要求提交投标文件截止时间至少15天前，书面通知所有获得招标文件的投标人。该澄清、修改或补充的内容是招标文件的组成部分，对招标人和投标人都有约束力。对招标文件或者资格预审文件的收费应当合理，不得以营利为目的。对于所附的设计文件的押金，招标人应当向投标人退还押金。

招标文件或者资格预审文件售出后，不予退还。招标人在发布招标公告或者发出投标邀请书后，以及售出招标文件或资格预审文件后，不得擅自终止招标。

投标保证金的直接目的虽是保证投标人对投标活动负责，但其一旦缴纳和接受，对双方都有约束力。就投标人而言，缴纳投标保证金后，如果投标人按规定的时间要求递交投标文件；在投标有效期内未撤回投标文件；经开标、评标获得中标的，在定标发出中标通知书后，招标人原额退还其投标保证金；投标人中标的，在依中标通知书签订合同时，招标人原额退还其投标保证金。

如果投标人未按规定时间要求递交投标文件；在投标有效期内撤回投标文件；经开标、评标获得中标后不与招标人订立合同的，就会丧失投标保证金。而且，丧失投标保证金并不能免除投标人因此应承担的赔偿和其他责任，招标人有权就此向投标人或投标函出具者索赔或要求其承担他相应的责任。

就招标人而言，收取招标保证金后，如果不按规定的时间要求接受投标文件、在投标有效期内拒绝投标文件、中标人确定后不与中标人订立合同的，则要双倍返还投标保证金。而且，这并不能免除招标人因此而承担的赔偿其他责任，投标人索赔或要求其承担其他相应的责任。如果招标人收取投标保证金后，按规定的时间要求接受投标文件、在投标有效期内未拒绝投标文件、中标人确定后与中标人订立合同的，仅需原额退还投标保证金。

投标保证金可采用现金、支票、银行汇票，也可以是银行出具的银行保函。银行保函的格式应符合招标文件提出的格式要求。

投标保证金的额度，根据工程投资大小由业主在招标文件中确定。在国际上，投标保证金的数额较高，一般设定在占投资总额的1%～5%。而我国的投标保证金数额，则普遍较低，一般设定不超过投标总价的2%，并规定，最高不得超过80万元人民币。

投标保证金有效期为从递交投标保证金开始，直到签订合同或提供履约保函为止，通常为3～6个月，一般应超过投标有效期的30天。投标有效期是招标文件规定的投标文件有效期，从提交投标文件截止日起计算。《工程项目施工招标投标办法》第29条规定："招标文件应该规定一个适当的投标有效期，以保证招标人有足够的时间完成评标和与中标人签订合同。"投标有效期从投标人提交投标文件截止之日起计算，直到中标通知书签发日期结束，一般不宜超过 90 日。

案例 3–3　售价 2000 元的招标文件[1]

某省造价不到 300 万元的公路养护项目，招标代理公司发布招标公告，规定每份招标文件售价 2000 元。招标公告发出后，竟然有近 60 家施工公司作为投标人报名购买招标文件。招标代理机构仅在招标文件购买环节，收费近 12 万元，并归己所有。招标工作完成后，没有中标的投标人向有关部门投诉。有关部门经过调查后认定这家招标代理机构存在通过售卖招标文件牟利的行为，遂作出相应行政处罚。

评析： 一些招标代理机构利用和投标人的不对称地位，大肆出售招标文件牟利，损害了投标人的利益。《招标代理服务收费管理暂行办法》第 9 条规定，出售招标文件可以收取编制成本费，具体办法由省、自治区、直辖市价格主管部门按照不以营利为目的的原则制定。本案例中的招标代理机构收取 2000 元的招标文件编制费显然过高，有明显的牟利目的，因此受到相应的行政处罚。

（六）踏勘现场，并举行答疑会

1. 踏勘现场的内容

踏勘现场内容主要包括：现场是否达到招标文件规定的条件；现场的地理位置和地形、地貌；现场的地质、土质、地下水位、水文等情况；现场气温、湿度、风力、年雨雪量等气候条件；现场交通、饮水、污水排放、生活用电、通信等环境情况；工程在现场中的位置；临时用地、临时设施搭建等。

招标预备会也称答疑会、标前会议，是指招标人为澄清或解答招标文件或现场踏勘中的问题，以便投标人更好地编制投标文件而组织召开的会议。

投标预备会一般安排在招标文件发出后的 7～28 日内举行。参加会议的人员包括招标人、投标人、代理人、招标文件编制单位的人员、招标投标管理机构的人员等。会议由招标人主持。

招标人的答疑可以根据情况采用以下方式进行：

（1）以书面形式解答，并将解答内容同时送达所有获得招标文件的投标人。书面形式包括解答书、信件、电报、电传、传真、电子数据交换和电子函件等可以有形地表现所载内容的形式。

（2）通过投标预备会进行解答，同时借此对图纸进行交底和解释，并以会议记录形式同时将解答内容送达所有获得招标文件的投标人，并报招标投标管理机构备案。

2. 招标预备会的内容

（1）介绍招标文件和现场情况，对招标文件进行交底和解释。

（2）解答投标人以书面或口头形式对招标文件和在现场踏勘中所提出的各种问题或疑问。

3. 招标预备会的程序

（1）主持人宣布投标预备会开始。

（2）介绍解答人，宣布记录人员。

[1] 李志生，付冬云．建筑工程招标投标实务与案例分析．北京：机械工业出版社，2010．

（3）解答投标人的各种问题和对招标文件进行交底。

（4）通知有关事项，如为使投标人在编制投标文件时，有足够的时间充分考虑招标人对招标文件的修改或补充内容，以及投标预备会议记录内容，招标人可根据情况决定适当延长投标书递交截止时间，并作通知等。

（5）整理解答内容，形成会议记录。

会后，招标人将会议记录报招标管理机构备案，并将会议记录送达所有获得招标文件的投标人。

（七）召开开标会议

开标应当在招标文件确定的提交投标文件截止时间的同一时间公开进行；开标地点应当为招标文件中预先确定的地点。

开标由招标人主持，邀请所有投标人参加。开标时，由投标人或者其推选的代表检查投标文件的密封情况，也可以由招标人委托的公证机构检查并公证；经确认无误后，由工作人员当众拆封，宣读投标人名称、投标价格和投标的其他主要内容。开标过程应当记录，并存档备查。

1. 开标会议的程序

（1）参加开标会议的人员签名报到，表明与会人员已到会。

（2）会议主持人宣布开标会议开始，宣布开标会议纪律，宣读招标人法定代表人资格证明或招标人代表的授权委托书，介绍参加会议的单位和人员名单，宣布唱标人员、记录人员名单。唱标人一般由招标人的工作人员担任，也可以由招标投标管理机构的人员担任。

（3）介绍工程项目有关情况，请投标人或其推选的代表检查投标文件的密封情况，并签字予以确认，也可以请招标人自愿委托的公证机构检查并公证。

（4）由招标人的工作人员当众启封投标文件，并由唱标人员进行唱标。唱标是指公布投标文件的主要内容，当众宣读投标文件的投标人名称、投标报价、工期、质量、主要材料用量、投标保证金、优惠条件等主要内容。唱标顺序按各投标人报送的投标文件时间先后的逆顺序进行。

（5）由投标人的法定代表人或其委托代理人核对开标会议记录，并签字确认开标结果。

开标会议的记录人员应现场制作开标会议记录，将开标会议的全过程和主要情况，特别是投标人参加会议的情况、对投标文件、标底的密封情况、开启并宣读的投标文件的主要内容等，当场记录在案，并请投标人的法定代表人或其委托代理人核对无误后签字确认。开标会议记录应存档备查。投标人在开标会议记录上签字后，即退出会场。至此，开标会议结束，转入评标阶段。

应当强调的是，招标人在招标文件要求提交投标文件的截止时间前收到的所有投标文件，开标时都应当众予以拆封、宣读。但在开标实践中，常常有一个从形式上对投标文件是否有效的确认问题。这是一个对投标人合法权益以及最后中标结果有着重大影响的问题，往往分歧和矛盾较多，失误甚至曲解的现象时有发生。因此，必须特别注意在招标文件中规范这一行为，以保持开标的公正性、合理性和严肃性。

2. 开标中确认投标文件无效的几种情况

在开标过程中，遇到投标文件有下列情形之一的，应当确认并宣布其无效：

（1）未按招标文件的要求标志、密封的。

（2）无投标人公章和投标人的法定代表人或其委托代理人的印章或签字的。

（3）投标文件标明的投标人在名称和法律地位上通过资格审查时不一致，且这种不一致明显不利于招标人或为招标文件所不允许的。

（4）未按照招标文件规定的格式、要求填写，内容不全或字迹潦草、模糊，辨认不清的。

（5）投标人在一份投标文件中对同一招标项目报有两个或多个报价，且未书面声明以哪个报价为准的。

（6）逾期未送达的。

（7）提交合格的撤回通知的。

有上述情形，如果涉及投标文件实质性内容的，应当留待评标时由评标组织评审、确认投标文件是否有效。

《工程建设项目施工招标投标办法》（根据2013年3月11日第23号令《关于废止和修改部分招标投标规章和规范性文件的决定》修订）第51条规定有下列情形之一的，评标委员会应当否决其投标：

（1）投标文件未经投标单位盖章和单位负责人签字。

（2）投标联合体没有提交共同投标协议。

（3）投标人不符合国家或者招标文件规定的资格条件。

（4）同一投标人提交两个以上不同的投标文件或者投标报价，但招标文件要求提交备选投标的除外。

（5）投标报价低于成本或高于招标文件设定的最高投标限价。

（6）投标文件没有对招标文件的实质性要求和条件作出响应。

（7）投标人有串通投标、弄虚作假、行贿等违法行为。

实践中，对在开标时就被确认无效的投标文件，也有不启封或不宣读的做法。如投标文件在启封前被确认为无效的，不予启封；在启封后唱标前被确认为无效的，不予宣读。

在开标时确认投标文件是否无效，一般应由参加开标会议的招标人或其代表进行，确认的结果投标当事人无异议的，经招标投标管理机构认可后宣布。如果投标当事人有异议的，则应留待评标时由评标组织评审确认。

案例3-4 因投标文件缺保证金复印件而废标[1]

2007年11月，××市××区××路路灯设备采购及安装招标项目中某市工程交易中心进行。评标委员会按程序审查、评审各投标人对投标文件，发现某公司对投标文件正、副本都缺少投标保证金复印件，于是按相关规定，否决了该公司的评标资格。

评析：

在本案例中，评标会在周一下午举行，而该投标人是在上周五通过银行将保证金汇出的。按常理来说，上周五汇出的保证金在这周一上午收到是没有问题的。但由于上周五下午银行停电，该投标人的投标保证金没有通过银行进入招标代理机构的账户上。尽管该投标人手里提供了汇款的凭证，但由于招标代理机构没有查到保证金到账，因此，该公司失去了进一步评标的资格。

[1] 李志生，付冬云．建筑工程招标投标实务与案例分析．北京：机械工业出版社，2010．

通过本案例可以看出，为确保意外事件发生，汇保证金的时间要预留充足，以免失去中标的机会。

案例 3–5 因投标文件装订混乱而废标

2009 年 12 月 13 日，××市××区××变电站安装工程项目在某招标代理公司举行。在评标委员会的专家仔细而认真地进行评审时，有专家发现 A 公司的投标文件中，投标货物价格明细表的表头竟然用的是 B 公司的名字。于是，评标委员会以 A、B 两家公司的投标文件存在串标嫌疑为由，依法将 A、B 两家公司的投标文件作废标处理。

评析：

因 A、B 两家公司投标文件上的公司名称混乱，评标委员会给予 A、B 两家公司废标的处理是非常正确的。之所以出现这样的问题，一种情况是：A、B 两家公司的投标文件是同一家打字社制作的，打字社给 A 公司做了投标文件后，为了偷懒采用原来的表格，忘记修改表格了；另外一种情况是：A、B 两家公司的投标文件是同一个人或同一批人做的，这些人也犯了和打字社同样的错误。不过，从本案例来说，后一种情况的可能性更大，属于典型的串通投标行为。《招标投标法》中规定的串通投标行为的法律责任是：中标无效，罚款的数额为中标项目金额的 5‰ ~ 10‰；对投标人或直接责任人的违法行为规定了一系列的处罚，如停止一定时期内参加依法必须进行招标项目的投标资格。

（八）评标

评标组织由招标人的代表和有关经济、技术等方面的专家组成。其具体形式为评标委员会，实践中也有是评标小组的。评标组织成员的名单在中标结果确定前应当保密。

1. 成立评标组织的具体要求和注意事项

在实践中，关于评标定标组织有两种不同的做法：

第一种是合并式，其特点是对评标的组织和定标的组织不做区分，只设评标的组织，评标的组织同时就是定标的组织，统一负责评标定标工作。

第二种是分立式，其特点是将评标的组织和定标的组织分开，分设两个相对独立的组织，分别负责评标和定标工作。

2. 两种评标组织的优缺点

（1）合并式的优缺点：

优点：合并式简化了评标定标的层次和环节，不仅有利于节省评标定标的时间，而且也有利于将评标和定标的结果统一起来，避免出现矛盾。

缺点：如果评标过程中出现了失误或偏差，就缺少了一次补救机会，评标质量不高也必然会导致定标质量不高。

（2）分立式的优缺点：

优点：分立式评标定标组织，对评标定标的职责做了明确划分，如果评标过程中出现失误可通过定标组织获得纠正。

缺点：评标定标层次和环节太多，时间拖长，容易出现评标和定标脱节、两者结果不一致的现象，使评标流于形式，不能令人信服。

从总体上分析，采用合并式的评标定标组织，利大于弊，值得推广和提倡。

一般来说，从工程规模来看，大中型项目或技术、结构复杂的招标工程，应设立评标委员会；小型工程或结构、技术比较简单的招标工程，可以设立评标小组。从招标方式来看，采用公开招标的工程，应设立评标委员会；采用邀请招标的工程，可设立评标委员会或评标小组。无论是评标委员会下还是评标小组下，都可以根据需要再设立若干评审组如：鉴定组、技术组、商务组等。

评标定标组织（评标委员会）的总人数，应为不少于 5 人的奇数。小型招标工程评标定标组织的人数，可以为 5 人或 7 人，最高不宜超过 9 人；中型招标工程评标定标组织的总人数，可以为 7 人或 9 人，最高不宜超过 11 人；大型招标工程评标定标组织的总人数可以为 9 人、11 人或 13 人，最高不宜超过 15 人。根据《招标投标法》第 37 条的规定评标组织中招标人的代表等人数不得大于评标定标组织总人数的 1/3，专家人数不得少于评标定标组织总人数的 2/3。评标委员会成员的名单在中标结果确定前应当保密。

根据《招标投标法》和《评标委员会和评标方法暂行规定》的有关规定，技术、经济等方面的评标专家应当从事相关领域工作满 8 年并具有高级职称或者具有同等专业水平，由招标人从国务院有关部门或者省、自治区、直辖市人民政府有关部门提供的专家名册或者招标代理机构的专家库的相关专业的专家名单中确定。一般招标项目可以采取随机抽取方式，技术特别复杂、专业性要求特别高或者国家有特殊要求的招标项目，采取随机抽取方式确定的专家难以胜任的，可以由招标人直接确定。与投标人有利害关系的人不得进入相关项目的评标委员会，已经进入的应当更换。

评标委员会否决不合格投标或者界定为废标后，因有效投标不足 3 个使得投标明显缺乏竞争的，根据《招标投标法》第 42 条的规定，“评标委员会可以否决全部投标。依法必须进行招标的项目的所有投标被否决的，招标人应当依法重新招标。”

《招标投标法》第 39 条规定：“评标委员会可以要求投标人对投标文件中含义不明确的内容做必要的澄清或者说明，但是澄清或者说明不得超出投标文件的范围或者改变投标文件的实质性内容。”对此，《工程建设项目施工招标投标办法》作了进一步补充规定：“评标委员会可以书面方式要求投标人对投标文件中含义不明确、对同类问题表述不一致或者有明显文字和计算错误的内容做必要的澄清、说明或补正。评标委员会不得向投标人提出带有暗示性或诱导性的问题，或向其明确投标文件中的遗漏和错误。”

评标一般采用评标会的形式进行。参加评标会的人员为招标人或其代表人、招标代理人、评标组成员、招标投标管理机构的监管人员等。投标人不能参加评标会。评标会由招标人或其委托的代理人召集，由评标组织负责人主持。

评标委员会推荐的中标候选人应当不超过 3 个，并标明排列顺序。中标人的投标，应当符合下列条件之一：

（1）能够最大限度地满足招标文件中规定的各项综合评价标准。

（2）能够满足招标文件的实质性要求，并且经评审的投标价格最低；但是投标价格低于成本的除外。

3．评标会的程序

（1）开标会结束后，投标人退出会场，参加评标会的人员进入会场，由评标组织负责人宣布评标会开始。

（2）评标委员会认真研究招标文件，了解和熟悉招标的目标，招标项目的范围和性质，招标文件中规定的主要技术要求、标准和准备条款，招标文件规定的评标方法和在评标过程中考虑的相关因素等情况，并编制供评标使用的相应表格。

（3）评标委员会成员根据招标文件审阅各个投标文件，逐项列出投标文件的全部投标偏差。投标偏差分为重大偏差和细微偏差。所谓重大偏差是指投标文件有下列情况的：

1）没有按照招标文件要求提供投标招标担保或者所提供的投标担保有瑕疵；

2）投标文件没有投标人授权代表签字和加盖公章；

3）投标文件载明的招标项目完成期限超过招标文件规定的期限；

4）明显不符合技术规格、技术标准的要求；

5）投标文件载明的货物包装方式、检验标准和方法等不符合招标文件的要求；

6）投标文件附有招标人不能接受的条件；

7）不符合招标文件中规定的其他实质性要求。

投标文件有上述情形之一的，为未能对招标文件做出实质性响应，作废标处理。

所谓细微偏差是指投标文件在实质上响应招标文件要求，但在个别地方存在漏项或者提供了不完整的技术信息和数据等情况，并且补正这些遗漏或者不完整不会对其他投标人造成不公平的结果。细微偏差不影响投标文件的有效性，但应当书面要求存在细微偏差的投标人予以补正。拒不补正的，在详细评审时可以对细微偏差作不利于该投标人的量化。

（4）评标组织成员根据评标定标办法的规定，只对未被宣布无效的投标文件进行评议，并对评标结果签字确定。

（5）如有必要，评标期间，评标组织可以要求投标人对投标文件中不清楚的问题做必要的澄清或者说明，但是，澄清或者说明不得超出投标文件的范围或改变投标文件的实质性内容。所澄清和确认的问题，应当采取书面形式，经招标人和投标人双方签字后，作为投标文件的组成部分，列入评标依据范围。在澄清会谈中，不允许招标人和投标人变更价格、工期、质量等级等实质性内容。开标后，投标人对价格、工期、质量等级等实质性内容提出的任何修正声明或者附加优惠条件，一律不得作为评标组织评标的依据。

案例 3-6 面对质疑拒绝答复惹投诉[1]

受某招标人委托，某地建设工程交易中心就某项建筑安装工程进行公开招标，建设工程交易中心在指定的媒体上发布招标公告后，得到了有关投标人的积极响应。截至投标时间，建设工程交易中心共收到 11 份有效的投标文件。建设工程交易中心抽取相关专家进行评审，经初步审查后，开标、评标活动如期举行。

根据招标文件规定，该项目采用综合评分法进行评审。经评审，评标委员会推荐 A、B、C 三家投标公司分别为第一、第二、第三中标候选人。随后，建设工程交易中心将中标候选人的投标文件和评审情况等有关材料交由招标人××单位审查并确定中标人。

招标人××单位在审查中发现，排名第三的中标候选人 C 公司报价最低，价格是 1100 万元（人民币，下同），但其他方面不如排名第一的 A 公司。××单位项目负责人把情况告诉领导后，领导决定召开会议就此进行讨论，结果，与会人员一致认为 A 公司是更为理想的安装公司。为了既节约经费，又能享受较好的建筑安装服务，××单位就

[1] 李志生，付冬云．建筑工程招标投标实务与案例分析．北京：机械工业出版社，2010.

与A公司商量，让A公司把报价降低至C公司所报的价格。经多次协商，A公司同意按C公司的价格与××单位签订合同。于是，××单位书面通知建设工程交易中心确定A公司为中标人，项目中标金额是1100万元。建设工程交易中心按××单位的书面通知给A公司发出中标通知书。

A公司与××单位签订中标合同后，B公司了解到A公司降价中标的情况，于是向建设工程交易中心和××单位提出质疑。面对质疑，建设工程交易中心认为自己是按××单位的书面通知给A公司发出中标通知书的，B公司只能向××单位质疑，于是拒绝答复。遭到建设工程交易中心的拒绝后，B公司便向监管部门提出投诉。最终，监管部门责令建设工程交易中心撤回中标通知书，××单位重新依法确定中标人。B公司完全胜诉。

透过这起纷争，有三个问题值得探讨：第一，招标人能否根据自己的意愿就价格等事项与中标候选人进行谈判？第二，建设工程交易中心根据招标人降价谈判后确定的中标人发中标通知书的行为是否合法？第三，出现上述情况，建设工程交易中心能否拒绝答复？

评析：

（1）私下谈判属于严重违规。从法律的角度讲，经依法组建的评标委员会评审后，没有任何法律法规规定招标单位是可以直接和中标候选单位进行价格谈判的。《政府采购货物和服务招标投标管理办法》第61条规定："在确定中标供应商之前，招标采购单位不得与投标供应商就投标价格、投标方案等实质性内容进行谈判。"同时该法第59条规定，采购人只能按照评标报告中推荐的中标候选供应商顺序确定中标供应商，则采购人只要按照评标报告中的顺序确定中标人即可。因此，该案例中招标人只需按照评标委员会确定的中标候选人的顺序确定A中标即可。然而，招标单位直接和A公司进行谈判，严重违规。建设工程交易中心没有制止招标人直接和投标人A谈判而推翻了评标专家的评审结果，反而依据招标人意愿发出中标通知书，属于违规行为，也反映了某些建设工程交易过程的监督制度形同虚设。

从实际操作的角度讲，此次招标采取的是综合评分法，而不是最低评标价法，因此，价格最低的C公司没有排第一实属正常，招标单位不该就价格进行谈判。该案例中，A公司的价格虽然高于C公司的价格，但是其他方面比C公司要好。在评审结束后，招标人让A公司在提供同样服务的前提下再去接受C公司的价格，显然是对A公司的利益造成损害。招标人幻想以最低价招标，不管其出发点如何，客观上是一种违法行为，理应受到处罚。

（2）建设工程交易中心变相认可也该罚。在本案例中，建设工程交易中心明知招标过程中采购人就价格与中标候选人进行谈判后才确定中标人还予以发放中标通知书，这也是一种程序不合法的行为。既然在确定中标人之前招标采购单位不得与投标人就投标价格进行谈判，那么采购结果中的价格就不该和唱标时的价格有出入。在本案例中，采购单位确定的中标人的价格和唱标时的价格出现不同，但建设工程交易中心依旧进行了通知，这表示建设工程交易中心认可了招标单位与投标人私下的谈判程序及结果，是对采购人违规行为的一种变相认可，因此，建设工程交易中心的通知行为也该受到相应处罚。

（3）建设工程交易中心拒绝答复违反相关规定。在本案例中，建设工程交易中心面对B公司的质疑竟然拒绝答复，从法律方面讲这是完全站不住脚的。B公司的投诉和质疑有理有据，涉及招标的公平、公开、公正问题，建设工程交易中心理应及时公开答复，消除负面影响。因此，建设工程交易中心拒绝答复质疑，违反了相关规定，也应受到惩罚。所以，在今后的工作中，操作机构遇到质疑和投诉时，最好先冷静分析，不太明白的，应先学习相关招标投标和政府采购方面的法律知识，再决定受理不受理，这是最稳妥的办法。在本案例中，如果B、C公司联合向法院起诉招标人和建设工程交易中心，则负面影响就会更大了。

（6）评标委员会按照优劣或得分高低排出投标人顺序，推荐不超过3人的中标候选人，向招标人提出书面评标报告。

采用经评审的最低投标价法评标的，对于能够满足招标文件的实质性要求，并且经评审的最低投标价的投标，应当推荐为中标候选人。

采用综合评估法评标的，对于能最大限度地满足招标文件中规定的各项综合评价标准的投标，应当推荐为中标候选人。投标人依据评标报告确定出中标人。至此，评标工作结束。

从评标组织评议的内容来看，通常可以将评标的程序分为两段三审。

两段指初审和终审。初审即对投标文件进行符合性评审、技术性评审和商务性评审，从未被宣布为无效或作废的投标文件中筛选出若干具备评标资格的投标人。终审是对投标文件进行综合评价与比较分析，对初审筛选出的若干具备评审资格的投标人进行进一步澄清、答辩，择优确定出中标候选人。三审就是指对投标文件进行的符合性评审、技术性评审和商务性评审。应当说明的是，终审并不是每一项评标都必须有的，如未采用单项评议法的，一般就可不进行终审。

4. 评议组织对投标文件审查、评议的主要内容

（1）对投标文件进行符合性鉴定。包括商务性和技术符合性鉴定。投标文件应实质上响应招标文件的要求。所谓实质上响应招标文件的要求，就是指投标文件应该与招标文件的所有条款、条件和规定相符，无显著差异或保留。如果投标文件实质上不响应招标文件的要求，招标人应予以拒绝，并不允许投标人通过修正或撤销其不符合要求的差异或保留，使之成为具有响应性的投标文件。

（2）对投标文件进行技术性评估。主要包括对投标人所报的方案或组织设计、关键工序、进度计划，人员和机械设备的配备，技术能力，质量控制措施，临时设施的布置和临时用地情况，施工现场周围环境污染的保护措施等进行评估。

（3）对投标文件进行商务性评估。指对确定为实质上响应招标文件要求的投标文件进行投标报价评估，包括对投标报价进行校核，审查全部报价数据是否有计算上或累计上的算术错误，分析报价构成的合理性。发现报价数据上有算术错误，修改的原则是：如果用数字表示的数额与用文字表示的数额不一致时，以文字数额为准；当单价与工程量的乘积与合价之间不一致时，通常以标出的单价为准，除非评标组织认为有明显的小数点错位，此时应以标出的合价为准，并修改单价。如果投标人不接受修正后的投标报价，则其投标将被拒绝。

（4）对投标文件进行综合性评价与比较。评标应当按照招标文件确定的评标标准和方

法，按照平等竞争、公平合理的原则，对招标人的报价、工期、质量、主要材料用量、施工方案或组织设计、以往业绩和履行合同情况、社会信誉、优惠条件等方面进行综合评价和比较，并与标底进行对比分析，通过进一步澄清、答辩和审评，公正合理地择优选定中标候选人。

评标组织完成评标后，应及时向招标人提出书面评标报告，并推荐合格的中标候选人。招标人根据评标组织提出的书面评标报告和推荐的中标候选人确定中标人，也可以授权评标组织直接确定中标人。

5. 评标无效的几种情形

（1）使用的招标文件没有确定的评标标准和方法的。

（2）评标标准和方法含有倾向或者排斥投标人的内容，妨碍或者限制投标人之间的竞争，且影响评标结果的。

（3）应当回避的评标委员会成员参与评标的。

（4）评标委员会的组建及人员组成不符合法定要求的。

（5）评标委员会及其成员在评标过程中有违法行为，且影响评标结果的。

下面以某建筑工程项目招标为例，介绍评标过程。[1]

案例 3-7 某建筑工程项目评标过程

一、评审内容

评标委员会开始评标之前，必须首先认真研读招标文件。招标人或者其委托的招标代理机构应当向评标委员会提供评标所需的重要信息和数据，以及清标工作组关于工程情况和清标工作的说明，协助评标委员会了解和熟悉招标项目的以下内容:

（1）招标项目规模、标准和工程特点。

（2）招标文件规定的评标标准、评标办法。

（3）招标文件规定的主要技术要求、质量标准及其他与评标有关的内容。

该建筑工程项目招标评审的主要内容为初步评审、技术文件评审和经济评审。

二、评审程序

评审程序整体上分为两个阶段，第一阶段是进行技术文件（含部分商务）的评审，第二阶段进行报价文件的评审。

1. 初步评审

评标委员会首先对投标文件的技术文件（含部分商务）进行初步评审，只有通过初步评审才能进入详细评审。

通过初步评审的主要条件:

（1）投标文件按照招标文件规定的格式、内容填写，字迹清晰可辨。①投标书按招标文件规定填报了工期、项目经理等，且有法定代表人或其授权的代理人亲笔签字，盖有法人章；②投标书附录的所有数据均符合招标文件规定（表格不能少，若无则填无）；③投标书附表齐全完整，内容均按规定填写；④按规定提供了拟投入主要人员（以资格预审时强制性条件中列明的人员为准）的证件复印件，并且证件清晰可辨、有效；⑤投

[1] 李志生，付冬云. 建筑工程招标投标实务与案例分析. 北京：机械工业出版社，2010.

标文件按招标文件规定的形式装订，并标明连续页码。

（2）投标文件（正本）上法定代表人或法定代表人授权代理人的签字（含小签）齐全，符合招标文件。凡投标书、投标书附录、投标担保、授权书、投标书附录、施工组织设计的内容必须逐页签字。

（3）法人发生合法变更或重组，与申请资格预审时比较，其资格没有实质性下降。①通过资审后法人名称变更时，应提供相关部门的合法批件及营业执照和资质证书的副本变更记录复印件；②资格没有实质性下降是指投标文件仍然满足资格预审中的强制性条件（经验、人员、设备、财物等）。

（4）按照招标文件规定的格式、时效和内容提供了投标担保。①投标担保为无条件式投标担保；②投标担保的受益人名称与招标人规定的受益人名称一致；③投标担保金额符合招标文件规定的金额；④投标担保有效期为投标文件有效期加 30 天；⑤投标担保为银行汇票的，出具汇票的银行级别必须满足投标人须知资料表的规定。

（5）投标人法定代表人的授权代理人，其授权书符合招标文件规定，并符合下列要求：①授权人和被授权人均在授权书上亲笔签名，不得用签名章代替；②附有公证机关出具的加盖钢印的公证书；③公证书出具的时间为授权书出具时间的同日或之后。

（6）以联合体形式投标时，提交了联合体协议书副本，并且与通过资格预审时的联合体协议书正本完全一致。

（7）有分包计划的提交了分包协议，且分包内容符合规定。

（8）投标文件载明的招标项目完成期限不得超过规定的时限。

（9）工程质量目标必须满足招标文件的要求。

（10）投标文件不应附有招标人不能接受的条件。

投标文件不符合以上条件之一的，评标委员会应当认为其存在重大偏差，并对该投标文件做废标处理。

2. 详细评审

评标委员会还应对通过初步评审的投标文件的技术文件（含部分商务）从合同条件、财物能力、技术能力、管理水平以及投标人以往施工履约信誉等方面进行详细评审，并按通过或不通过对技术文件进行评价。

（1）对合同条件进行详细评审时，投标文件若有不符合以下条件之一的，属重大偏差，评标委员会应对其做废标处理。①投标人应接受招标文件规定的风险划分原则，不得提出新的风险划分办法；②投标人不得增加业主的责任范围，或减少投标的义务；③投标人不得提出不同的工程验收、计量、支付办法；④投标人对合同纠纷、事故处理办法不得提出异议；⑤投标人在投标活动中不得含有欺诈行为；⑥投标人不得对合同条款有重要保留。

（2）对财物能力、技术能力、管理水平和以往施工履约信誉进行详细评审时，发现投标人有以下情况之一的，如 2/3 以上（含）评委认为不通过，应对其做废标处理。①相对资格预审时，其财物能力具有实质性降低，且不能满足最低要求；②承诺的质量检验标准低于国家强制性标准要求；③生产措施存在重大安全隐患；④关键工程技术方案不可行；⑤施工业绩、履约信誉证明材料存在虚假。

3. 报价文件的评审

评标委员会对通过技术文件（含部分商务）评审的投标文件进行报价文件的评审。

首先对报价文件按下列条款进行初步评审(符合性审查),若不符合下列条款之一的,评标委员会应当认为其存在重大偏差，并对该文件做废标处理。①投标书报价单按照招标文件规定填报了补遗书编号、投标报价等，有法人代表或其授权的代理人亲笔签字，且盖有法人章；②工程量清单逐页有法人代表人或其授权代理人的亲笔签字；③投标人提交的调价函符合招标文件要求（如有）；④一份投标文件中只有一个投标报价，在招标文件没有规定的情况下，不得提交选择性报价。

4. 评标价的评审

（1）招标人开标宣布的投标人报价，当数字表示的金额与文字表示的金额有差异时，以文字表示的金额为准。经投标人确认且符合招标文件要求的最终报价即为投标人的评标价。

（2）投标人开标时确认的最终报价，经评标委员会校核，若有算术上和累加运算上的差错，按以下原则进行处理：①投标人最终的投标价（文字表示的金额）一经开标宣布，无论何种原因，不准修正；②当算术性差错绝对值累计在投标价的 1%以内时，在投标价不变和注意报价平衡的前提下，允许投标人对相关单价、合计价、总额价和暂定金（必须符合招标文件的要求）予以修正；③当算术性差错绝对值累计在投标价的 1%（含）以上时，则为无效标。

（3）要求投标人对上述处理结果进行书面确认。若投标人不接受，则其投标文件不予评审。

（4）评标委员会对报价各细目单价的构成和各章合计价的构成是否合理，有无严重不平衡报价进行评审。

（5）当一经开标宣布的最低报价与次低报价相差 10%（含）以上时，最低报价将被视为低于成本价竞标，做废标处理。

（6）投标人的报价应在招标人设定的投标控制价上限以内，投标价超出投标控制价上限的，视为超出招标人的支付能力，做废标处理。

5. 评标基准价的确定

确定方式：将所有被宣读的投标价去掉一个最低值和一个最高值后的算术平均值，将该平均值下降若干百分点，作为评标基准价。

若发现投标人以他人的名义投标、串通投标、以行贿手段谋取中标或者以其他弄虚作假方式投标的，则其投标做废标处理。

6. 综合评价

该项目采用综合评分法，即对通过初步评审和详细评审的投标文件，按其投标报价得分和信誉得分和由高到低的顺序排列，依次推荐前三名投标人为中标候选人。

该项目按投标人按投标价和企业资质与信誉两大部分进行评分，投标人投标价为 80 分，企业资质与信誉 20 分。具体评分内容及分值如下：

（1）投标价（80 分）。投标人投标价得分的计算按下列方式进行：

①投标人的评标价等于评标基准价的，得 80 分。

②投标人的评标价低于评标基准价的：下浮在 5%（含）以内的，每下浮一个百分点扣 2 分；下浮在 5%以上的，每下浮一个百分点扣 3 分；中间值按比例内插，扣到 0 分为止。

③投标人的评标价高于评标基准价的：上浮在5%（含）以内的，每上浮一个百分点扣3分；上浮在5%以上的，每上浮一个百分点扣4分；中间值按比例内插，扣到0分为止。

（2）企业资质与信誉（20分）。企业资质与信誉得分的计算按下列方法进行：

①施工企业主项资质为招标同类工程资质的得5分，为施工一级的另外加2分，为施工特级的另外加3分，其他每项资质加1分。本项总得分最高不超过10分。

②取得ISO 9001证书的加2分；取得工商行政部门颁发的“守合同重信誉”证书的加1分，每年度或每次加1分，累计不超过3分。此项总得分最高不超过5分。

③投标人有同类工程业绩的，1000万元人民币以上的每项可加1分，1000万元人民币以下的每项加0.5分。此项累计最高不超过5分。

④凡在近24个月内，在招标投标活动中有劣迹行为被省级或以上单位（部门）书面通报，并在处罚期内或通报中未明确处罚期限的，在资格审查时隐瞒不报的扣4分，如实填报的扣2分。

⑤凡在近12个月内，在工程建设过程中因质量问题被省级或以上单位（部门）书面通报，在资格审查时隐瞒不报的扣4分，如实填报的扣2分。

⑥凡在近24个月内，在工程建设领域中发生过行贿受贿行为的（以县级及以上法院书面判决书为准）扣4分。

⑦投标人在投标时，未经招标人同意，项目经理和技术负责人与通过资格预审时相比较，擅自调整其中一人的，扣5分，若两人皆调整，则投标无效。

6. 评标报告的内容

评标报告应如实记载以下内容：

（1）基本情况和数据表。

（2）评标委员会成员名单。

（3）开标记录。

（4）符合要求的投标一览表。

（5）废标情况说明。

（6）评议标准、评标方法或者评标因素一览表。

（7）经评审的价格或者评分比较一览表。

（8）经评审的投标人排序。

（9）推荐的中标候选人名单与签订合同前要处理的事宜。

（10）澄清、说明、补正事项纪要。

案例3-8 交通厅厅长干涉评标工作案

2003年7月以贵州省某交通厅厅长为首的特大贪污受贿团伙案告破。该案累计贪污受贿金额上亿元，主要通过非法干涉、影响招标投标活动谋取非法收入，其中违法行为之一是利用职权干涉评标工作。该交通厅厅长每次招标投标都要亲自召集、布置、参与招标投标，或者担任评标委员会主任，或者亲自决定评标委员会人员名单，或者要求评标负责人向他汇报评标情况，或者直接向评标委员会打招呼，评标结果都要由党组复查，实际上谁中标由交通厅厅长一人说了算。

评析：

本案当事人严重干涉了评标委员会独立评标制度。评标委员会形同虚设。《招标投标法》第37条规定："评标由招标人依法组建的评标委员会负责。"第44条规定，评标委员会成员对所提出的评审意见承担个人责任。

评标委员会独立评标的权力体现在以下几个方面：①评标结果非经法定程度，招标人和任何单位不得改变。招标人不得在评标委员会推荐的中标候选人之外，另行确定中标人；②评委会可以独立对所有投标人进行资格审查，不论招标人审查过与否，评委认为投标人不符合资格要求的，可做废标处理，并不受招标人资格预审的限制；③评标委员会可以根据评标办法和标准，认为投标文件没有实质性响应招标文件的，做废标处理；④评标过程中，认定串通投标行为、骗取中标行为，由评委负责；⑤根据2001年七部委12号令第27条规定，因否定不合格投标或者界定废标后，发生有效投标不足三个情形时，评标委员会具有否决全部投标的权利。

（九）择优定标，发出中标通知书，提交情况报告

经评标能当场定标的，应当场宣布中标人；不能当场定标的，中小型项目一般在开标之后7天内定标，大型项目一般在开标后14天内定标；招标人应当自发出中标通知书之日起15天内向招标投标管理机构提交招标投标情况的书面报告。

招标人确定中标人后，要将中标结果在公共媒体和当地建设交易中心公示2个以上工作日。中标通知书是整个招标投标活动全过程中最重要的一份文书，投标人参加投标的直接目的就是希望能获取中标通知书。

1. 确定中标人的程序

根据《招标投标法》和《工程建设项目施工招标投标办法》的有关规定，确定中标人应当遵守如下程序：

（1）评标委员会提出书面评标报告后，招标人一般应当在15日内确定中标人，但最迟应当在投标有效期结束日30个工作日前确定。

（2）招标人应当接受评标委员会推荐的中标候选人，不得在评标委员会推荐的中标候选人之外确定中标人。

（3）依法必须招标的项目，招标人应当确定排名第一的中标候选人为中标人。排名第一的中标候选人放弃中标、因不可抗力提出不能履行合同，或者招标文件规定应当提交履约保证金而在规定的期限内未能提交的，招标人可以确定排名第二的中标候选人为中标人，依此类推。

（4）招标人可以授权评标委员会直接确定中标人。

2. 招标人发出中标通知书应遵守的规定

根据《招标投标法》及《工程建设项目施工招标投标办法》的有关规定，招标人发出中标通知书应当遵守如下规定：

（1）中标人确定后，招标人应当向中标人发出中标通知书，并同时将中标结果通知所有未中标的投标人。

（2）招标人不得向中标人提出压低报价、增加工作量、缩短工期或其他违背中标人意愿的要求，以此作为发出中标通知书和签订合同的条件。

（3）中标通知书对招标人和投标人具有法律效力。中标通知书发出后，招标人改变中标

结果的，或者中标人放弃中标项目的，应当依法承担法律责任。

3. 评标过程中，宣布招标失败的几种情况

在评标过程中，如发现有下列情形之一，不能产生定标结果的，可宣布招标失败：

（1）所有投标报价高于或低于招标文件所规定的幅度。

（2）所有投标人的投标文件均实质上不符合招标文件的要求，被评标组织否决的。

如果招标失败，招标人应认真审查招标文件及标底，做出合理修改，重新招标。

4. 招标情况书面报告内容

招标投标情况的书面报告的编写，是实践性很强的工作。招标情况书面报告主要包括：

（1）招标投标的基本情况。如工程项目概况、招标范围、招标方式、资格审查、开标和评标的过程、确定中标人的方式、确定的中标人名称和理由等。

（2）相关的文件资料。包括：资格预审文件、招标文件、领取资格预审文件或者招标文件的潜在投标人一览表、评标委员会的评标报告、中标人的投标文件等，如有标底的，还应包括标底。

（十）签订合同

招标人与中标人应当自中标通知书发出之日起30日内，按照招标文件和中标人的投标文件正式签订书面合同。同时双方要按照招标文件的规定提交履约保证金或履约保函，招标人要退还中标人的投标保证金。履约保证金或履约保函的金额通常为合同标的额的5%～10%，也有的规定不超过合同金额的5%。

二、评标方法[1]

狭义的评标方法有两种。第一种综合评价法，第二种最低投标价（或评标价）法。也有人认为，评标方法与评标办法是两个不同的概念。评标办法大于评标方法的外延。评标办法通常包括评标原则、评标委员会的组成、评标方法的选择和相应的评标细则、评标程序、评标结果公示、中标人的确定等。2003年实施的《政府采购法》并没有详细规定评标方法。但是，2004年8月实施的《政府采购货物和服务招标投标管理办法》第50条规定："货物服务招标采购的评标方法分为最低评标价法、综合评分法和性价比法。"在建筑工程如装修、建筑服务如物业管理和建筑设备采购中，也适用于这些法律法规。在实践中，各地、各单位也总结出了其他的评标方法。这里只对常用的一些评标方法进行简单的罗列，详见表3-1。

一般就建筑工程招标来说，除简易工程外，其他工程均不建议采用最低评标价法。要谨慎采用不限定底价的最低投标价法，对于涉及结构安全的工程则不建议采用。一般的建筑工程评标鼓励采用限定底价的经评审的最低投标价法、二次平均法和摇号评标法。较高工程价格的建筑设备评标推荐采用性价比法、二次平均法，不推荐使用最低评标价法。综合评标法适合规模较大、技术比较复杂或特别复杂的工程，也可以采用合理低价法、最低评标价法。不同类型的工程施工招标评标方法见表3-2。

三、建设工程投标的一般程序[2]

建设工程投标的一般程序，从投标人的角度看，主要经历以下几个环节：

---

[1] 李志生，付冬云．建筑工程招标投标实务与案例分析．北京：机械工业出版社，2010.

[2] 陈慧玲．建设工程招标投标实务．北京：江苏科学技术出版社，2004.

表 3-1 建筑工程常用的各种评标方法的分类及主要特点、操作程序

内容分类	适用范围	评审方法		综合得分计算	投标人排序	中标候选人
		技术标	商务标			
经评审的最低投标价法	具有通用技术的所有工程	评标委员会集体评议后，评标委员会成员分别自主作出书面评审结论，作合格性评审	对技术标合格的投标人的报价从低到高依次评审，并作出其是否低于投标人企业成本的评审结论	不需要	将有效投标报价由低到高进行排序	推荐前三名中标候选人并予以排序
最低评标价法	土石方、园林绿化等简易工程	同上	对技术标合格的投标人的报价从低到高依次检查，并做出其详细内容是否涵盖全部招标范围和内容的评审结论	不需要	将有效投标报价（涵盖全部招标范围和内容）由低到高排序	同上
综合评分法	政府采购货物、服务所用，或复杂、技术难度大和专业性较强的工程项目	同上	根据招标文件中商务标的评审内容和标准独立打分	技术、商务和价格各单项得分的权数取综合得分	按综合得分由高到低排序	同上
二次平均法	一般建筑工程、装修工程	同上	无须商务评分，只需对通过合格评审的投标人报价进行二次平均	不需要	按最接近第二次平均价进行排序	同上
价性比法	大型建筑、地铁等设备采购	评标委员会集体评议后，评标委员会成员分别自主作出书面评审结论，做评审计分	根据招标文件中商务的评审内容和标准独立打分	技术、商务分之和再与价格相比	按价性比从小到大的顺序排序	同上
摇号评标法（纯粹摇号法）	一般土建工程，投标人数量超过 20 家	评标委员会集体评议后，评标委员会成员分别自主作出书面评审结论，作合格性评审	无须商务评分，通过合格性审查后摇号确定	不需要	评标委员会推荐所有通过了全部评审的投标人进入公开随机抽取的中标候选人程序	公开随机抽取 1～3 个中标候选人并予以排序
复合法（先摇号再用其他方法评标）	一般土建工程，投标人数量超过 20 家	先从递交投标书的投标人中摇号确定一定数量的投标人，再根据其他方法确定中标人	先从递交投标书的投标人中摇号确定一定数量的投标人，再根据其他方法确定中标人	摇号后再根据其他方法进行评审		

表 3-2 不同类型的工程施工招标评标方法

<table>
<tr><th>序号</th><th>评标方法</th><th>适用范围</th><th>适用工程</th></tr>
<tr><td>1</td><td>最低评标价法</td><td>简易工程</td><td>园林绿化、一般土石方工程</td></tr>
<tr><td rowspan="5">2</td><td rowspan="2">经评审的最低投标价法（有标底）</td><td>简易工程</td><td>园林绿化、一般土石方工程</td></tr>
<tr><td>一般工程</td><td>不涉及结构安全的工程</td></tr>
<tr><td rowspan="3">经评审的最低投标价法（无标底）</td><td>简易工程</td><td>园林绿化、一般土石方工程</td></tr>
<tr><td>一般工程</td><td>不涉及结构安全的工程</td></tr>
<tr><td>复杂工程</td><td>涉及结构安全的工程</td></tr>
<tr><td rowspan="3">3</td><td rowspan="3">二次平均法</td><td>简易工程</td><td>园林绿化、一般土石方工程</td></tr>
<tr><td>简易工程</td><td>园林绿化、一般土石方工程</td></tr>
<tr><td>一般工程</td><td>不涉及结构安全的工程</td></tr>
<tr><td rowspan="3">4</td><td rowspan="3">摇号法</td><td>简易工程</td><td>园林绿化、一般土石方工程</td></tr>
<tr><td>一般工程</td><td>不涉及结构安全的工程</td></tr>
<tr><td>复杂工程</td><td>涉及结构安全的工程</td></tr>
<tr><td>5</td><td>综合评分法</td><td>特别复杂工程</td><td>技术特别复杂、施工有特殊要求的工程</td></tr>
</table>

（一）向招标人申报资格审查，提供有关文件资料

投标人在获悉招标公告或投标邀请后，应当按照招标公告或投标邀请书中的资格审查要求，向招标人申报资格审查。资格审查是投标人投标过程中的第一关。投标人递交的资格审查资料见本章施工招标程序中资格审查部分。

（二）购领招标文件和有关资料，并缴纳投标保证金

通过资格预审的投标人，会受到招标人发送的《资格预审通过通知书》，投标人对此进行投标确认后，即进入投标程序，购领招标文件，缴纳投标保证金等。

（三）组织投标班子，或委托投标代理人

投标人在通过资格审查，购领了招标文件和有关资料之后，就要按招标文件确定的投标准备时间着手开展各项投标准备工作。投标准备时间是指从开始发放招标文件之日起至投标截止时间为止的期限，它由招标人根据工程项目的具体情况确定，一般为 28 日内。

投标代理人的一般职责主要是：①向投标人传递并帮助分析招标信息，协助投标人办理、通过招标文件所要求的资格审查；②以投标人名义参加招标人组织的有关活动，传递投标人与招标人之间的对话；③提供当地物资、劳动力、市场行情及商业活动经验，提供当地有关政策法规咨询服务，协助投标人做好投标书的编制工作，帮助递交投标文件；④在投标人中标时，协助投标人办理各种证件申领手续，做好有关承包工程的准备工作；⑤按照协议的约定收取代理费用，通常，如代理人协助投标人中标的，所收的代理费用会高些，一般为合同总价的 1%～3%。

（四）参加踏勘现场和招标预备会

投标人拿到招标文件后，应进行全面细致的调查研究，若有疑问需要招标人予以澄清和解答的，一般应在收到招标文件后的 5 日内以书面形式向招标人提出。投标书递交后，投标人无权因为现场踏勘不周、情况了解不细或因素考虑不全而提出修改投标书、调整报价或提出补偿等要求。因此，投标人在去现场踏勘之前，要仔细研究招标文件有关概念的含义和各

项要求，特别是招标文件中的工作范围、专用条款以及设计图纸和说明等，然后有针对性地拟定出踏勘提纲，确定重点需要澄清和解答的问题，做到心中有数。

招标预备会，又称答疑会、标前会议，一般在现场踏勘之后的1～2日内举行。答疑会的目的是解答投标人对招标文件和在现场中所提出的各种问题，并对图纸进行交底和解释。

（五）编制、递送投标书

投标人编制和递交投标文件的具体步骤和要求主要是：

（1）结合现场踏勘和投标预备会的结果，进一步分析招标文件。特别是要重点研究其中的投标须知、专用条款、设计图纸、工程范围以及工程量表等，要弄清到底有没有特殊要求或有哪些特殊要求。

（2）校核招标文件中的工程量清单。通过认真校核工程量，投标人在大体确定了工程总报价之后，估计某些项目工程量可能增加或减少的，就可以相应地提高或降低单价，如发现工程量有重大出入的，特别是漏项的，可以找招标人核对，要求招标人认可，并给予书面确认。这对于固定总价合同来说，尤其重要。

（3）根据工程类型编制施工规划或施工组织设计。施工规划或施工组织设计都是关于施工方法、施工进度计划的技术经济文件，是指导施工生产全过程组织管理的重要设计文件，是确定施工方案、施工进度计划和进行现场科学管理的主要依据之一。在投标时，投标人一般只要编制施工规划即可，施工组织设计可以在中标以后再编制。这样就可以避免未中标的投标人因编制施工组织设计而造成人力、物力、财力上的浪费。但有时在实践中，招标人为了让投标人更充分地展示实力，常常要求投标人在投标时就编制施工组织设计。

施工规划或施工组织设计的内容，一般包括施工程序、方案、施工方法、施工进度计划、施工机械、材料、设备的选定和临时生产、生活设施的安排、劳动力计划，以及施工现场平面和空间的布置。施工规划或施工组织设计的编制依据，主要是设计图纸、技术规范、复核了的工程量、招标文件要求的开工、竣工日期以及对市场材料、机械设备、劳动力价格的调查。

（4）根据工程价格构成进行工程估价，确定利润方针，计算和确定报价。投标报价是投标的一个核心环节，投标人不得以低于成本的报价竞争；也不得高于招标控制价投标，否则其投标将被否决。

（5）形成、制作投标文件。投标文件一般应包括以下内容：投标书；投标书附录；投标保证书（银行保函、担保书等）；法定代表人资格证明书；授权委托书；具有标价的工程量清单和报价表；施工规划或施工组织设计；施工组织机构表及主要工程管理人员人选及简历、业绩；拟分包的工程和分包商的情况（如有的话）；其他必要的附件及资料，如投标保函、承包商营业执照和能确认投标人财产经济状况的银行或其他金融机构的名称及地址等。

（6）递交投标文件（也称递标）。投标人在递交投标文件以后，投标截止时间之前，可以对所递交的投标文件进行补充、修改或撤回，并书面通知招标人，但所递交的补充、修改或撤回通知必须按招标文件的规定编制、密封和标志，补充、修改的内容为投标文件的组成部分。

（六）接受评标组织的询问

按照国际惯例，投标人不参加开标会议的，视为弃权，其投标文件将不予启封，不予唱标，不允许参加评标。

国内建设工程招标开标会议一般都要求投标人代表参加，以对开标情况确认是否有异议，并予以书面确认；在评标过程中，投标人不允许出现在评标现场，但是投标代表要保持电话通畅，以便于评标专家在评审过程中，对于投标文件有需要澄清的问题。

（七）接受中标通知书，签订合同

评标专家根据招标文件中约定的评标办法，对投标文件进行评审，推荐出第一、第二和第三中标候选人，形成完整的书面形式的评标报告。

招标人按照评审结果进行公示，公示期结束后，招标人进行定标（即选定中标人，一般情况下选定第一中标候选人），并向中标人发出中标通知书。

中标人收到中标通知书后，应在规定的时间和地点与招标人签订合同，招标人应当自中标通知书发出之日起 30 日内根据合同相关法律规定，依据招标文件、投标文件的要求和中标的条件签订合同。同时按照招标文件的要求，提交履约保证金或履约保函，招标人同时退还中标人的投标保证金。拒绝在规定时间签约或提交履约保函的，经招标投标管理机构批准同意后可取消其中标资格，并不退还其投标保证金。

在实践中，建设工程投标的程序如图 3-1 所示。

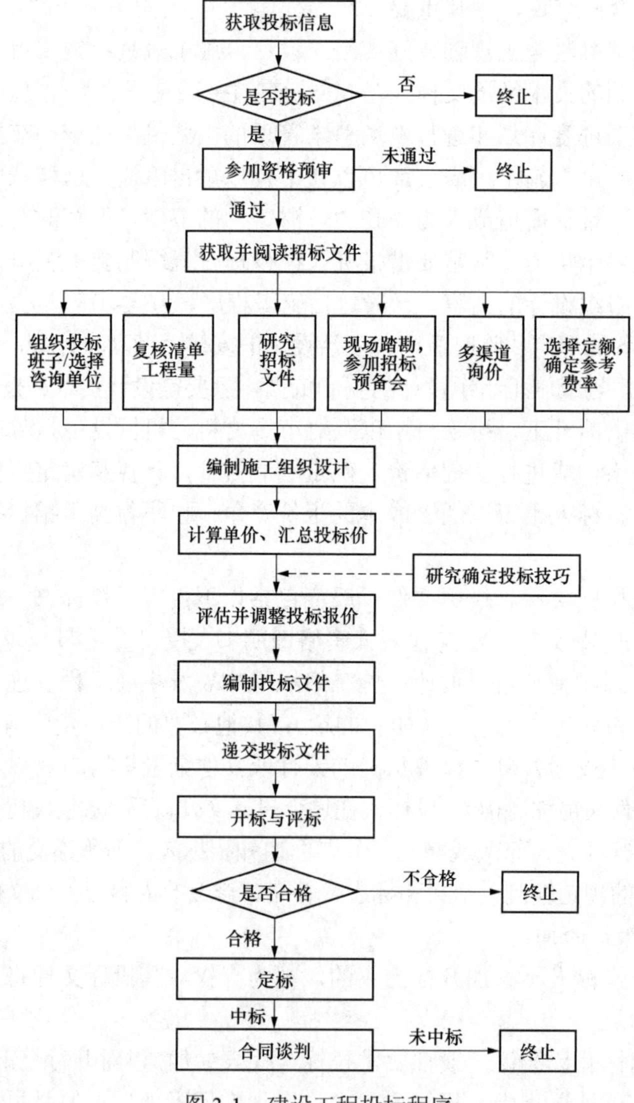

图 3-1 建设工程投标程序

第四节　建设工程投标决策与报价

一、建设工程投标决策

（一）投标决策的含义

投标决策是承包商选择、确定投标目标和制订投标行动方案的过程。它包括三方面的含义：其一，针对项目招标是否投标；其二，投什么性质的标（风险标、保险标）；其三，投标中如何采用投标策略和技巧（盈利标、保本标、亏损标）。

投标策略、投标技巧贯穿于投标决策之中，而投标决策也包含着对投标策略、投标技巧的决策。比如，由于目前建筑市场处于买方市场，所以在关于投标与否的决策上，就有两种不同的做法：一是只要获悉了招标信息和业主投标邀请的，就决定参加投标，以增加中标的机会，即使不中标，也可与业主保持良好的关系，起到宣传推销自己、了解对手、积累经验以利再战的作用；二是从招标信息或投标邀请中筛选出投标风险小、中标概率高的项目参加投标，力争做到投一个中一个，以减少投标资源的浪费。对不同投标策略和技巧的决策，要具体问题具体分析。

投标决策的正确与否，关系到能否中标和中标后的企业效益问题，关系到施工企业的信誉和发展前景及职工的切身经济利益，因此，企业的决策班子必须充分认识到投标决策的重要意义。投标决策应遵循可行性、可靠性、盈利性、审慎性、灵活性等原则。

（二）投标决策的内容

投标决策的内容即投标决策要解决的问题，它至少应该包括以下几个子决策系统：

（1）是否参与投标。通过分析自身的资金、技术、人力、物力、任务饱满度、中标可能性、潜在竞争对手、项目的风险、盈利水平等决定是否参加投标。

（2）投标风险评价。企业在中标后可能面临工期和是否盈利等风险，这都将影响企业的投标决策。风险等级影响着企业报价的策略和报价的高低，因此投标决策必须包括对风险的评价。

（3）投标报价的确定。在最终决定参与投标后，核心问题转化为确定报价水平。报价的高低在一定程度上决定了中标的概率，也决定着中标后利润空间的大小，以及在实施项目经营管理时面临的相关风险。在提升中标率和增大利润空间之间寻求平衡点以确定最终报价，成为投标决策的关键所在。

（三）投标决策的类型

1. 必须放弃的投标

（1）本施工企业主营和兼营能力之外的项目。

（2）工程规模、技术要求超过本施工企业技术等级的项目。

（3）本施工企业生产任务饱满，而招标工程的赢利水平较低或风险较大的项目。

（4）本施工企业技术等级、信誉、施工水平明显不如竞争对手的项目。

2. 根据投标积极性分类

承包商首先要考虑当前经营状况和长远经营目标；其次要明确参加投标的目的，然后分析中标机会的外部影响因素和投标机会的内在因素，可将投标分为以下三种类型。

（1）生存型。投标报价以克服生存危机为目标，争取中标可以不考虑各种利益。社会政治经济环境的变化和承包商自身经营管理不善，都可能造成承包商的生存危机。这种危机首先表现为政治原因，新开工工程减少，所有的承包商都将面临生存危机；其次，政府调整基建投资方向，使某些承包商擅长的工程项目减少，这种危机常常危害营业范围单一的专业工程承包商；第三，如果承包商经营管理不善，投标邀请越来越少，这时承包商应以生存为重，采取不盈利甚至赔本也要夺标的态度，只图暂时维持生存渡过难关，待以后寻找机会。

（2）竞争型。投标报价以竞争为手段，以开拓市场、低盈利为目标，在精确计算成本基础上，充分估计各竞争对手的报价目标，以有竞争力的报价达到中标的目的。如果承包商处在经营状况不景气、近期接受的投标邀请较少、竞争对手有威胁性、试图打入新的地区、开拓新的工程施工类型，而且招标项目风险小、施工工艺简单、工程量大、社会效益好的项目和附近有本公司其他在施工的项目，则应压低报价，力争夺标。

（3）盈利型。投标报价充分发挥自身优势，以实现最佳盈利为目标，对效益无吸引力的项目热情不高，对盈利大的项目充满自信。如果承包商在该地区已经打开局面，施工能力饱和，美誉度高，竞争对手少，具有技术优势并对业主有较强的名牌效应，投标目标主要是扩大影响或者项目施工条件差、难度高、资金支付条件不好，工期质量要求苛刻，则应采用比较高的标价。

（四）投标决策方法

1. 定性分析法

建筑企业在分析招标信息的基础上，发现了投标对象，但不一定每一个工程都去投标，应选择一些有把握的工程项目。主要考虑以下几个因素：企业的经营能力；企业的经营需要；中标的可能性；工程条件；时间要求。

2. 定量分析法

（1）综合评分法。此方法和多目标决策中的评分法的原理相同。它将投标工程定性分析的各个因素通过评分转化为定量问题，计算综合得分，用以衡量投标工程的条件。

（2）期望值法（决策树法）。

（3）线性规划法。

二、建设工程投标报价

（一）投标报价的概念

建设工程投标是指承包商根据建设单位招标文件的要求，提出完成建设工程发包业务的方法、措施和报价，竞争取得业务承包权的活动。

承包商根据项目的招标文件，研究投标策略，确定投标报价，并编制投标文件参与竞标。按照科学的投标程序，做好投标准备和现场考察调研工作，编制施工规划，正确计算投标报价，科学地编制投标文件是投标获胜的关键。

（二）投标报价的依据

（1）《建设工程工程量清单计价规范》（GB 50500—2013）。

（2）国家或省级、行业建设主管部门颁发的计价办法。

（3）企业定额，国家或省级、行业建设主管部门颁发的计价定额和计价办法。

（4）招标文件、招标工程量清单及其补充通知、答疑纪要。

（5）建设工程设计文件及相关资料。

（6）施工现场情况、工程特点及投标时拟定的施工组织设计或施工方案。

（7）与建设项目相关的标准、规范等技术资料。

（8）市场价格信息或工程造价管理机构发布的工程造价信息。

（9）其他相关资料。

（三）建设工程投标技巧[1]

建设工程投标技巧，是指建设工程承包商在投标过程中所形成的各种操作技能和诀窍。建设工程投标活动的核心和关键是报价问题，因此，投标报价的技巧至关重要。常见的投标报价技巧有：

1. 不平衡报价法

不平衡报价法是清单投标中投标人的常用的一种技巧，是指一个工程项目的投标报价，在总价基本确定以后，如何进行内部各个项目报价的调整，以期既不提高总价，不影响中标，又能在结算时得到更理想的经济效益。总的来讲，不平衡报价法以“早收钱”和“多收钱”为指导原则。常见的不平衡报价法见表 3-3。

表 3-3　常见的不平衡报价法

序号	信息类型	变动趋势	不平衡结果
1	资金收入时间	早	单价高
		晚	单价低
2	清单工程量不准确	增加	单价高
		减少	单价低
3	报价图示不明确	增加工程量	单价高
		减少工程量	单价低
4	暂估价工程	自己承包的可能性高	单价高
		自己承包的可能性低	单价低
5	单价和包干混合制工程	固定包干价格项目	单价高
		单价项目	单价低
6	工程量不明确时招标人要求报单价	没有工程量	单价高
		有暂估工程量	单价适中
7	议标时招标人要求压低单价	工程量大的项目	单价小幅度降低
		工程量小的项目	单价较大幅度降低

这种方法在工程项目中运用得比较普遍。对于不同工程项目，应根据工程项目的不同特点以及施工条件等来考虑采用不平衡报价法。不平衡报价法采用的前提是工程量清单报价，它强调的是“量价分离”，即工程量和单价分开，投标时承包商报的是单价而不是总价，总价等于单价乘以招标文件中的工程量，最终结算时以实际发生量为准。而这个总价是理念上的总价，或者说只是评标委员会在比较各家报价的高低时提供的一个总的大致参考值，实际

[1] 陈慧玲．建设工程招标投标实务．南京：江苏科学技术出版社，2004．

上承包商拿到的总收入等于在履约过程中通过验收的工程量与相应单价的乘积。

2. 多方案报价法（增加建议方案法）

多方案报价法是对同一个招标项目，除了按招标文件的要求编制一个投标报价外，还编制了一个或几个建议方案。通常主要有以下两种情况：

（1）如果发现项目范围不很明确，条款不太清楚或不公正，技术规范要求又过于苛刻时，则要在充分估计风险的基础上，按多方案报价法处理。

（2）如果发现设计图纸中存在某些不合理并可以改进的地方或可以利用某项新技术、新工艺、新材料替代的地方，或者发现自己的技术和设备满足不了招标文件中设计图纸的要求时，投标人可以先按设计图纸的要求报一个价，然后再另附上一个修改设计的比较方案，或说明在修改设计的情况下，报价可降低多少。这种情况，通常也称作修改设计法。

多方案报价法具有以下特点：

（1）多方案报价法是投标人的“为用户服务”经营思想的体现。

（2）多方案报价法要求投标人有足够的商务经验或技术实力。

（3）招标文件明确表示不接受替代方案时，应放弃采用多方案报价法。

3. 突然降价法

突然降价法是指在投标最后截止时间内，采取突然降价的手段，确定最终投标报价的一种方法，这是一种为迷惑竞争对手而采用的竞争方法。投标报价是一件保密的工作，但是竞争对手往往会通过各种渠道和手段来探听报价情况，因而用此法可以在报价时迷惑竞争对手。通常的做法是，在准备投标报价的过程中有意散布一些假情报，如先按一般情况报价或表现出自己对该工程兴趣不大，到投标快要截止时，才突然降价。采用这种方法时，一定要在准备投标报价的过程中考虑好降价的幅度，在临近投标截止日期前，根据信息情况分析判断，再做出最后的决策。

4. 先亏后赢报价法

先亏后赢法是一种无利润甚至亏损的报价法，它可以看作战略上的“钓鱼法”。一般分为两种情况：

一种是承包商为了占领某一市场，或为了在某一地区打开局面，不惜代价只求中标，先亏是为了占领市场，当打开局面后，就会带来更多的赢利；

另一种是大型分期建设项目的系列招标活动中，承包商先以低价甚至亏本争取到小项目或先期项目，然后再利用由此形成的经验、临时设施，以及创立的信誉等竞争优势，从大项目或二期项目的中标收入来弥补前面的亏损并赢得利润。

5. 低报价中标法

低报价中标是实行清单计价后的重要因素，但低价必须讲究“合理”二字，并不是越低越好，也不能低于投标人的个别成本。决策者必须是在保证质量、工期的前提下，在保证预期的利润及考虑一定风险的基础上确定最低成本价，因此决策者在决定最终报价时要慎之又慎。低价虽然重要，但报价不是唯一因素，除了低报价之外，决策者还可以采取策略或投标技巧战胜对手。投标人还可以提出能够让招标人降低投资的合理化建议或对招标人有利的一些优惠条件来弥补报价的不足。

6. 扩大标价法

指除按正常的已知条件编制标价外，对工程中变化较大或没有把握的工作项目，采用增加不可预见费的方法，扩大标价，减少风险。这种做法的优点是中标价即为结算价，减少了价格调整等麻烦，缺点是总价过高。

7. 其他方面的技巧

投标人对招标项目进行投标时，除了主要应在投标报价上下功夫外，还应注意掌握其他方面的技巧，如：聘请投标代理人；服务取胜法；寻求联合投标；许诺优惠条件；质量信誉取胜；开展公关活动；加强索赔管理等。

（四）投标报价的编制方法和组成

建设工程投标报价，是指投标人计算、确定和报送招标工程投标总价格的活动。该报价是投标人投标时响应招标文件要求所报出的对已标价工程量清单汇总后标明的总价。

编制方法通常主要有三种：一是按施工图预算计价的方法进行编制；二是按工程量清单计价的方法进行编制；三是按投标总值浮动率的方法进行编制。采用不同的编制方法，投标报价的组成和计算也有所不同。

1. 按施工图预算计价

在我国施行工程量清单计价办法以前，国内是按施工图预算计价的方法编制投标报价，招标投标比较常用的一种方法。它是指投标人根据招标人提供的全套施工图纸和技术资料，按照定额预算制度，按图计价的原则，计算工程量、单价和合价及各种费用，最终确定投标报价的一种计价方法。

按施工图预算计价的方法编制的投标报价，通常采用工料单价法。投标报价的组成主要包括直接工程费、间接费、计划利润和税金四部分，见表3-4。

表3-4　投标报价的组成部分

<table>
<tr><th colspan="3">项目</th><th>计算方法</th><th>备注</th></tr>
<tr><td rowspan="5">直接工程费</td><td rowspan="3">直接费</td><td>人工费</td><td>∑（人工工日概预算定额量×日工资单价×实物工程量）</td><td></td></tr>
<tr><td>材料费</td><td>∑（材料概预算定额量×材料预算价格×实物工程量）</td><td rowspan="2">不可变费用</td></tr>
<tr><td>施工机械费</td><td>∑（机械概预算定额量×机械台班预算单价×实物工程量）</td></tr>
<tr><td colspan="2">其他直接费</td><td rowspan="2">（人工费＋材料费＋机械使用费）×取费率</td><td rowspan="5">可变费用</td></tr>
<tr><td colspan="2">现场经费</td></tr>
<tr><td rowspan="3">间接费</td><td colspan="2">企业管理费</td><td rowspan="3">直接工程费×取费率</td></tr>
<tr><td colspan="2">财务费</td></tr>
<tr><td colspan="2">其他费用</td></tr>
<tr><td colspan="3">计划利润</td><td>（直接工程费＋间接费）×计划利润率</td><td></td></tr>
<tr><td colspan="3">税金</td><td>（直接工程费＋间接费＋计划利润）×税率</td><td></td></tr>
</table>

（1）直接工程费。投标报价中的直接工程费，由直接费、其他直接费、现场经费组成。直接费，也称定额直接费，是指施工过程中耗费的构成工程实体和有助于工程形成的各项费用，包括人工费、材料费、施工机械使用费。

直接费中的人工费，是指直接从事建筑安装工程施工的生产工人开支的各项费用，内容包括：基本工资，是指发放生产工人的基本工资；工资性补贴，是指按规定标准发放的物价补贴，煤、燃气补贴、交通费补贴、住房补贴、流动施工津贴、地区津贴等；生产工人辅助工资，是指生产工人年有效施工天数以外非作业天数的工资，包括职工学习、培训期间的工资，调动工作、探亲、休假期间的工资，因气候影响的停工工资，女工哺乳时间的工资、病假在6个月以内的工资及产、婚、丧假期的工资；职工福利费，是指按规定标准计提的职工福利费；生产工人劳动保护费，是指按规定标准发放的劳动保护用品的购置费及修理费，员工服装补贴，防暑降温费，在有碍身体健康环境中施工的保健费用等。

材料费，是指施工过程中耗用的构成工程实体的原材料、辅助材料、构配件、零件、半成品的费用和周转使用材料的摊销（或租赁）费用。

施工机械使用费，是指使用施工机械作业所发生的机械使用费以及机械安、拆和进出场费用。

其他直接费，是指直接费以外施工过程中发生的其他费用，内容包括：冬雨季施工增加费；夜间施工增加费；二次搬运费；仪器仪表使用费，是指通信、电子等设备安装工程所需安装、测试仪器仪表摊销及维修费用；生产工具用具使用费，是指施工生产所需不属于资产的生产工具及检验工具等的购置、摊销和维修费，以及支付给工人自备工具补贴费；检验试验费，是指对建筑材料、构件和建筑安装物进行一般鉴定、检查所发生的费用，包括自设实验室进行试验所耗用的材料和化学药品等费用，以及技术革新和研究试制试验费；特殊工种培训费；工程定位复测、工程点交、场地清理等费用；特殊地区施工增加费，是指铁路、公路、通信、输电、长距离输送管道等工程在原始森林、高原、沙漠等特殊地区施工增加的费用。

现场经费，是指为施工准备、组织施工生产和管理所需费用，内容主要包括临时设施费和现场管理费。

（2）间接费。由企业管理费、财务费和其他费用组成。其他费用，是指按规定支付工程造价（定额）管理部门的定额编制管理费及劳动定额管理部门的定额测定费，以及按有关部门规定支付的上级管理费。

（3）计划利润。是指按规定应计入建筑安装工程造价的利润。依据不同投资来源或工程类别实施差别利润率。

（4）税金。是指国家税法规定的应计入建筑安装工程造价内的营业税、城市维护建设税及教育费附加等。教育费附加的税额在城市一般为营业税的3%。

城市维护建设税应纳税额＝应税营业收入额×适用税率

城市维护建设税的纳税人所在地为市区的，按营业税的7%征收；所在地为县镇的，按营业税的5%征收；所在地在农村的，按营业税的1%征收；对建筑安装企业征收的教育费附加，税额为营业税的3%，并与营业税同时缴纳。

2. 按工程量清单计价

工程量清单模式下的投标报价是指投标人根据招标人提供的反映工程实体消耗和措施性消耗的工程量清单，遵循标价按清单、施工按图纸的原则，自主确定工程量清单的单价和合价，最终确定投标报价的一种计价方法。

工程量清单计价采用的是综合单价法。综合单价是指完成工程量清单中一个规定计量单位项目所需的人工费、材料费、机械使用费、管理费和利润，并考虑风险因素（包括除规费、税金以外的全部费用）。按工程量清单计价的方法编制的投标报价，主要由分部分项工程费、措施项目费、其他项目费、规费和税金五部分组成。

工程量清单是载明建设工程分部分项工程项目、措施项目、其他项目的名称和相应数量以及规费、税金项目等内容的明细清单。工程量清单包括了分部分项工程量清单、措施项目清单、其他项目清单、规费项目清单和税金项目清单五个部分。

（1）分部分项工程量清单。分部分项工程量清单是指拟建工程的全部分部分项实体工程名称和数量，招标人提供的分部分项工程量清单必须按照《计价规范》统一的项目编码、项目名称、计量单位和工程量计算规则的四统一原则进行编制，不得因情况不同而变动。需要说明的是：《计价规范》中的工程量清单项目的划分，与施工图预算计价方式下适用的预算定额的项目划分是不同的，前者，一般是以一个“综合实体”来考虑，包括了多项工程内容；而后者，一般是按“施工工序（施工过程、工种工程）”设置，所包括的工程内容是单一的。

（2）措施项目清单。措施项目清单是指为完成工程项目施工，发生于该工程施工前和施工过程中技术、生活、安全、环境保护等方面的项目。措施项目是为完成分项实体工程而必须采取的一些措施性工作，包括总价措施项目（也称为“一般措施项目”）和单价措施项目（也称为“专业措施项目”）两大类。以房屋建筑与装饰工程为例，措施项目费包括的具体内容见表 3-5。

表 3-5　　措施项目费一览表

措施项目类别	项目名称	说　　明
总价措施项目	安全文明施工费	包括环境保护费、文明施工费、安全施工费和临时设施费（包括临时设施的搭设、维修、拆除、清理费或摊销费等）。
	夜间施工增加费	指因夜间施工所发生的夜班补助费、夜间施工降效、夜间施工照明设备摊销及照明用电等费用。
	二次搬运费	指因施工场地条件限制而发生的材料、构配件、半成品等一次运输不能到达堆放地点，必须进行二次或多次搬运所发生的费用。
	冬雨季施工增加费	指在冬季或雨季施工需增加的临时设施、防滑、排除雨雪，人工及施工机械效率降低等费用。
	已完工程及设备保护费	指竣工验收前，对已完工程及设备采取的必要保护措施所发生的费用。
	工程定位复测费	指工程施工过程中进行全部施工测量放线和复测工作的费用。
	特殊地区施工增加费	指在风沙地区、高原地区、原始森林地区等因特殊自然条件影响而需额外增加的施工费用。
	大型机械设备进出场及安拆费	指机械整体或分体自停放场地运至施工现场或由一个施工地点运至另一个施工地点，所发生的机械进出场运输及转移费用及机械在施工现场进行安装、拆卸所需的人工费、材料费、机械费、试运转费和安装所需的辅助设施的费用。
	施工排水、降水费用	指为保证工程在正常条件下施工，所采取的排水措施或降低地下水位的措施所发生的费用。
单价措施项目	脚手架工程费	指施工需要的各种脚手架搭、拆、运输费用以及脚手架购置费的摊销（或租赁）费用。根据不同的脚手架类型，按照建筑面积或所服务对象的垂直投影面积进行计算。
	混凝土模板及支架（撑）费	多数混凝土项目的模板与支架按模板与现浇混凝土构件的接触面积计算；部分凝土项目的模板与支架按水平投影面积计算（如楼梯、台阶等）。
	垂直运输费	按照建筑面积或施工工期日历天计算。
	超高施工增加费	单层建筑物檐口高度超过 20m，多层建筑物超过 6 层时，可按超高部分的建筑面积计算超高施工增加。

（3）其他项目清单。其他项目清单是除分部分项工程量、措施项目以外，该工程项目施

工中可能发生的其他项目清单，通常包括暂列金额、暂估价（包括材料暂估单价、工程设备暂估单价、专业工程暂估价）、计日工、总承包服务费等。

1）暂列金额是招标人在工程量清单中暂定并包括在合同价款中的一笔款项。用于工程合同签订时尚未确定或者不可预见的所需材料、工程设备、服务的采购，施工中可能发生的工程变更、合同约定调整因素出现时的合同价款调整以及发生的索赔、现场签证确认等的费用。

2）暂估价是招标人在工程量清单中提供的用于支付必然发生但暂时不能确定价格的材料、工程设备的单价以及专业工程的金额。暂估价中的材料、工程设备暂估单价应根据工程造价信息或参照市场价格估算，列出明细表；专业工程暂估价应分不同专业，按有关计价规定估算，列出明细表。

3）计日工指在施工过程中，承包人完成发包人提出的工程合同范围以外的零星项目或工作，按合同中约定的单价计价的一种方式。计日工应列出项目名称、计量单位和暂估数量。

4）总承包服务费是总承包人为配合协调发包人进行的专业工程发包，对发包人自行采购的材料、工程设备等进行保管以及施工现场管理、竣工资料汇总整理等服务所需的费用。总承包服务费应列出服务项目及其内容等。

（4）规费项目清单。规费是根据国家法律、法规规定，由省级政府或省级有关权力部门规定施工企业必须缴纳的，应计入建筑安装工程造价的费用。

（5）税金项目清单。税金是指国家税法规定的应计入建筑安装工程造价内的营业税、城市维护建设税、教育费附加和地方教育附加。

2016年5月1日起，我国建筑工程行业实行营改增，开始执行增值税，税率为11%。详见《关于全面推开营业税改征增值税试点的通知》（财税〔2016〕36号文）。

按工程量清单计价的方法编制的投标报价应当包括按招标文件规定完成工程量清单所列项目的全部费用。它包含了以下的费用：①分部分项工程费、措施项目费、其他项目费和规费、税金；②完成每分项工程所含全部施工过程的费用；③完成每项工程内容所需的人工费、材料费、机械使用费、管理费、利润的全部费用；④工程量清单项目中没有体现的，施工中又必须发生的工程内容所需的费用；⑤考虑了物价等风险因素所增加的费用。

3. 按总值浮动率的方法编制投标报价

该法主要适用于工程图纸不全、无法编制标底或是工程急于开工来不及编制标底的招标工程。其具体步骤是：①明确工程施工图预算编制执行的定额，包括土建工程施工图纸预算、安装工程施工图预算、地方材料价格、工程取费等执行什么定额，施工过程中设计变更、隐蔽工程等的计算方法，政策性调整的有关规定；②假定标底价格总值为“1”；③投标人在充分考虑工程动态因素（材料涨价、人工上调、定额调整等）和企业经营状况，承受能力的情况下自主报价，投标人只需要报浮动率作为其投标报价，投标报价＝标底价×（1±浮动率）。标底价由建设单位一个月内自行或委托有预算编制资格人员编出，并送招标投标管理机构审定备案。

第五节　不同招标、投标应注意的问题

一、工程勘察设计招标与投标

（一）工程勘察设计招标应注意的问题

工程勘察设计的质量优劣，对项目建设的顺利完成起着至关重要的作用。通过招标的方

式来选择工程勘察设计单位，可以使设计技术和成果作为有价值的技术商品进入市场，推行先进技术，更好地完成日趋繁重复杂的工程勘察设计任务，从而降低工程造价，缩短工期和提高投资效益。

1. 发包方式和范围

招标人应根据工程项目的具体特点决定发包的范围。实行勘察、设计招标的工程项目，可以采取设计全过程总发包的一次性招标，也可以在保证整个建设项目完整性和统一性的前提下，采取分单项、分专业的分包招标。

工程勘察包括编制勘察方案和现场勘探两方面的内容，前者属于技术咨询，是无形的智力成果，如果单独招标时，可以参考工程设计招标的方法；后者包括提供工程劳务等，属于用常规方法实施的内容，任务明确具体，可以在招标文件中给出任务的数量指标，如地质勘探的孔位、眼数、总钻探进尺长度等，如果单独招标时，可以参考施工招标的方法。

在工程设计招标中，为了保证设计指导思想能够顺利地贯彻于设计的各个阶段，一般由中标单位实施技术设计或施工图设计，不另行选择别的设计单位完成第二、第三阶段的设计。对于有某些特殊功能要求的大型工程，也可以只进行方案设计招标，或中标单位将所承担的初步设计和施工图设计，经招标人同意，分包给具有相应资质条件的其他设计单位。

2. 招标文件的内容

工程设计招标主要是通过工程设计方案、工程造价控制措施、设计质量管理和质量保证、技术服务措施和保障、投标人的业绩和荣誉、对招标文件的响应等方面的竞争，择优选择工程项目应达到的技术功能指标、项目的预期投资限额、项目限定的工作范围、项目所在地的基本资料、要求完成的时间等内容，而无具体的工作量。招标文件的要求还应根据工程的实际情况突出重点，更多的详细要求可在中标人开始和实施设计阶段通过共同探讨确定。这样做的好处是，既可以避免让所有投标人花费太多的时间和精力去编制投标书，对未中标的投标人显得不够公平，另外也可以简化评标的内容，集中评审比较方案的科学性和可行性。

目前通常采用的全过程设计招标，不单独进行初步设计招标、技术设计招标和施工图设计招标，但这种招标文件往往要求投标书应报送初步设计方案，中标签订合同后再循设计程序完成全部设计任务。

3. 开标形式

勘察设计招标开标时，不是由招标主持人宣读投标书并按报价高低排定标价次序，而是由各投标人自己说明投标方案的基本构思和意图，以及其他实质性内容。

4. 评标原则

目前在设计招标中采用的评标方法主要有投票法、打分法和综合评议法等。设计招标与施工招标不同，标的的报价即设计费报价在评标过程中不是关键因素，因此设计招标一般不采用最低评标价法。评标委员会评标时也不过分追求设计费报价的高低，而是更多关注所提供方案的技术先进性、预期达到的技术指标、方案的合理性以及对工程项目投资效益的影响。因此，设计招标的评标定标原则是：设计方案合理，具有特色，工艺和技术水平先进，经济效益好，设计进度能满足工程需要。

（二）工程勘察设计投标应注意的问题

1. 对投标人的要求

（1）工程勘察设计投标人必须具有相应的资质等级证书，如《建设工程设计许可证》和

《收费证》等。持有《工程勘察设计资格证书》与持有《工程勘察设计收费资格证书》的单位之间，可以联合承担勘察、设计任务，当证书等级不同时，以级别高的一方为主，并由其对勘察设计质量负责；持有《工程勘察设计收费资格证书》的单位，不能与无《工程勘察设计收费资格证书》的单位联合承担勘察设计任务。

（2）持有《建筑设计许可证》《收费资格证》和《营业执照》，但没有一级注册建筑师的单位，可以与有一级注册建筑师的设计单位联合参加竞选。我国的一级注册建筑师注册标准不低于目前发达国家的注册标准。

（3）境外设计事务所参加境内工程项目方案设计竞选的，在国际注册建筑师资格尚未相互确认前，其方案必须经国内一级注册建筑师咨询并签字，方为有效。

2. 投标文件编制

工程勘察设计投标文件应完全按照招标文件的要求编制，通常不能带有任何附加条件，不允许存在重大偏差与保留，如修改合同条件中某些条款、改变设计的技术经济要求等，否则投标文件将被认为缺乏对招标文件实质上的响应而导致废标。因此，编制投标文件应注意以下几点：

（1）在正式编写投标文件之前，应仔细研究招标文件的全部内容，检查提供的工程设计依据和基础资料是否完整。如，有无经过上级批准的可行性研究报告书、地质灾害评估报告、环境评估报告、必要的勘测资料，以及对环境保护的要求等。如发现资料不完整或存在其他问题，应及时以书面形式向招标人提出。此外，还应注意核准以下内容：①设计周期、设计投资限额及其他限制条件；②要求的设计阶段与设计深度是否包括勘察工作的内容；③设计费用支付的方式，有无拖期支付给予补偿的规定；④关于误期交纳罚款的规定和提前完成的奖励办法；⑤有无提交投标保证金的要求，如果有，投标保证金的数额和提交方式，如投标保函、投标担保等；⑥投标文件递交的日期、时间、地点；⑦如果出现争端，解决争端的途径和方法。

（2）严格按照投标文件中的要求，按给出的格式认真填写投标书及其附录，以及各种附表。这些附表包括：设计单位概况、本设计项目经理简历表、拟投入的技术人员表、技术设备表、近几年（按招标文件规定的年限）设计的已投入使用的项目表、正在进行设计项目表、获奖情况表、投标人财务状况表等，填写的内容应实事求是。

（3）参加工程勘察设计项目的技术力量配备，往往受到招标人的关注，也是保证设计质量的关键，因此投标人项目组成员的专业配备要适当，设计人员应具有相应的学历和工作经验，特别是项目组的经理应选派资历较深、在本工程领域工作经验丰富、有一定声望的高级工程师担任。如果包括勘察任务，使用的仪器设备和采用的方法应具有先进性并充分满足工作需要。

（4）设计周期应符合招标文件的要求或适当缩短，并编制可行的设计进度计划。进度计划应说明不同设计阶段的周期和时间安排，每个专业或承担该专业设计任务的工程师的工作时间和进度安排，可用横道图或网络计划图表示，加上必要的文字说明。

（5）投标人应提交简明的费用计算书和报价单。勘察设计费的报价通常不是按规定的工程量清单填报单价后算出总价，而是首先提出设计构思和初步方案，并论述该方案的优点和实施计划。在此基础上进一步提出报价，其金额可以按照目前的收费标准上下浮动。为了提高投标的竞争力，可适当下浮。

（6）投标人应按招标文件的规定递交投标人的资格证明的复印件或授权委托书等文件。投标文件应由法人代表或授权代理人按规定签署或加盖公章。

二、工程施工招标与投标

（一）工程施工招标应注意的问题

1. 发包方式

工程施工招标可以根据施工内容选择只发一个合同包招标或将全部施工内容分解成若干个合同分包发包。如果招标人仅与一个中标人签订合同，施工过程中的管理工作就比较简单，但有能力参与竞争的投标人较少。如果招标人有足够的管理能力，可将全部施工内容分解成若干个单位工程和特殊专业工程分包发包，一是可以发挥不同投标人的专业特长，增强投标的竞争性；二是每个独立合同比总承包合同更容易落实，即使出现问题也是局部的，易于纠正或补救。但招标发包的数量要适当，合同包太多会给招标工作和施工阶段的管理工作带来麻烦或不必要的损失。

2. 施工标段的划分

由于工程施工内容繁多，有不同部位的工程施工和不同类型的工程结构，技术要求各异，施工过程复杂多样，导致工程管理难度加大。因此，有必要对工程项目从施工内容到工程类型进行划分。工程项目施工招标的合同段（或叫工程分标），是工程施工招标的一大特点。合理划分标段，并确定各个标段工期与开竣工日期，也就成为施工招标需要考虑的重要内容。根据需要，各个标段可一次性完成招标工作，也可以分期完成招标工作。一般工程施工标段的划分应满足下列要求。

（1）标段划分的大小。标段的划分以施工企业可以独立施工为原则，但还应考虑到标段划分的大小。标段过小，有较强实力的大型施工企业来参加投标的可能性就小，而且现场每个企业都必须有自己的临时设施，造成不必要的财力浪费，且标段过多，现场管理协调也相对困难。标段过大，一般中小型施工企业将无力问津，造成少数几个大型企业的有限竞争，容易引起较高的投标报价。因此，标段划分的大小，既要有利于竞争，又要有利于管理。

（2）资金来源及其生产效益。标段的划分可以根据建设工程的资金到位情况和各个标段资金预计使用情况来确定，逐段招标，逐段开工建设，逐渐形成效益。

（3）工期需要。如果工程的规模比较大而且要求建设的周期相对短，若由一个施工企业承担施工任务，会受到施工机械、劳动力及管理力量等的限制，明显影响施工工期和工程质量。合理地进行分段，可以缩短工期，加快施工进度。

（4）设计允许。划分施工标段以后，由于施工的先后顺序和由此产生的时间间隔等原因，可能影响到工程的质量。因此，必须在工程设计允许的部位或者采取一定的技术措施后不会产生质量隐患的部位划分标段。

（5）施工现场条件。划分标段时，应该充分考虑到几个独立对施工企业在现场的施工情况，尽量避免或减少交叉干扰，以利于监理师对各合同的协调管理。

（6）施工内容的专业要求。工程施工项目一般都可以划分为一般土建工程和专业工程两大部分。如果施工现场允许，当专业工程技术复杂、工程量又较大时，可考虑作为一个标段单独招标。但如果专业工程独立发包太多，现场协调工作也会相当繁重。因此，在一般情况下，对工程量较大且比较特殊的专业工程，可作为业主的指定分包工程，纳入施工总承包单位的管理之中。

3. 材料设备的供应方式

（1）承包方采购。工程施工承包，一般均采用包工包料，即“双包”的形式，所以在材料设备采购上，应尽量考虑由施工承包商采购，这样可以降低成本，保障材料质量，供应时间和施工进度的协调也能得到保证。

（2）由发包方采购供应。如果发包方在某些材料设备供应方面有较强的能力，在招标时，发包方就可以明确这方面的材料设备由发包方供应。材料设备由发包方自己采购供应，虽然能直接了解产品的性能、价格等资料，但是在价格上并不一定能像施工承包商那样由于经常与供应商有业务往来而得到最大的优惠，同时在运输、保管、移交过程中，及供货与施工进度的配合上，发包方必须投入相应的人力物力及承担自己相应的责任，这也不利于调动施工承包方材料节约使用上的积极性。所以在一般情况下，尽量不采用这种方式。

（3）发包方指定，承包方采购。在工程施工招标时，可以明确某些材料设备的品牌，或承包商、施工承包商必须采购指定的品牌或由指定的承包商供应材料设备，这样就可免去发包方许多不必要的麻烦，减少被施工承包方索赔的机会，且有利于调动承包方的积极性。但也必须防止这些材料设备的承包商因此而哄抬供货价格，增加施工承包方不必要的成本。

（二）工程施工投标应注意的问题

1. 工程施工投标的风险性

工程项目固有的特点决定了其投资与产品生产都存在着大量的不确定因素，因此项目施工具有较大的风险性，建筑业属于风险行业。

（1）工程施工的实施风险。工程项目形体大且不可移动，而且在施工过程中需露天作业，因此工程建设地点容易受工程所在地的地质、环境和气候影响，产生诸如工程基础深埋变化、地质不良或地质气候灾害等情况，可能导致工期延长或设计变更进而给施工企业带来损失。工程施工的工程量大，而工作面有限，决定了工程施工周期长，因此，将产生诸如市场变化、业主项目建设计划的政策性改变、物价变化也会给施工企业带来不确定的影响。同时工程施工影响面大，社会干扰大，在施工过程中所产生的某些问题可能会导致与地方或个人的意见分歧，若问题激化，轻者影响工期，重者造成社会矛盾，给施工企业造成重大损失。在工程招标投标形式下，工程项目产品交易是以未来产品的预期价格进行交易的，这也将使施工企业在签订合同后不能准确计算工程成本和利润，给其经营管理带来不确定性。

（2）工程施工的投标中标风险。由于建筑市场基本上长期处于买方市场，工程施工投标活动不可能每投必中。虽然投标中标率随不同承包商而不同，但有一点可以肯定，在较长时间的经营过程中，任何一家承包商的中标率都不可能达到100%。尤其是对于中小承包商，如果投标费用占企业总成本的比例较大，则投标中标的不确定性将给企业经营带来较大的风险。

2. 工程施工投标机构应具备的条件

工程施工投标是一个复杂的过程，对于承包商来说，参与竞争是市场实质，中标是基本目标，因为这关系到企业的兴衰存亡。工程施工投标竞争比较的不仅是报价的高低，而且还有技术、经验、实力和信誉等方面。特别是当前国际承包市场上，越来越多的技术密集型项目势必给承包商带来两方面的挑战：一方面是技术上的挑战，要求承包商具有先进的科学技术，能够完成高、新、尖、难工程；另一方面是管理上的挑战，要求承包商具有现代先进的组织管理水平，能够以较低价中标，靠管理和索赔获利。为迎接技术和管理方面的挑战，在竞争中取胜，工程施工投标机构的三类人才——经营管理类人才、专业技术人才、商务金融类人才应具备以下基本条件。

（1）经营管理类人才。①知识渊博、视野开阔。经营管理类人员必须在经营管理领域有造诣，对其他相关学科也应有相当的知识水平。只有这样，才能全面系统地观察和分析问题。②具备一定的法律知识和实际工作经验。该类人员应了解我国乃至世界上的有关法律和国际惯例，并对开展投标业务所应遵循的各项规章制度有充分的理解。同时，丰富的阅历和实际的工作经验可以使投标人员具有较强的预测能力和应变能力，能对可能出现的各种问题进行预测并采取相应的措施。③必须勇于开拓，具有较强的思维能力和社会活动能力。渊博的知识和丰富的经验，只有和较强的思维能力相结合，才能保证经营管理人员对各种问题进行综合、概括、分析，并作出正确的判断和决策。此外，该类人员还应具备较强的社会活动能力，积极参加有关的社会活动，扩大信息交流，不断地吸收投标业务工作所必需的新知识和情报。④掌握一套科学的研究方法和手段，如科学的调查、统计、分析和预测的方法。

（2）专业技术人才。主要是指工程设计和施工中的各类技术人员，如建筑师、土木工程师、电气工程师、机械工程师等各类专业技术人员。他们应拥有本学科最新的专业知识，具备熟练的实际操作能力，以便在投标时能结合本公司的实际技术水平，制订科学、合理、先进的施工技术方案。

（3）商务金融类人才。商务金融类人才是指从事金融、贸易、税法、保险、采购、保函、索赔等专业知识方面的人才，同时还应具有涉外财会、外汇管理和结算等方面的知识。

以上是对工程施工投标机构组成人员个体素质的基本要求，一个投标机构仅仅做到个体素质良好往往是不够的，还需要各方的共同参与，协同作战，充分发挥集体的力量。同时，还应注意保持投标班子成员的相对稳定，不断提高其素质和水平，提高投标的竞争力。投标人也可以通过采用或开发有关投标报价的软件，使投标报价工作更加快速、准确。如果是国际工程，包括境内涉外工程投标，投标机构还应配备懂得专业和合同管理的外语翻译人员。

三、工程监理招标与投标

（一）工程监理招标应注意的问题

1. 工程监理招标的适用范围

对大部分建设工程来说，实施建设监理制度是必要的。国务院颁布的《建设工程质量管理条例》明确指出，为了规范市场行为，保证工程项目达到预期目的，按照有关建筑法律和法规的要求，属于以下五大类范围的工程项目建设必须实行监理。

（1）国家重点建设工程。是指依据《国家重点建设项目管理办法》所确定的对国民经济和社会发展有重大影响的骨干项目。

（2）大中型公用事业项目。是指项目总投资额在3000万元以上的下列工程项目：供水、供电、供气、供热等市政工程项目；科技、教育、文化等项目；体育、旅游、商业等项目；卫生、社会福利等项目；其他公用事业项目。

（3）成片开发建设的住宅小区工程。建筑面积在5万m^2以上的住宅建设工程必须实行监理；5万m^2以下的住宅建设工程，可以实行监理。具体范围和规模标准，由省、自治区、直辖市人民政府建设行政主管部门规定。但为了保证住宅的质量，对高层住宅及地基、结构复杂的多层住宅应当实行监理。

（4）利用外国政府或者国际组织贷款、援助资金的工程。包括：使用世界银行、亚洲开发银行等国际组织贷款资金的项目；使用国外政府及其机构贷款资金的项目；使用国际组织或者国外政府援助资金的项目。

（5）国家规定必须实行监理的其他工程。包括：项目总投资额在3000万元以上，关系社会公共利益、公众安全的某些基础设施项目；学校、影剧院、体育场馆项目。

2. 工程监理的委托方式

在工程实践中，工程监理的委托方式有招标、直接委托等方式。

招标是指多家监理咨询单位参加投标，招标人通过对各投标人提供的监理大纲、服务措施、人员配置和监理报价等进行综合比较，择优确定中标人。工程监理以邀请招标为多见。但是有些工程，根据项目的特殊情况，可以不进行监理招标，如：①工程项目位于偏远地区，且现场条件恶劣，潜在投标人少于3家；②工程所需的主要施工技术属于专利性质或特殊技术，并且在保护期内或有特殊要求；③与主体工程不宜分割的追加附属工程或者主体加层工程；④停建、缓建后恢复建设，且监理企业未发生变更；⑤法律、法规、规章规定的其他情形。

直接委托是指建设业主直接委托一家具有与该项目性质、规模相适应的资质条件的监理咨询单位对该项目的施工过程进行监理。这种委托方式一般适用于项目规模小、技术简单的工程。

3. 招标的特殊性

建设监理无论在我国还是国际上，都是属于高智能型的第三产业，因此监理招标的标的是“监理服务”。监理服务是监理单位高智能的投入，其服务工作完成得好坏不仅依赖于执行监理业务是否遵循了规范化的管理程序和方法，更多地取决于参与监理工作专业人员的业务专长、经验、判断能力、创新精神及风险意识。鉴于标的所具有的特殊性，招标人选择中标人的基本原则是“基于能力的选择”。

4. 工程监理招标评标定标原则

工程监理招标评标时以技术方面的评审为主，选择最佳的监理单位，不应以价格最低为主要标准。工程监理招标在竞争中的评选办法，按照委托服务工作的范围和对监理单位能力要求不同，可以采取下列两种方式之一。

（1）基于服务质量和费用的选择。对于一般的工程监理项目通常采用这种方式，首先对能力和服务质量的好坏进行评比，对相同水平的投标人再进行投标价格比较。

（2）基于质量的选择。对于复杂的或专业性很强的服务任务，有时很难确定精确的任务大纲，希望投标人在投标书中提出完整或创新的建议，或可以用不同方法的任务书。所以各投标书中的实施计划可能不具有可比性，评标委员会可以采用此种方法来确定中标人。因此，要求投标人的投标书内只提出实施方案、计划、实现的方法等，不提供报价。经过技术评标后，再要求获得最高技术分的投标人提供详细的商务投标书，然后招标人与备选中标人就上述投标书和合同进行谈判。

因此，建设监理招标的评标定标原则是技术和经济管理力量符合工程监理要求，监理方法可行、措施可靠，监理收费合理。

（二）工程监理投标应注意的问题

1. 监理大纲的编制

监理单位向业主提供的是技术服务，所以监理单位投标文件的核心是反映提供的技术服务水平高低的监理大纲，尤其是主要的监理对策。这也是业主在进行招标时，评定投标文件优劣的重要内容。因此，监理单位应该重视监理大纲的编制，而不应该以降低监理费作为竞争的主要手段。

监理大纲一般由以下内容组成：①工程项目概况。②监理范围的说明，主要阐明施工图设计阶段、施工阶段、保修阶段监理服务的范围和内容。③监理工作依据。④监理工作目标，是根据监理委托合同、业主与设计单位和承包商签订的设计和施工承包合同、工程建设总体计划以及技术规范和验收标准制度，分为质量控制目标、进度控制目标和投资控制目标。根据承包合同约定的质量标准、工期、合同价可以进一步分解为分目标。⑤监理组织机构及人员配备，提供现场监理组织机构设置，说明每个部门的主要职责，所配置监理工作人员的资质条件介绍。⑥监理工作指导原则，分为目标原则、预控原则、科学原则、合同原则等。⑦监理措施，包括质量控制措施、进度控制措施、投资控制措施、合同管理措施、信息管理措施、安全管理措施等。

一般情况下，监理大纲中主要的监理对策是指：根据监理招标文件的要求，针对业主委托监理工程项目的特点，初步拟定的该工程项目监理工作的指导思想、主要的管理措施、技术措施以及拟投入的监理力量和为搞好该项工程建设而向业主提出的原则性建议等。

2. 监理报价

虽然监理报价并不作为业主评定投标书的首要因素，但监理的收费是关系到监理单位能否顺利完成监理任务、获得应有报酬的关键，所以对于监理单位来说，监理报价的确定就显得十分重要。监理费通常由监理单位在工程项目建设监理活动中所需要的全部成本、应缴纳的税金和合理的利润构成。但是在进行监理报价时应该注意，如果监理报价过高，业主相对有限的资金中直接用于工程建设项目上的数额势必将会减少，对业主来说是得不偿失的。但是，监理报价也不能太低，在监理费过低的情况下，监理单位为了维系生计，一方面可能派遣业务水平较低、工资相应也低的监理人员去完成监理业务；另一方面，可能会减少监理人员的工作时间，以减少监理劳务的支出。此外，监理费过低也会挫伤监理人员的工作积极性，抑制监理人员创造性的发挥，其结果很可能使工程质量低劣、工期延长、建设费用增加。由此可见，确定高低适中的监理费是非常关键的。

3. 承揽监理业务应注意的事项

（1）严格遵守国家的法律、法规及有关规定，遵守监理行业的职业道德。

（2）严格按照批准的经营范围承接监理业务，特殊情况下，承接经营范围以外的监理业务时，需向资质管理部门申请批准。

（3）承揽监理业务的总量要视本单位的力量而定，不得与业主签订监理合同后，把监理业务转包给其他监理单位。

（4）对于监理风险较大的监理项目，如建设工期较长的项目，遭受自然灾害或政治、战争影响的可能性较大的项目，工程量庞大或技术难度很高的项目，监理单位除可向保险公司投保外，还可以与几家监理单位组成联合体共同承担监理风险。

四、材料设备采购招标与投标

（一）材料设备采购招标应注意的问题

1. 材料设备招标的范围

材料设备招标的范围主要包括建设工程中所需要的大量建材、工具、用具、机械设备、电气设备等，这些材料设备约占工程合同总价的60%以上，大致可以划分为工程用料、暂设工程用料、施工用料、工程机械、工程中的机电设备和其他辅助办公和试验设备等。

由于材料设备招标中涉及物资的最终使用者不仅有业主，还包括承包商使用的工具、用具、设备，所以材料设备的采购主体既可以是业主，也可以是承包商或分包商。因此，对于材料设备应当进一步划分，决定哪些由承包商自己采购供应，哪些拟交给各分包商供应，哪些将由业主自行供给。属于承包商予以供应的范围的，再进一步研究哪些可由其他工地调运，如某些大型施工机具设备、仪器，甚至部分暂设工程等，哪些要由本工程采购，这样才能最终确定由各方采购的材料设备的范围。

2. 材料设备的采购方式

为工程项目采购材料设备而选择供应商并与其签订物资购销合同或加工定购合同，可以采用招标、询价和直接订购三种方式。

招标适用于大宗材料和较重要的或较昂贵的大型机具设备，或工程项目中的生产设备和辅助设备。承包商或业主根据项目的要求，详细列出采购物资的品名、规格、数量、技术性能要求，自己选定的交货方式、交货时间、支付货币和支付条件，以及品质保证、检验、罚则、索赔和争议解决等合同条件和条款作为招标文件，公开招标或邀请有资格的制造厂家或承包商参加投标，通过竞争择优签订购货合同。

询价是采用询价——报价——签订的合同程序，即采购方对三家以上的供应商就采购的标的物进行询价，对其报价经过比较后选择其中一家与其签订供货合同。这种方式实际上是一种议标的方式，无须采用复杂的招标程序，就可以保证价格有一定的竞争性，一般适用于采购建筑材料或加值较小的标准规格产品。

直接订购方式由于不能进行产品的质量和价格比较，因此是一种非竞争性采购方式。一般适用于以下几种情况：①为了使设备或零配件标准化，向原来经过招标或询价选择的供应商增加订货，以便适应现有设备；②所需设备具有专卖性质，并只能从一家制造商获得；③负责工艺设计的承包商要求从指定供应商处采购关键性部件，并以此作为保证工程质量的条件；④某些特殊情况，如某些特定机电设备需要早日交货，也可直接签订合同，以免由于时间延误而增加开支。

3. 材料设备标段的划分

由于材料设备的种类繁多，不可能有一个能够完全生产或供应工程所用材料设备的制造商或供应商存在，所以不管是以招标、询价还是直接订购方式采购材料设备，都不可避免地要遇到分标的问题。材料设备采购分标时需要考虑的因素主要有以下方面：

（1）招标项目的规模。根据工程项目中各材料设备之间的关系，预计金额大小等来分标。每个标段如果分得太大，则要求技术能力强的供应商来单独投标或由其他组织投标，一般中小供应商则无力问津，投标人数量将会减少，从而可能引起投标报价的增加；反之，如果标段分得较小，可以吸引众多的供应商，但很难引起大型供应商的兴趣，同时会加大招标评标的工作量。因此，招标项目的规模应有利于吸引更多的投标人参加投标，以发挥各个供应商的专长，降低材料设备价格，保证供货时间和质量。

（2）材料设备的性质和质量要求。材料设备采购分标和工程施工分标不同，一般是将与工程有关的材料设备采购分为若干个标，而每个标又分为若干个包，每个包又分为若干项。每次招标时，可根据材料设备的性质只发一个合同包或划分成几个合同分别发包。供应商投标的基本单位是包，在一次招标时可以投全部的合同包，也可以只投一个或其中几个包，但不能仅投一个包中的某几项。分标时还要考虑是否大部分或全部材料设备由同一承包商制造供货，若是，则可以减少招标工作量。有时考虑到某些技术要求国内完全可以达到，可单列一个标向国内招标，而将国内制造有困难的设备单列一个标向国外招标。

（3）工程进度与供货时间。按时供应质量合格的材料设备，是工程项目施工能够顺利进行的物质保证。如何恰当划分标段，应以材料设备进度计划满足施工进度计划要求为原则，综合考虑资金筹措、制造周期、运输时间、仓储能力等条件，既不能延误施工的需要，也不应过早提前到货。

（4）供货地点。如果一个工程地点分散，则所需材料设备的地点也势必分散，因而应考虑外部供应商、当地供应商的供货能力、运输、仓储等条件来进行分标，以利于保证供应和降低成本。

（5）市场供应情况。有时，一个大型工程需要大量的建筑材料和设备，如果采用一次采购方式，势必会引起价格上涨，所以应合理计划、分批采购。

（6）贷款来源。如果工程项目是由一个以上单位提供贷款，而各贷款单位对采购的限制条件有不同要求，则应合理分标，以吸引更多的供应商参加投标。

4. 材料设备招标评标定标方法主要有：①综合评标价法。主要适用于既无通用的规格、型号等指标，也没有国家标准的非批量生产的大型设备和特殊用途的大型非标准部件。评标以投标文件能够最大限度地满足招标文件规定的各项综合评价标准，即换算后评标价格最低的投标文件为最优。②最低投标价法。大宗材料或定性批量生产的中小型设备的规格、性能、主要技术参数等都是通用指标，应采用国家标准。评标的重点应当是各投标人的商业信誉、报价、交货期等条件，且以投标价格作为评标考虑的最重要因素，选择投标价最低者中标，即最低投标价法。③以设备寿命周期成本为基础的评标价法。设备采购招标的最合理采购价格是指设备寿命周期费用最低，因此在标价评审中，要全面考虑采购物资的单价和合价、运营费以及寿命期内需要投入的运营费用。如果投标人所报的材料设备价格较低，但运营费很高时，仍不符合以最低合理价格采购的原则。

综上所述，无论是大宗材料或定型批量生产的中小型设备招标，还是非批量生产的大型设备和特殊用途的大型非标准部件招标，其评标定标原则都应是设备材料先进、价格合理、各种技术参数符合设计要求、投标人资信可行、售后服务完善。

（二）材料设备采购投标应注意的问题

1. 对投标人的要求

凡实行独立核算、自负盈亏、持有营业执照的国内材料设备公司，如果具备投标的基本条件，均可参加投标或联合投标，但与招标人或材料设备需求方有直接经济关系或财务隶属关系或股份关系的公司及项目设计公司不能参加投标。大型设备采购的投标人可以是生产厂家，也可以是设备供应公司或代理商。由于大型设备产品的非通用性，对生产厂家有较高的资质和能力条件的要求，因此生产厂家投标人除了必须是法人以外，还必须具有相应的制造能力和制作同类产品的经验。设备供应公司和代理商属于物资在市场流通过程中的中间环节，为了保证标的物能够保质、保量和按期交付，他们应具有足够的对违约行为赔偿能力，一般情况下也要求是法人。除此之外，由于他们不直接参与生产，为了保证合同的顺利履行，还应拥有生产厂家允许其供应产品的授权书。如果投标人采用联合投标，必须明确一个总牵头公司承担全部责任，联合体各方的责任和义务也应以协议形式加以确定，并在投标文件中予以说明。

2. 投标价的计算

由于招标文件中规定的交货方式和交货地点的不同，投标人按规定报出的投标价格可能包括运杂费，也可能未包括运杂费。招标人购买产品的最终价格应是运抵施工现场的所有费用，所以如果投标价格内未包括运杂费，则应在每个投标人的报价上加上按交货地点远近计算的运杂费后，比较最低价格者中标。

国内生产的货物，投标价应为出厂价。出厂价是指货物生产过程中所投入的各种费用和各种税款，但不包括货物售出后交纳的销售税或其他类似税款。如果所提供的货物是投标人早已从国外进口，目前已在国内的，则投标价应为仓库交货价或展室价。该价格应包括货物进口时所交纳的关税，但不包括销售税。

本章综合案例

案例 1 某环境综合整治工程施工招标案例

×××环境综合整治工程是××市的市政重点建设项目，工程投资估算约 1.8 亿元。2003 年 7 月对工程投资额 3000 万元的河道沿岸整治工程进行招标，工程共分两个标段，包括土建、园林绿化、景观改造等内容，要求投标人具有园林绿化工程二级及以上资质的施工单位、项目经理资质等级二级。计划 8 月底开工，工期 180 天。本次招标采取了公开招标的方式，由招标单位委托××招标代理机构组织招标投标活动。2003 年 7 月 2 日，××招标代理机构在市建设工程交易信息网及建设工程交易中心发布了招标公告，招标公告明确，当每个标段资格预审合格的投标申请人过多时，招标人按照上级有关规定和资审文件中明确的方法，从中择优确定不少于 7 家资格预审合格的投标申请人。经过报名，共有 21 家投标单位均报名参加两个标段的投标，后经招标单位、招标代理组成的资格审查小组资审，共有 10 家投标单位符合资审文件要求，在确定各标段潜在投标人时，招标单位从资审合格的 10 家投标单位中，任意选定了 4 家投标单位投第一标段，另外 6 家单位投第二标段，招标代理机构于 7 月 12 日向这 10 家单位发售了招标文件。2003 年 8 月 2 日由招标单位代表和在专家库随机抽取的评标专家组成的七人评标小组按照招标文件的规定采用综合因素对投标单位的标书进行了评审，并推荐了中标单位。在书面报告备案过程中，招标投标监管部门下达了行政监督意见书，要求该项目依法重新组织招标。

该工程的招标投标过程是否存在问题？若存在，存在什么问题？

评析：

该项目招标投标过程主要存在以下两方面问题：

一是资格审查不符合有关规定，该项目发出的招标公告和资审文件均明确了资审方法和择优标准，而每个标段均有 10 家投标单位资审合格，招标单位和招标代理不是按照已确定的资审方法择优选择不少于 7 家投标单位参与投标，而是随意凭主观确定 4 家和 6 家投标单位分别参与投标，违反了建设部 89 号令和七部委 30 号令的有关规定：“招标人不得改变载明的资格条件或者以没有载明的资格条件对潜在投标人或者投标人进行资格审查”；“任何单位和个人不得以行政手段或者其他不合理方式限制投标人的数量”。

二是评标过程中评标委员会受招标代理机构影响，没能按照招标文件规定的方法和标准进行评标，草率行事。招标文件要求投标单位投标文件中应包括合同、中标通知书等能证明和按照评分标准进行评分的业绩证明材料复印件，并在评标时准备好原件备查。评标采用综合因素评标，评标办法对投标单位业绩评分进行了量化。至投标截止时间，各投标单位均提交了投标文件，评标时，各投标单位提供了业绩证明材料原件供评委对照投标文件中的复印资料进行核查，评委会发现有一家投标单位投标文件中没有业绩证明材料复印件，此时招标人评委向其他评委施加影响，认为该投标单位的业绩评分可依据业绩原件进行评分。因此，评委会给该投标单位的业绩进行了评分。该项目评委会违反了建设部 89 号令和七部委 30 号令以及本项目招标文件的规定。招标文件要求投标单位开标时携带业绩原件备查，是供评委对照投标文件进行核查用，以防做假，业绩原件本身并非投标文件。因此，评委会依据投标人提供的业绩原件进行评分，给投标文件中没有业绩材料的投标单位业绩加分是错误的，也有失公平。

案例 2　招标程序不规范，中标结果被否决

某县教育局要将该县某示范性小学打造升级为市级示范性学校。2005 年初，该项目立项并纳入本年度财政预算。该学校改扩建工程总投资为 800 万元，其中土建及装修工程费用 550 万元，配套教学设备 200 万元，其他费用 50 万元。2005 年 6 月 3 日完成全部设计和审批工作并开始施工招标。县教育局委托了招标代理机构负责招标工作。招标代理机构按照招标程序编制了招标公告和招标文件，并在指定的媒体发布招标公告，然后组织现场踏勘和标前会议，组织了开标、评标工作，这些都在建设工程交易中心监督和见证下进行。资格审查采用开标后由评标专家进行资格后审的方法。2005 年 6 月 30 日开标时，有 6 家单位递交了有效投标文件。开标当日，由评标专家组建的评标委员会在进行资格后审时发现，有 4 家投标单位存在企业安全生产许可证过期而未年检，拟委派的项目经理因未进行安全考核而未取得 B 证（项目负责人安全考核合格证），近 3 年来没有相同或相近工程业绩、资产负债率过高等，一项或多项问题不符合招标文件中资格审查合格条件的标注，因此这 4 家投标企业没有通过资格审查。由于有效投标人数少于 3 个，建设局招标管理办公室和建设交易中心要求招标人宣布招标失败。但教育局考虑到 2005 年 10 月 9 日省市教育督导评估专家要来学校进行示范性学校验收，而土建装修工程施工工期要 3 个月，且考虑到 7 月初假期施工对教学影响较小，急于开工，于是教育局领导班子于 2005 年 6 月 30 日晚上连夜组织内部会议决定联系本次招标中资格审查符合要求的 2 家单位采用竞争性谈判方式确定施工单位。2005 年 7 月 1 日，教育局主管行政后勤的副局长组织财务科、基建科、政工科、学校校长与这 2 个投标单位商谈价格和合同条件。基建科长提议，考虑到 A 公司近期在教育系统有 2 个项目正在施工，且本次招标的学校中有一栋教学楼原来是 A 公司施工的，对情况比较熟悉且与教育系统关系处理得比较好，建议该项目由 A 公司承包施工。教育局谈判小组成员都觉得很有道理，全部同意基建科长的建议，于是由政工科长立即出具施工通知函，确定由 A 公司中标承包该学校的土建和装修工程。2005 年 7 月 3 日，A 公司组织了人员、设备进场施工。通过资格审查的 B 公司认为教育局对其进行了排斥，于是向县建设局和县政府、县人大进行投诉，请求取消 A 公司中标，并要求教育局（招标人）对其投标过程产生的费用给予

补偿。

县人大、县政府、县建设局立即组织人员进行调查。调查组成员一致认为，教育局为了尽快让项目上马，以完成县政府年初确定的年内完成市级示范学校建设的目标，以及为了能在暑假期间施工以减少安全隐患，并减少因施工对学校正常教学的影响的出发点是可以理解的，但违背了《招标投标法》和《工程建设项目施工招标投标办法》的规定，要求县教育局立即取消向A公司发出的施工通知书（即中标通知书），解除与A公司签订的该学校改扩建工程土建和装修改造部分的施工合同，妥善解决A公司的退场问题，并尽快重新组织招标。

评析：

县教育局在招标过程中存在的不妥之处和建设行政主管部门处理决定依据分析如下：

（1）按照《招标投标法》规定，该学校改扩建工程全部使用国有资金投资，是关系到社会公共利益、公众安全的项目，必须进行公开招标。在《工程建设项目招标范围和规模标准规定》中更加详细地说明了关系社会公共利益、公众安全的公共事业项目的范围包括科技、教育、文化等项目。该法第7条规定，施工单项合同估算在200万元以上人民币的项目必须进行招标。

（2）《工程建设项目施工招标投标办法》第19条规定："经资格后审不合格的投标人的投标应作废标处理。"《招标投标法》规定投标人少于3个的，招标人应当重新招标。《工程建设项目施工招标投标办法》第38条规定："提交投标文件的投标人少于3个的，招标人应当依法重新招标。重新招标后投标人仍少于3个的，属于必须审批的工程建设项目，报经原审批部门批准后可以不再进行招标，其他工程建设项目，招标人可以自行决定不再进行招标。"

（3）《工程建设项目施工招标投标办法》第73条规定："投标人数量不符合法定要求不重新招标的，有关行政监督部门责令其限期改正，根据情节可处3万元以下的罚款，情节严重的，招标无效；被认定为招标无效的，应当重新招标。"该办法第86条规定："依法必须进行施工招标的项目违反法律规定，中标无效的，应当依照法律规定的中标条件从其余投标人中重新选定中标人或者依法重新进行招标。中标无效的，发出的中标通知书和签订的合同自始没有法律约束力，但不影响合同中独立存在的有关解决争议方法的条款的效力。"县教育局在有效投标人数少于3个时，为争取早日开工，没有重新招标，所以建设行政主管部门认定为招标无效，责令其立即取消向A公司发出的施工通知书即中标通知书，解除与A公司签订的该学校的改扩建工程土建和装修改造部分的施工合同，妥善解决A公司的退场问题，并重新组织招标。

案例3 长江实业（集团）有限公司参与地铁上盖兴建投标权

20世纪70年代，地铁工程的开建成为香港特区开埠以来最浩大的公共工程，在地铁工程的15个车站中，最重要、客流量最大的车站是中环站和金钟站。有人说，中环和金钟两站，就像鸡的两只大腿，其上盖可以建成地铁全线盈利最丰厚的物业，因此，地产商莫不对其"垂涎欲滴"。时任长江实业集团有限公司董事局主席的李嘉诚也为之心动，但在人们眼里，当时的长实只是一间在偏僻的市区和荒凉的乡村山地买地盖房的房地产公司。

李嘉诚估计，参加竞投的将会有置地、太古、金门等英资大地产商、建筑商。其中尤以置地的夺标呼声最高，而港岛中区是置地的“老巢”。但是李嘉诚想，志在必得的置地，会不会大意失荆州呢？当时的置地属于怡和系，纽壁坚（置地大股东）身兼置地和怡和两个公司的董事局主席，又受到股东老板凯瑟克家族的制约，力主把发展重点坐镇香港抉择的精力势必会被分散。而置地一贯坐大，也习惯了坐大，过于自负的置地，未必就会冷静地研究合作方，并屈尊去迎合合作方。

那么，地铁公司招标的真正意向是什么？李嘉诚通过各种渠道获悉，特区政府将地皮以估价的原价——6 亿港元批给地铁公司，由地铁公司发展地产，以弥补地铁兴建经费的不足。地铁公司的意向是用部分现金、部分地铁股票支付购地款，而特区政府坚持要全部用现金支付。地铁公司与特区政府在购地支付问题上的分歧说明地铁公司现金严重匮乏。因此，李嘉诚明确了要竞投车站上盖发展权，必须以现金支付为条件。

1977 年 1 月 14 日，地铁公司正式宣布公开接受中环站和金钟站上盖发展权招标竞投。参加竞投的财团，公司共 30 家，超过以往九龙段招标竞投的一倍多，但最后还是长实中标。

据地铁公司透露，长实中标的主要原因是其所提交的建议书内列举条件的异常优厚而吸引人，因此能脱颖而出，获得与地铁公司经营该地的发展权。在投标文件上，李嘉诚的克敌之法是：首先，满足地铁公司急需现金的需求，由长江实业公司一方提供现金做建筑费；其次，商厦建成后全部出售，利益由地铁公司与长江实业分享，并打破对半开的惯例，地铁公司占 51%，长江实业占 49%。为此，李嘉诚决定破釜沉舟，在准备充分的前提下，通过发行新股集资 1.1 亿港元，并从大通银行贷款 2 亿港元的，再加上年盈利储备，李嘉诚共筹集可调动的现金约 4 亿港元。至此，舆论界称长实中标是“长江实业发展史上的里程碑”，地产新秀李嘉诚一鸣惊人，一飞冲天。

中环车站上盖的环球大厦和金钟车站上盖的海富中心两座发展物业，为长江实业获得 7 亿多港元毛利，纯利近 0.7 亿港元。长实的盈利低于地产高潮时地产业的平均利润，但李嘉诚获得无法以金钱估量的无形利益——信誉，这也是他参与竞投的主要目的。长江实业不再只是一间只能在偏僻地方盖房的地产公司。长实中标，为它取得银行的信任、继续在中区拓展创造了有利条件。

【问题】：李嘉诚成功中标的原因是什么？[1]

评析：

投标人通过投标取得项目，是市场经济条件下的必然。但是，作为投标人来说，并不是每标必投，这就需要研究投标决策的问题。影响投标决策的因素很多，需要投标人广泛、深入地调查研究，系统地积累资料，并做出全面的分析，这样才能使投标人做出正确的决策。

俗话说：商场如战场，投标竞争也是如此，李嘉诚成功投标再一次印证了古语所云——知己知彼，百战不殆。项目投标决策就是知己知彼的研究。这个“己”就是影响投标决策的主观因素，“彼”就是影响投标决策的客观因素。因而为了竞争胜利，必须从主、客观两个方面对竞争的优、劣势进行分析，做出客观的估计，正如李嘉诚所言：“竞争既是搏命，更是斗智斗勇。”。

[1] 陈美华．香港超人：李嘉诚传．广州：广州出版社，2002．

首先，李嘉诚找准了主要竞争对手——置地公司，然后抓住了主要竞争对手的软肋——貌似强大的背后却有其离隙之处，内部有相互掣肘的力量，同时其一贯坐大，不会屈尊去迎合合作方。

其次，李嘉诚看准了合作方的需求——地铁公司急需现金回流以偿还贷款，并希望获得更大的盈利。这正是李嘉诚作为一个在偏僻的市区和荒凉的乡村山地买地盖房的地产公司掌门人的精明之处。

复习思考题

1．简述施工招标的程序。
2．简述开标会的内容。
3．开标时确定为废标的条件是什么？
4．简述评标的程序。
5．常用的评标方法有哪些？
6．建设工程施工招标、投标应注意哪些问题？

第四章　建设工程施工合同管理

【引导案例】　建筑工程施工“黑白合同”能否撤销？

上海A公司租赁南京B公司的房屋，需对该房屋进行改扩建，于是A公司就该改扩建工程与当地的一家C施工单位签订施工合同，合同价款为1528万元。施工过程中，A公司根据该施工合同约定，支付了相应的进度款和结算款，然而，在A公司支付完工程结算款的一年以后，C施工单位向当地法院起诉，要求A公司给付拖欠工程款及利息近200万元，其中，有100万元工程款系C施工单位持有的施工合同价款1628万元与前述施工合同价款1528万元之差额。

C施工单位在递交诉状的同时，向法院提交了载有1628万元工程造价的中标通知书、一份有双方签字盖章上面载有工商局鉴证章合同价款为1628万元的合同、一份当地建管处网站上显示合同价款为1628万元的施工合同已备案的材料。后C施工单位又通过法院调查令调取了一份当地建管处备案的合同价款为1628万元的施工合同，一份当地建设工程交易中心备案的招标投标文件以及合同价款为1628万元的施工合同。

【评析】　本案是一个典型的建筑工程黑白合同案例，《施工合同司法解释》第21条规定：“当事人就同一建设工程另行订立的建设工程施工合同与经过备案的中标合同实质性内容不一致的，应当以备案的中标合同作为结算工程价款的根据。”

所谓白合同，应当是双方经过招投标方式进行承发包，根据中标结果签订的并且到相关部门进行了备案的施工合同。即白合同必须具备两个条件：

第一，必须是经过招标投标并根据招标投标文件中标结果签订的合同。如果没有经过招标投标而是通过协商方式签订的合同，就谈不上白合同。

第二，白合同必须是经过相关部门备案的合同，而该相关部门并非工商行政管理部门，而根据招标投标法及相关建设部门行政规章的规定，应该为建设行政主管部门。

就本案而言，对于原告C施工单位提供的合同即为白合同，虽然A公司与C单位同时签订的合同价款为1528万元，且均为双方的真实意思表示，但备案的合同却写明为1628万元，根据法律的规定，应当履行的是经备案的白合同。

第一节　建设工程施工合同概述

一、建设工程施工合同的概念和特点

建设工程施工合同是发包人与承包人就完成具体工程项目的建筑施工、设备安装、设备调试、工程保修等工作内容，确定双方权利和义务的协议。其标的是将设计图纸变为满足功能、质量、进度投资等发包人投资预期目的的建筑产品。建设工程施工合同是建设工程的主要合同之一，它与其他建设工程合同一样是双务有偿合同，在订立时应遵守自愿、公平、诚实信用等原则。建设工程施工合同还具有以下特点：

（一）合同标的的特殊性

施工合同的标的是各类建筑产品，建筑产品是不动产，建造过程中往往受到自然条件、地质水文条件、社会条件、人为条件等因素的影响。这就决定了每个施工合同的标的物不同于工厂批量生产的产品，具有单件性的特点。所谓“单件性”，是指不同地点建造的相同类型和级别的建筑，施工过程中所遇到的情况不尽相同，在甲工程施工中遇到的困难在乙工程中不一定发生，而在乙工程施工中可能出现甲工程没有发生过的问题，相互间具有不可替代性。

（二）合同履行期限的长期性

建筑物的施工由于结构复杂、体积大、建筑材料类型多、工作量大，使得工期都较长（与一般工业产品的生产相比）。在较长的合同期内，双方履行义务往往会受到不可抗力、履行过程中法律法规政策的变化、市场价格的浮动等因素的影响，这些影响必然导致合同的内容约定、履行管理都很复杂。

（三）合同内容的复杂性

虽然施工合同的当事人只有两方，但履行过程中涉及的主体却有许多，内容的约定还需要与其他相关合同相协调，如设计合同、供货合同本工程的其他施工合同等。

二、建设工程施工合同范本简介

（一）合同范本的作用

鉴于施工合同的内容复杂、涉及面宽，为了避免施工合同的编制者遗漏某些方面的重要条款，或条款约定责任不够公平合理，住建部、工商总局对2013版《建设工程施工合同（示范文本）》（GF-2013-0201）进行了修订，制订了《建设工程施工合同（示范文本）》（GF-2017-0201）。2017版《建设工程施工合同（示范文本）》（GF-2017-0201）（以下简称《示范文本》）自2017年10月1日起执行，原《建设工程施工合同（示范文本）》（GF-2013-0201）同时废止。

与2013版施工合同示范文本相比，2017版示范文本主要对缺陷责任期、质量保证金条款进行修改，同时纠正了2013版示范文本专用条款个别与通用条款表述不一致的地方。此次修改，主要是因为住房和城乡建设部、财政部于2017年6月20日发布了《关于印发建设工程质量保证金管理办法的通知》（建质〔2017〕138号），对建质〔2016〕295号《建设工程质量保证金管理办法》进行了修订。2017版示范文本根据前述办法在质量保证金比例（3%）、预留、抵扣、缺陷责任期的起算及责任期内不履行修复义务的处理等，做了相应的调整。

（二）《示范文本》的性质和适用范围

《示范文本》为非强制性使用文本。《示范文本》适用于房屋建筑工程、土木工程、线路管道和设备安装工程、装修工程等建设工程的施工承发包活动，合同当事人可结合建设工程具体情况，根据《示范文本》订立合同，并按照法律法规规定和合同约定承担相应的法律责任及合同权利义务。

（三）《示范文本》的组成

作为推荐使用的《示范范本》由协议书、通用合同条款、专用合同条款三部分组成，并附有11个附件。

1. 协议书

合同协议书主要具有两个作用：第一是合同的纲领性文件，基本涵盖合同的基本条款；

第二是合同生效的形式要件反映，合同协议书的生效一般在合同当事人加盖公章，并由法定代表人或法定代表人的授权代表签字后生效，但合同当事人对合同生效有特别要求的，可以通过设置一定的生效条件或生效期限以满足具体项目的特殊情况。

标准化的协议书格式文字量不大，需要结合承包工程特点填写。《示范文本》合同协议书共计 13 条，主要包括：工程概况、合同工期、质量标准、签约合同价格与合同价格形式、项目经理、合同文件构成、承诺、词语定义、签订时间、签订地点、补充协议、合同生效、合同份数等。集中约定了合同当事人基本的合同权利义务。

2. 通用合同条款

通用合同条款是合同当事人根据法律规范的规定，就工程项目施工的实施及相关事项，对合同当事人的权利义务做出的通用性约定。其作用是反复使用、避免漏项、便于管理和查阅。在使用过程中，如果工程建设项目的技术要求、现场情况与市场环境等实际履行条件存在特殊性，则可以在专用合同条款中进行相应的补充和完善。通用条款包括：一般约定、发包人、承包人、监理人、工程质量、安全文明施工与环境保护、工期和进度、材料与设备、试验与检验、变更价格调整、合同价格及计量与支付、验收和工程试车、竣工结算、缺陷责任与保修、违约、不可抗力、保险、索赔、争议解决等 20 个要素，共计 119 个小条款。通用条款在使用时不做任何改动，原文照搬。

3. 专用合同条款

专用合同条款是对通用合同条款原则性约定的细化、完善、补充、修改或另行约定的条款。合同当事人可以根据不同建设工程的特点及具体情况，通过双方的谈判、协商对相应的专用合同条款进行修改补充。在使用专用合同条款时，应注意以下事项：①专用合同条款的编号应与相应的通用合同条款的编号一致；②合同当事人可以通过对专用合同条款的修改，满足具体建设工程的特殊要求，避免直接修改通用合同条款；③在专用合同条款中有横道线的地方，合同当事人可针对相应的通用合同条款进行细化完善、补充、修改或另行约定；如无细化、完善、补充、修改或另行约定，则填写“无”或画“/”。

4. 附件

示范文本提供了 11 个标准化附件，其中附件 1 属于协议书附件，附件 2～附件 11 属于专用合同条款附件。附件 1 是“承包人承揽工程项目一览表”；附件 2～附件 11 依次是：“发包人供应材料设备一览表”“工程质量保修书”“主要建设工程文件目录”“承包人用于本工程施工的机械设备表”“承包人主要施工管理人员表”“分包人主要施工管理人员表”“履约担保格式”“预付款担保格式”“支付担保格式”“暂估价一览表”，如果具体项目的实施为包工包料承包，则可以不使用“发包人供应材料一览设备表”。

三、合同文件

（一）合同文件的组成

《示范文本》通用条款中规定，本协议书与下列文件一起构成合同文件：①中标通知书（如果有），指构成合同的由发包人通知承包人中标的书面文件。②投标函及其附录（如果有），指构成合同的由承包人填写并签署的用于投标的称为“投标函”的文件。投标函附录是指构成合同的附在投标函后的称为“投标函附录”的文件。③专用合同条款及其附件。④通用合同条款。⑤技术标准和要求。指构成合同的，施工应当遵守的，或指导施工的国家、行业或地方的技术标准和要求，以及合同约定的技术标准和要求。⑥图纸，指构成合同的图纸，包括由发包人按照合同约定提供或经发包人批准的设计文件、施工图、鸟瞰图及模型等，以及在合同履行过程中形成的图纸文件。图纸应当按照法律规定审查合格。⑦已标价工程量清单或预算书指构成合同的由承包人按照规定的格式和要求填写并标明价格的工程量清单，包括说明和表格。⑧其他合同文件指经合同当事人约定的与工程施工有关的具有合同约束力的文件或书面协议。合同当事人可以在专用合同条款中进行约定。在合同订立及履行过程中形成的与合同有关的文件均构成合同文件组成部分。

（二）对合同文件中矛盾或歧义的解释

各项合同文件包括合同当事人就该项合同文件所做出的补充和修改，属于同一类内容的文件，应以最新签署的为准。专用合同条款及其附件须经合同当事人签字或盖章。

1. 合同文件的优先解释次序

通用条款规定，前述合同文件原则上应能够互相解释、互相说明。但当合同文件中出现含糊不清或不一致时，前述各文件的序号就是合同的优先解释顺序。在合同订立及履行过程中形成的与合同有关的文件均构成合同文件组成部分，并根据其性质确定优先解释顺序。如果双方不同意这种次序安排，可以在专用条款内约定本合同的文件组成和解释次序。

2. 合同文件出现矛盾或歧义的处理程序

按照通用条款的规定，当合同文件内容含糊不清或不一致时，在不影响工程正常进行的情况下，由发包人和承包人协商解决。双方也可以提请负责监理的工程师做出解释。双方协商不成或不同意负责监理的工程师的解释时，按合同约定的解决争议的方式处理。《示范文本》合同条款中未明确由谁来解释文件之间的歧义，但可以结合监理工程师职责中的规定，总监理工程师应与发包人和承包人进行协商，尽量达成一致。不能达成一致时，总监理工程师应认真研究后审慎确定。

第二节 建设工程施工合同的订立

一、工期和期限

（一）工期

工期是指在合同协议书约定的承包人完成工程所需的期限，包括按照合同约定所做的期限变更。在合同协议书内应明确注明计划开工日期、计划竣工日期和计划工期总日历天数。工期总日历天数与根据前述计划开、竣工日期计算的工期天数不一致的，以工期总日历天数为准。如果是招标选择的承包人，工期总日历天数应为投标书内承包人承诺的天数，而不是招标文件要求的天数。因为招标文件通常规定本招标工程最长允许的完工时间，而承包人为了竞争，申报的投标工期往往短于招标文件限定的最长工期，此项因素通常也是评标比较的一项内容。因此，在中标通知书中已注明发包人接受的投标工期。

（1）天：除特别指明外，均指日历天。合同中按天计算时间的，开始当天不计入，从次日开始计算，期限最后一天的截止时间为当天24:00。

（2）开工日期：包括计划开工日期和实际开工日期。计划开工日期是指合同协议书约定的开工日期；实际开工日期是指监理人按照《示范文本》第7.3.2项“开工通知”约定发出的符合法律规定的开工通知中载明的开工日期。

（3）竣工日期：包括计划竣工日期和实际竣工日期。计划竣工日期是指合同协议书约定的工日期；实际竣工日期按照《示范文本》第13.2.3项“竣工日期”的约定确定。

（二）期限

在合同履行过程中，合同中还涉及的主要期限包括：

（1）缺陷责任期。指承包人按照合同约定承担缺陷修复义务，且发包人预留质量保证金的期限，自工程实际竣工日期起计算。

（2）保修期。指承包人按照合同约定对工程承担保修责任的期限，从工程竣工验收合格之日起计算。

（3）基准日期。招标发包的工程以投标截止日前28日的日期为基准日期，直接发包的工程以合同签订日前28日的日期为基准日期。基准日期是判定某种风险是否属于承包人的分界日期。

二、合同价款

（一）签约合同价

签约合同价是指发包人和承包人在合同协议书中确定的总金额，包括安全文明施工费、暂估价及暂列金额等。明确签约合同价有助于合同当事人理解签约合同价与合同价格的区别，以便于合同的履行，如编制支付分解表、计算违约金等。

招标发包的工程投标价中标价及签约合同价原则上应一致，除非经过法定程序，才能对文字错误或计算错误予以澄清；不实行招标的工程合同价款，在发、承包双方认可的工程价款基础上，由发承包双方在合同中约定。

（二）合同价格

合同价格是指发包人用于支付承包人按照合同约定完成承包范围内全部工作的金额，包括合同履行过程中按合同约定发生的价格变化。合同价格在合同履行过程中是动态变化的在竣工结算中确认的合同价格为全部合同权利义务清算价格，不仅包括构成工程实体的造价，还包括合同当事人支付的违约金、赔偿金等。

（三）费用

费用是指为履行合同所发生的或将要发生的所有必需的开支，包括管理费和应分摊的其他费用，但不包括利润。费用包括签约合同价中包含的费用，也包括签约合同价之外、合同履行过程中额外增加的费用。费用不同于成本和利润，其中按照《建设工程工程量清单计价规范》（GB 50500—2013）（以下简称《计价规范》）规定，工程成本是承包人为实施合同工程并达到质量标准，必须消耗或使用的人工、材料、工程设备、施工机械台班及其管理等方面发生的费用和按规定缴纳的规费和税金。

（四）合同的价格方式

发包人和承包人应在合同协议书中约定下列一种合同价格形式，并应在专用合同条款约定相应单价合同或总价合同的风险范围。

1. 单价合同

单价合同是指合同当事人约定以工程量清单及其综合单价进行合同价格计算、调整和时认的建设工程施工合同，在约定的范围内合同单价不做调整。合同当事人应在专用合同条款中约定综合单价包含的风险范围和风险费用的计算方法，并约定风险范围以外的合同价格的调整方法，其中因市场价格波动引起的调整按《示范文本》第11.1款“市场价格波动引起的调整”约定执行。

单价合同的含义是单价相对固定，仅在约定的范围内合同单价不做调整。《计价规范》第7.1.3项规定实行工程量清单计价的工程，应采用单价合同。

2. 总价合同

总价合同是指合同当事人约定以施工图、已标价工程量清单或预算书及有关条件进行合同价格计算、调整和确认的建设工程施工合同，在约定的范围内合同总价不做调整。合同当事人应在专用合同条款中约定总价包含的风险范围和风险费用的计算方法，并约定风险范围以外的合同价格的调整方法，其中因市场价格波动引起的调整按《示范文本》第11.1款“市场价格波动引起的调整”，因法律变化引起的调整按《示范文本》第11.2款“法律变化引起的调整”约定执行。

《计价规范》第7.1.3项规定技术简单、规模偏小、工期较短的项目，且施工图设计已审查批准的，可采用总价合同。

3. 成本加酬金合同

合同当事人可在专用合同条款中约定其他合同价格形式，如成本加酬金与定额计价以及其他合同类型。《计价规范》第7.1.3项规定紧急抢险、救灾以及施工技术特别复杂的工程，可采用成本加酬金合同。

三、价格调整

除专用合同条款另有约定外，市场价格波动超过合同当事人约定的范围，合同价格应当调整。合同当事人可以在专用合同条款中约定选择以下方式。

（一）采用价格指数进行价格调整

1. 价格调整公式

因人工、材料和设备等价格波动影响合同价格时，根据专用合同条款中约定的数据计算差额并调整合同价格。

2. 暂时确定调整差额

在计算调整差额时无现行价格指数的，合同当事人同意暂用前次价格指数计算。实际价格指数有调整的，合同当事人进行相应调整。

3. 权重的调整

因变更导致合同约定的权重不合理时，按照《示范文本》第4.4款“商定或确定”执行。

4. 因承包人原因工期延误后的价格调整

因承包人原因未按期竣工的，对合同约定的竣工日期后继续施工的工程，在使用价格调整公式时，应采用计划竣工日期与实际竣工日期的两个价格指数中较低的一个作为现行价格指数。

（二）采用造价信息进行价格调整

合同履行期间，因人工、材料、工程设备和机械台班价格波动影响合同价格时，人工、机械使用费按照国家或省、自治区、直辖市建设行政管理部门、行业建设管理部门或其授权的工程造价管理机构发布的人工、机械使用费系数进行调整；需要进行价格调整的材料，其单价和采购数量应由发包人审批；发包人确认需调整的材料单价及数量后，即将其作为调整合同价格的依据。

（1）人工单价发生变化且符合省级或行业建设主管部门发布的人工费调整规定的，合同当事人应按省级或行业建设主管部门或其授权的工程造价管理机构发布的人工费等文件调整合同价格，但承包人对人工费或人工单价的报价高于发布价格的除外。

（2）材料、工程设备价格变化的价款调整按照发包人提供的基准价格，按以下风险范围规定执行。

1）承包人在已标价工程量清单或预算书中载明材料单价低于基准价格的：除专用合同条款另有约定外，合同履行期间材料单价涨幅以基准价格为基础超过5%时，或材料单价跌幅以在已标价工程量清单或预算书中载明材料单价为基础超过5%时，其超过部分据实调整。

2）承包人在已标价工程量清单或预算书中载明材料单价高于基准价格的：除专用合同条款另有约定外，合同履行期间材料单价跌幅以基准价格为基础超过5%时，或材料单价涨幅以在已标价工程量清单或预算书中载明材料单价为基础超过5%时，其超过部分据实调整。

3）承包人在已标价工程量清单或预算书中载明材料单价等于基准价格的：除专用合同条款另有约定外，合同履行期间材料单价涨跌幅以基准价格为基础超过5%时，其超过部分据实调整。

4）承包人应在采购材料前将采购数量和新的材料单价报发包人核对，发包人确认用于工程时，发包人应确认采购材料的数量和单价。发包人在收到承包人报送的确认资料后5日内不予答复的视为认可，作为调整合同价格的依据。未经发包人事先核对，承包人自行采购材料的，发包人有权不予调整合同价格。发包人同意的，可以调整合同价格。

前述基准价格是指由发包人在招标文件或专用合同条款中给定的材料、工程设备的价格，该价格原则上应当按照省级或行业建设主管部门或其授权的工程造价管理机构发布的信息价编制。

（3）施工机械台班单价或施工机械使用费发生变化超过省级或行业建设主管部门或其授权的工程造价管理机构规定的范围时，按规定调整合同价格。

四、发包人和承包人的工作

（一）发包人的义务

通用条款规定以下工作属于发包人应完成的工作：

（1）发包人应按合同约定向承包人及时支付合同价款。

（2）提供施工现场、施工条件和基础资料。

1）提供施工现场。除专用合同条款另有约定外，发包人应最迟于开工日期7日前向承包人移交施工现场。如果专用条款未确定提供现场的时间，则发包人应在合同进度与工期中约定的进度计划进行施工所需要的合理时间内，将现场提供给承包人，使承包人获得占用现场的权利。

2）提供施工条件除专用合同条款另有约定外，发包人应负责提供施工所需要的条件包括：①将施工用水、电力、通信线路等施工所必需的条件接至施工现场；②保证向承包人提供正常施工所需要的进入施工现场的交通条件；③协调处理施工现场周围地下管线和邻近建筑物、构筑物、古树名木的保护工作，并承担相关费用；④按照专用合同条款约定应提供的其他设施和条件。

3）提供基础资料。发包人应当在移交施工现场前向承包人提供施工现场及工程施工所必需的毗邻区域内供水、排水、供电、供气、供热、通信、广播电视等地下管线资料，气象和水文观测资料，地质勘查资料，相邻建筑物、构筑物和地下工程等有关基础资料，并对所提供资料的真实性、准确性和完整性负责。

按照法律规定确需在开工后方提供的基础资料，发包人应尽其努力及时在相应工程施工前的合理期限内提供，合理期限应以不影响承包人的正常施工为限。因发包人原因未能按合同约定及时向承包人提供施工现场、施工条件、基础资料的，由发包人承担由此增加的费用和（或）延误的工期。

（3）发包人应遵守法律，并办理法律规定由其办理的许可、批准或备案，发包人应协助承包人办理法律规定的有关施工证件和批件。

这些许可批准或备案包括但不限于建设用地规划许可证、建设工程规划许可证、建设工程施工许可证，以及施工所需临时用水、临时用电、中断道路交通、临时占用土地等许可和批准。发包人应协助承包人办理法律规定的有关施工证件和批件。因发包人原因未能及时办理完毕前述许可、批准或备案，由发包人承担由此增加的费用和（或）延误的工期，并支付承包人合理的利润。

（4）除专用合同条款另有约定外，发包人应在最迟不得晚于《示范文本》第7.3.2项“开工通知”载明的开工日期前7日通过监理人向承包人提供测量基准点、基准线和水准点及其书面资料。发包人应对其提供的测量基准点、基准线和水准点及其书面资料的真实性、准确性和完整性负责。

（5）发包人应按合同约定向承包人提供施工图纸和发布指示，并组织承包人和设计单位进行图纸会审和设计交底，专用条款内需要约定具体时间。

（6）发包人应按合同约定及时组织工程竣工验收。

（7）除专用合同条款另有约定外，发包人应在收到承包人要求提供资金来源证明的书面通知后28日内，向承包人提供能够按照合同约定支付合同价款的相应资金来源证明。

对于财政预算投资的工程，项目立项批复文件应当对此载明，故项目立项批复文件即为资金来源证明；对于自筹资金投资、银行贷款投资、利用外资、证券市场筹措资金等工程，发包人应当取得资金来源方的投资文件或资金提供文件等。

除专用合同条款另有约定外，发包人要求承包人提供履约担保的，发包人应当向承包人提供支付担保。支付担保可以采用银行保函或担保公司担保等形式，具体由合同当事人在专用合同条款中约定。

支付担保是指担保人为发包人提供的，保证发包人按照合同约定支付工程款的担保。

（8）发包人应与承包人、由发包人直接发包的专业工程的承包人签订施工现场统一管理协议，明确各方的权利义务。施工现场统一管理协议作为专用合同条款的附件。

（9）发包人应做的其他工作。双方应在专用条款中约定虽然通用条款内规定上述工作内容属于发包人的义务，但发包人可以将上述部分工作委托给承包方办理，具体内容可以在专用条款内约定，其费用由发包人承担，属于合同约定的发包人义务，如果出现不按合同约定完成，导致工期延误或给承包人造成损失时，发包人应赔偿承包人的有关损失，延误的工期相应顺延。

（二）承包人义务

通用条款规定，承包人在履行合同过程中应遵守法律和工程建设标准规范，并履行以下义务：

（1）办理法律规定应由承包人办理的许可和批准，并将办理结果书面报送发包人留存。

（2）按法律规定和合同约定完成工程，并在保修期内承担保修义务。

（3）按法律规定和合同约定采取施工安全和环境保护措施，办理工伤保险，确保工程及人员、材料、设备和设施的安全。

（4）按合同约定的工作内容和施工进度要求，编制施工组织设计和施工措施计划，并对所有施工作业和施工方法的完备性和安全可靠性负责。

（5）在进行合同约定的各项工作时，不得侵害发包人与他人使用公用道路、水源、市政管网等公共设施的权利，避免对邻近的公共设施产生干扰；承包人占用或使用他人的施工场地影响他人作业或生活的，应承担相应责任。

（6）按照《示范文本》第 6.3 款“环境保护”约定负责施工场地及其周边环境与生态的保护工作。

（7）按照《示范文本》第 6.1 款“安全文明施工”约定采取施工安全措施，确保工程及其人员、材料、设备和设施的安全，防止因工程施工造成的人身伤害和财产损失。

（8）将发包人按合同约定支付的各项价款专用于合同工程，且应及时支付其雇用人员工资，并及时向分包人支付合同价款。

（9）按照法律规定和合同约定编制竣工资料，完成竣工资料立卷及归档，并按专用合同条款约定的竣工资料的套数、内容、时间等要求移交发包人。

（10）应履行的其他义务。

承包人不履行上述各项义务，造成发包人损失的，应对发包人的损失给予赔偿。

五、保险

（一）工程保险

除专用合同条款另有约定外，发包人应投保建筑工程一切险或安装工程一切险；发包人委托承包人投保的，因投保产生的保险费和其他相关费用由发包人承担。

（二）工伤保险

（1）发包人应依照法律规定参加工伤保险，并为在施工现场的全部员工办理工伤保险，缴纳工伤保险费，并要求监理人及由发包人为履行合同聘请的第三方依法参加工伤保险。

（2）承包人应依照法律规定参加工伤保险，并为其履行合同的全部员工办理工伤保险，缴纳工伤保险费，并要求分包人及由承包人为履行合同聘请的第三方依法参加工伤保险。

（三）其他保险

发包人和承包人可以为其施工现场的全部人员办理意外伤害保险并支付保险费，包括其员工及为履行合同聘请的第三方人员，具体事项由合同当事人在专用合同条款约定。

除专用合同条款另有约定外，承包人应为其施工设备等办理财产保险。

（四）持续保险

合同当事人应与保险人保持联系，使保险人能够随时了解工程实施中的变动，并确保按保险合同条款要求持续保险。

（五）保险凭证

合同当事人应及时向另一方当事人提交其已投保的各项保险的凭证和保险单复印件。

（六）未按约定投保的补救

（1）发包人未按合同约定办理保险，或未能使保险持续有效的，则承包人可代为办理，所需费用由发包人承担。发包人未按合同约定办理保险，导致未能得到足额赔偿的，由发包人负责补足。

（2）承包人未按合同约定办理保险，或未能使保险持续有效的，则发包人可代为办理，所需费用由承包人承担。承包人未按合同约定办理保险，导致未能得到足额赔偿的，由承包人负责补足。

（七）通知义务

除专用合同条款另有约定外，发包人变更除工伤保险之外的保险合同时，应事先征得承包人同意，并通知监理人；承包人变更除工伤保险之外的保险合同时，应事先征得发包人同意，并通知监理人。

保险事故发生时，投保人应按照保险合同规定的条件和期限及时向保险人报告。发包人和承包人应当在知道保险事故发生后及时通知对方。

第三节 施工准备阶段的合同管理

一、图纸和承包人文件

（一）图纸的提供和交底

发包人应按照专用合同条款约定的期限、数量和内容向承包人免费提供图纸，并组织承包人、监理人和设计人进行图纸会审和设计交底。发包人最迟不得晚于《示范文本》第 7.3.2 项“开工通知”载明的开工日期前 14 日向承包人提供图纸。

因发包人未按合同约定提供图纸导致承包人费用增加和（或）工期延误的，按照《示范文本》第 7.5.1 项“因发包人原因导致工期延误”约定办理。

（二）图纸的错误

承包人在收到发包人提供的图纸后，发现图纸存在差错、遗漏或缺陷的，应及时通知监理人。监理人接到该通知后，应附具相关意见并立即报送发包人，发包人应在合理时间内做出决定。合理时间是指发包人在收到监理人的报送通知后，尽其努力且不懈怠地完成图纸修改补充所需的时间。

（三）图纸的修改和补充

图纸需要修改和补充的，应经图纸原设计人及审批部门同意，并由监理人在工程或工程相应部位施工前将修改后的图纸或补充图纸提交给承包人，承包人应按修改或补充后的图纸施工。

（四）承包人文件

承包人应按照专用合同条款的约定提供应当由其编制的与工程施工有关的文件，并按照专用合同条款约定的期限、数量和形式提交监理人，并由监理人报送发包人。

除专用合同条款另有约定外，监理人应在收到承包人文件后 7 日内审查完毕，监理人对承包人文件有异议的，承包人应予以修改，并重新报送监理人。监理人的审查并不减轻或免除承包人根据合同约定应当承担的责任。

（五）图纸和承包人文件的保管

除专用合同条款另有约定外，承包人应在施工现场另外保存一套完整的图纸和承包人文件，供发包人、监理人及有关人员进行工程检查时使用。

二、施工组织设计

就合同工程的施工组织而言，招标阶段承包人在投标书内提交的施工方案或施工组织设计的深度相对较浅，签订合同后通过对现场的进一步考察和工程交底，对工程的施工有了更深入的了解。因此，承包人应在开工前编制并向监理人提交施工组织设计，施工组织设计未经监理人批准的，不得施工。

（一）施工组织设计的内容

施工组织设计应包含以下内容：施工方案；施工现场平面布置图；施工进度计划和保证措施；劳动力及材料供应计划；施工机械设备的选用；质量保证体系及措施；安全生产、文明施工措施；环境保护、成本控制措施；合同当事人约定的其他内容。

（二）施工组织设计的提交和修改

除专用合同条款另有约定外，承包人应在合同签订后14日内，但最迟不得晚于《示范文本》第7.3.2项“开工通知”载明的开工日期前7日，向监理人提交详细的施工组织设计，并由监理人报送发包人，除专用合同条款另有约定外，发包人和监理人应在监理人收到施工组织设计后7日内确认或提出修改意见，对发包人和监理人提出的合理意见和要求，承包人应自费修改完善。根据工程实际情况需要修改施工组织设计的，承包人应向发包人和监理人提交修改后的施工组织设计。

施工进度计划的编制和修改按照《示范文本》第7.2款“施工进度计划”执行。

三、施工准备

（一）人员准备

承包人应向监理人提交承包人在施工场地的人员安排的报告。这些人员应当与承包人在投标或合同订立过程中承诺的人员一致。

（二）施工设备准备

承包人应根据施工组织设计的要求，及时在施工场地配备数量、规格满足施工需要的施工设备。对于进入施工场地的各项施工设备，承包人应指定具有专业资格的人员负责操作、维护，对于出现故障或安全隐患的施工设备，应及时修理、替换，保持各项施工设备始终处于安全、可靠和可正常使用的状态。

（三）工程材料、工程设备和施工技术准备

对于应由发包人提供的工程材料和工程设备，发包人应当按照本合同约定，及时向承包人提供，并保证其数量、质量和规格符合要求。承包人应当按照约定，及时查验、接收和保管发包人提供的上述工程材料和工程设备。

对于应由承包人提供的工程材料和工程设备，承包人应当依照施工组织设计、施工图设计文件的要求，及时落实货源，订立和履行有关货物采购供应合同，并保证货物进入施工场地的数量、质量、规格和时间满足工程施工要求。

对于施工中需采用的由他人提供支持的技术，承包人应当及时订立和履行技术服务合同，以适时获得有效的技术支持，保证技术的应用。

（四）测量放线

（1）承包人发现发包人提供的测量基准点、基准线和水准点及其书面资料存在错误或疏漏的，应及时通知监理人。监理人应及时报告发包人，并会同发包人和承包人予以核实。发包人应就如何处理和是否继续施工做出决定，并通知监理人和承包人。

（2）承包人负责施工过程中的全部施工测量放线工作，并配备具有相应资质的人员及合格的仪器、设备和其他物品。承包人应矫正工程的位置、标高、尺寸或准线中出现的任何差错，并对工程各部分的定位负责。施工过程中对施工现场内水准点等测量标志物的保护工作由承包人负责。

四、开工

（一）开工准备

除专用合同条款另有约定外，承包人应按照《示范文本》第 7.1 款“施工组织设计”约定的期限，向监理人提交工程开工报审表，经监理人报发包人批准后执行。开工报审表应详细说明按施工进度计划正常施工所需的施工道路、临时设施、材料、工程设备、施工设备、施工人员等落实情况以及工程的进度安排。

除专用合同条款另有约定外，合同当事人应按约定完成开工准备工作。

（二）开工通知

发包人应按照法律规定获得工程施工所需的许可。经发包人同意后，监理人发出的开工通知应符合法律规定。监理人应在计划开工日期 7 日前向承包人发出开工通知，工期自开工通知中载明的开工日期起算。

除专用合同条款另有约定外，因发包人原因造成监理人未能在计划开工日期之日起 90 日内发出开工通知的，承包人有权提出价格调整要求，或者解除合同。发包人应当承担由此增加的费用和（或）延误的工期，并向承包人支付合理利润。

五、工程的分包

（一）分包的一般约定

承包人不得将其承包的全部工程转包给第三人，或将其承包的全部工程肢解后以分包的名义转包给第三人。承包人不得将工程主体结构、关键性工作及专用合同条款中禁止分包的专业工程分包给第三人，主体结构、关键性工作的范围由合同当事人按照法律规定在专用合同条款中予以明确。承包人不得以劳务分包的名义转包或违法分包工程。

（二）分包的确定

承包人应按专用合同条款的约定进行分包，确定分包人。已标价工程量清单或预算书中给定暂估价的专业工程，按照《示范文本》第 10.7 款“暂估价”确定分包人。按照合同约定进行分包的，承包人应确保分包人具有相应的资质和能力。工程分包不减轻或免除承包人的责任和义务，承包人和分包人就分包工程向发包人承担连带责任。除合同另有约定外，承包人应在分包合同签订后 7 日内向发包人和监理人提交分包合同副本。

（三）分包管理

承包人应向监理人提交分包人的主要施工管理人员表，并对分包人的施工人员进行实名制管理，包括但不限于进出场管理、登记造册以及各种证照的办理。

（四）分包合同价款

（1）除本项第二条约定的情况或专用合同条款另有约定外，分包合同价款由承包人与分包人结算，未经承包人同意，发包人不得向分包人支付分包工程价款。

（2）生效法律文书要求发包人向分包人支付分包合同价款的，发包人有权从应付承包工程款中扣除该部分款项。

（五）分包合同权益的转让

分包人在分包合同项下的义务持续到缺陷责任期届满以后的，发包人有权在缺陷责任期届满前，要求承包人将其在分包合同项下的权益转让给发包人，承包人应当转让。除转让合同另有约定外，转让合同生效后，由分包人向发包人履行义务。

六、支付工程预付款

（一）预付款的支付

预付款的支付按照专用合同条款约定执行，预付款应当用于材料、工程设备、施工设备的采购及修建临时工程、组织施工队伍进场等。除专用合同条款另有约定外，预付款在进度付款中同比例扣回。在颁发工程接收证书前，提前解除合同的，尚未扣完的预付款应与合同价款并结算。预付款最迟应在开工通知载明的开工日期 7 日前支付，发包人逾期支付预付款超过 7 天的，承包人有权向发包人发出要求预付的催告通知，发包人收到通知后 7 日内仍未支付的，承包人有权暂停施工，并按《示范文本》第 16.1.1 项“发包人违约”的情形执行。

（二）预付款担保

发包人要求承包人提供预付款担保的，承包人应在发包人支付预付款 7 日前提供预付款担保，专用合同条款另有约定的除外。预付款担保可采用银行保函、担保公司担保等形式，具体由合同当事人在专用合同条款中约定。在预付款完全扣回之前，承包人应保证预付款担保持续有效。

发包人在工程款中逐期扣回预付款后，预付款担保额度应相应减少，但剩余的预付款担保金额不得低于未被扣回的预付款金额。

第四节 建设工程施工过程的合同管理

一、工程材料与设备的管理

（一）发包人供应材料与工程设备

发包人自行供应材料、工程设备的，应在签订合同时在专用合同条款的附件《发包人供应材料设备一览表》中明确材料、工程设备的品种、规格、型号、数量、单价、质量等级和送达地点。

承包人应提前 30 日通过监理人以书面形式通知发包人供应材料与工程设备进场。承包人按照示范文本第 7.2.2 项“施工进度计划的修订”约定修订施工进度计划时，需同时提交经修订后的发包人供应材料与工程设备的进场计划。

（二）承包人采购材料与工程设备

承包人负责采购材料、工程设备的，应按照设计和有关标准要求采购，并提供产品合格证明及出厂证明，对材料、工程设备质量负责。合同约定由承包人采购的材料、工程设备，发包人不得指定生产厂家或供应商，发包人违反本款约定指定生产厂家或供应商的，承包人有权拒绝，并由发包人承担相应责任。

（三）材料与工程设备的接收与拒收

（1）发包人应按“发包人供应材料设备一览表”约定的内容提供材料和工程设备，并向承包人提供产品合格证明及出厂证明，对其质量负责。发包人应提前 24h 以书面形式通知承包人、监理人材料和工程设备的到货时间，承包人负责材料和工程设备的清点、检验和接收。

发包人提供的材料和工程设备的规格、数量或质量不符合合同约定的，或因发包人原因导致交货日期延误或交货地点变更等情况的，按照《示范文本》第 16.1 款“发包人违约”约定办理。

（2）承包人采购的材料和工程设备，应保证产品质量合格，承包人应在材料和工程设备到货前24h通知监理人检验。承包人进行永久设备、材料的制造和生产的，应符合相关质量标准，并向监理人提交材料的样本以及有关资料，且应在使用该材料或工程设备之前获得监理人同意。

承包人采购的材料和工程设备不符合设计或有关标准要求时，承包人应在监理人要求的合理期限内将不符合设计或有关标准要求的材料、工程设备运出施工现场，并重新采购符合要求的材料、工程设备，由此增加的费用和（或）延误的工期，由承包人承担。

（四）材料与工程设备的保管与使用

1. 发包人供应材料与工程设备的保管与使用

发包人供应的材料和工程设备，承包人清点后由承包人妥善保管，保管费用由发包人承担，但已标价工程量清单或预算书已经列支或专用合同条款另有约定的除外。因承包人原因发生丢失毁损的，由承包人负责赔偿；监理人未通知承包人清点的，承包人不负责材料和工程设备的保管，由此导致丢失毁损的由发包人负责。

发包人供应的材料和工程设备使用前，由承包人负责检验，检验费用由发包人承担，不合格的不得使用。

2. 承包人采购材料与工程设备的保管与使用

承包人采购的材料和工程设备由承包人妥善保管，保管费用由承包人承担。法律规定材料和工程设备使用前必须进行检验或试验的，承包人应按监理人的要求进行检验或试验，检验或试验费用由承包人承担，不合格的不得使用。

发包人或监理人发现承包人使用不符合设计或有关标准要求的材料和工程设备时，有权要求承包人进行修复、拆除或重新采购，由此增加的费用和（或）延误的工期，由承包人承担。

（五）禁止使用不合格的材料和工程设备

（1）监理人有权拒绝承包人提供的不合格材料或工程设备，并要求承包人立即进行更换监理人应在更换后再次进行检查和检验，由此增加的费用和（或）延误的工期由承包人承担。

（2）监理人发现承包人使用了不合格的材料和工程设备，承包人应按照监理人的指示立即改正，并禁止在工程中继续使用不合格的材料和工程设备。

（3）发包人提供的材料或工程设备不符合合同要求的，承包人有权拒绝，并可要求发包人更换，由此增加的费用和（或）延误的工期由发包人承担，并支付承包人合理的利润。

（六）样品

1. 样品的报送与封存

需要承包人报送样品的材料或工程设备，样品的种类、名称、规格、数量等要求均应在专用合同条款中约定。样品的报送程序如下：

（1）承包人应在计划采购前28日向监理人报送样品。承包人报送的样品均应来自供应材料的实际生产地，且提供的样品其规格、数量足以表明材料或工程设备的质量、型号、颜色、表面处理、质地、误差和其他要求。

（2）承包人每次报送样品时应随附申报单，申报单应载明报送样品的相关数据和资料，并标明每件样品对应的图纸号，预留监理人批复意见栏。监理人应在收到承包人报送的样品后7日内向承包人回复经发包人签认的样品审批意见。

（3）经发包人和监理人审批确认的样品应按约定的方法封样，封存的样品作为检验工程相关部分的标准之一。承包人在施工过程中不得使用与样品不符的材料或工程设备。

（4）发包人和监理人对样品的审批确认仅为确认相关材料或工程设备的特征或用途，不得被理解为对合同的修改或改变，也并不减轻或免除承包人任何的责任和义务。如果封存的样品修改或改变了合同约定，合同当事人应当以书面协议予以确认。

2. 样品的保管

经批准的样品应由监理人负责封存于现场，承包人应在现场为保存样品提供适当和固定的场所并保持适当和良好的存储环境条件。

（七）材料与工程设备的替代

出现下列情况需要使用替代材料和工程设备的，承包人应按照《示范文本》第8.7.2项约定的程序执行：①基准日期后生效的法律规定禁止使用的；②发包人要求使用替代品的；③因其他原因必须使用替代品的。

承包人应在使用替代材料和工程设备28日前书面通知监理人，并附下列文件：①被替代的材料和工程设备的名称、数量、规格、型号、品牌、性能、价格及其他相关资料；②替代品的名称、数量、规格、型号、品牌、性能、价格及其他相关资料；③替代品与被替代产品之间的差异以及使用替代品可能对工程产生的影响；④替代品与被替代产品的价格差异；⑤使用替代品的理由和原因说明；⑥监理人要求的其他文件。

监理人应在收到通知后14日内向承包人发出经发包人签认的书面指示；监理人逾期未发出书面指示的，视为发包人和监理人同意使用替代品。

发包人认可使用替代材料和工程设备的，替代材料和工程设备的价格，按照已标价工程量清单或预算书相同项目的价格认定；无相同项目的，参考相似项目价格认定；既无相同项目也无相似项目的，按照合理的成本与利润构成的原则，由合同当事人按照《示范文本》第4.4款“商定或确定”确定价格。

（八）施工设备和临时设施

1. 承包人提供的施工设备和临时设施

承包人应按合同进度计划的要求，及时配置施工设备和修建临时设施。进入施工场地的承包人设备需经监理人核查后才能投入使用。承包人更换合同约定的承包人设备的，应报监理人批准。

除专用合同条款另有约定外，承包人应自行承担修建临时设施的费用，需要临时占地的，应由发包人办理申请手续并承担相应费用。

2. 发包人提供的施工设备和临时设施

发包人提供的施工设备或临时设施应在专用合同条款中约定。

3. 要求承包人增加或更换施工设备

承包人使用的施工设备不能满足合同进度计划和（或）质量要求时，监理人有权要求承包人增加或更换施工设备，承包人应及时增加或更换，由此增加的费用和（或）延误的工期由承包人承担。

（九）材料与设备专用要求

承包人运入施工现场的材料、工程设备、施工设备以及在施工场地建设的临时设施，包括备品备件、安装工具与资料，必须专用于工程。未经发包人批准，承包人不得运出施工现场或挪作他用；经发包人批准，承包人可以根据施工进度计划撤走闲置的施工设备和其他物品。

二、工程质量的监督管理

（一）质量要求

（1）工程质量标准必须符合现行国家有关工程施工质量验收规范和标准的要求。有关工程质量的特殊标准或要求，由合同当事人在专用合同条款中约定。

（2）因发包人原因造成工程质量未达到合同约定标准的，由发包人承担由此增加的费用和（或）延误的工期，并支付承包人合理的利润。

（3）因承包人原因造成工程质量未达到合同约定标准的，发包人有权要求承包人返工直至工程质量达到合同约定的标准为止，并由承包人承担由此增加的费用和（或）延误的工期。

（二）质量保证措施

1. 发包人的质量管理

发包人应按照法律规定及合同约定完成与工程质量有关的各项工作。

2. 承包人的质量管理

承包人按照《示范文本》第 7.1 款“施工组织设计”约定向发包人和监理人提交工程质量保证体系及措施文件，建立完善的质量检查制度，并提交相应的工程质量文件。对于发包人和监理人违反法律规定和合同约定的错误指示，承包人有权拒绝实施。

承包人应对施工人员进行质量教育和技术培训，定期考核施工人员的劳动技能，严格执行施工规范和操作规程。

承包人应按照法律规定和发包人的要求，对材料、工程设备以及工程的所有部位及其施工工艺进行全过程的质量检查和检验，并做详细记录，编制工程质量报表，报送监理人审查。此外，承包人还应按照法律规定和发包人的要求，进行施工现场取样试验、工程复核测量和设备性能检测，提供试验样品、提交试验报告和测量成果以及其他工作。

3. 监理人的质量检查和检验

监理人按照法律规定和发包人授权对工程的所有部位及其施工工艺、材料和工程设备进行检查和检验。承包人应为监理人的检查和检验提供方便，包括监理人到施工现场，或制造加工地点，或合同约定的其他地方进行察看和查阅施工原始记录。监理人为此进行的检查和检验，不免除或减轻承包人按照合同约定应当承担的责任。

监理人的检查和检验不应影响施工正常进行。监理人的检查和检验影响施工正常进行的，且经检查检验不合格的，影响正常施工的费用由承包人承担，工期不予顺延；经检查检验合格的，由此增加的费用和（或）延误的工期由发包人承担。

（三）隐蔽工程检查

1. 承包人自检

承包人应当对工程隐蔽部位进行自检，并经自检确认是否具备覆盖条件。

2. 检查程序

除专用合同条款另有约定外，工程隐蔽部位经承包人自检确认具备覆盖条件的，承包人应在共同检查前 48h 书面通知监理人检查，通知中应载明隐蔽检查的内容、时间和地点，并应附有自检记录和必要的检查资料。

监理人应按时到场并对隐蔽工程及其施工工艺、材料和工程设备进行检查。经监理人检查确认质量符合隐蔽要求，并在验收记录上签字后，承包人才能进行覆盖。经监理人检查质量不合格的，承包人应在监理人指定的时间内完成修复，并由监理人重新检查，由此增加的费用和（或）延误的工期由承包人承担。

除专用合同条款另有约定外，监理人不能按时进行检查的，应在检查前 24h 向承包人提交书面延期要求，但延期不能超过 48h，由此导致工期延误的，工期应予以顺延。监理人未按时进行检查，也未提出延期要求的，视为隐蔽工程检查合格，承包人可自行完成覆盖工作，并做相应记录报送监理人，监理人应签字确认。监理人事后对检查记录有疑问的，可按《示范文本》第 5.3.3 项“重新检查”的约定重新检查。

3. 重新检查

承包人覆盖工程隐蔽部位后，发包人或监理人对质量有疑问的，可要求承包人对已覆盖的部位进行钻孔探测或揭开重新检查，承包人应遵照执行，并在检查后重新覆盖恢复原状。经检查证明工程质量符合合同要求的，由发包人承担由此增加的费用和（或）延误的工期，并支付承包人合理的利润；经检查证明工程质量不符合合同要求的，由此增加的费用和（或）延误的工期由承包人承担。

4. 承包人私自覆盖

承包人未通知监理人到场检查，私自将工程隐蔽部位覆盖的，监理人有权指示承包人钻孔探测或揭开检查，无论工程隐蔽部位质量是否合格，由此增加的费用和（或）延误的工期均由承包人承担。

（四）不合格工程的处理

（1）因承包人原因造成工程不合格的，发包人有权随时要求承包人采取补救措施，直至达到合同要求的质量标准，由此增加的费用和（或）延误的工期由承包人承担。无法补救的，按照《示范文本》第 13.2.4 项“拒绝接收全部或部分工程”约定执行。

（2）因发包人原因造成工程不合格的，由此增加的费用和（或）延误的工期由发包人承担，并支付承包人合理的利润。

（五）质量争议检测

合同当事人对工程质量有争议的，由双方协商确定的工程质量检测机构鉴定，由此产生的费用及因此造成的损失，由责任方承担。

合同当事人均有责任的，由双方根据其责任分别承担。合同当事人无法达成一致的，按照《示范文本》第 4.4 款“商定或确定”执行。

三、试验与检验

（一）试验设备与试验人员

（1）承包人根据合同约定或监理人指示进行的现场材料试验，应由承包人提供试验场所、试验人员、试验设备以及其他必要的试验条件。监理人在必要时可以使用承包人提供的试验场所、试验设备以及其他试验条件，进行以工程质量检查为目的的材料复核试验，承包人应予以协助。

（2）承包人应按专用合同条款的约定提供试验设备、取样装置、试验场所和试验条件，并向监理人提交相应进场计划表。承包人配置的试验设备要符合相应试验规程的要求并经过具有资质的检测单位检测，且在正式使用该试验设备前，需要经过监理人与承包人共同校定。

（3）承包人应向监理人提交试验人员的名单及其岗位、资格等证明资料，试验人员必须能够熟练进行相应的检测试验，承包人对试验人员的试验程序和试验结果的正确性负责。

（二）取样

试验属于自检性质的，承包人可以单独取样；试验属于监理人抽检性质的，可由监理人取样，也可由承包人的试验人员在监理人的监督下取样。

（三）材料、工程设备和工程的试验和检验

（1）承包人应按合同约定进行材料、工程设备和工程的试验和检验，并为监理人对上述材料、工程设备和工程的质量检查提供必要的试验资料和原始记录。按合同约定应由监理人与承包人共同进行试验和检验的，由承包人负责提供必要的试验资料和原始记录。

（2）试验属于自检性质的，承包人可以单独进行试验。试验属于可以单独进行试验，也可由承包人与监理人共同进行。承包人对由监理人单独进行的试验监理人抽检性质的，监理结果有异议的，可以申请重新共同进行试验。约定共同进行试验的，监理人未按照约定参加试验的，承包人可自行试验，并将试验结果报送监理人，监理人应承认该试验结果。

（3）监理人对承包人的试验和检验结果有异议的，或为查清承包人试验和检验成果的可靠性要求承包人重新试验和检验的，可由监理人与承包人共同进行，重新试验和检验的结果证明该项材料、工程设备或工程的质量不符合合同要求的，由此增加的费用和（或）延误的工期由承包人承担；重新试验和检验结果证明该项材料、工程设备和工程符合合同要求的，由此增加的费用和（或）延误的工期由发包人承担。

（四）现场工艺试验

承包人应按合同约定或监理人指示进行现场工艺试验。对大型的现场工艺试验，监理人认为必要时，承包人应根据监理人提出的工艺试验要求，编制工艺试验措施计划，并报送监理人审查。

四、进度与工期管理

（一）施工进度计划

1. 施工进度计划的编制

承包人应按照《示范文本》第 7.1 款“施工组织设计”约定提交详细的施工进度计划，施工进度计划的编制应当符合国家法律规定和一般工程实践惯例，施工进度计划经发包人批准后实施。施工进度计划是控制工程进度的依据，发包人和监理人有权按照施工进度计划检查工程进度情况。

2. 施工进度计划的修订

施工进度计划不符合合同要求或与工程的实际进度不一致的，承包人应向监理人提交修订的施工进度计划，并附有关措施和相关资料，由监理人报送发包人。除专用合同条款另有约定外，发包人和监理人应在收到修订的施工进度计划后 7 日内完成审核和批准或提出修改意见。发包人和监理人对承包人提交的施工进度计划的确认，不能减轻或免除承包人根据法律规定和合同约定应承担的任何责任或义务。

（二）工期延误

1. 因发包人原因导致工期延误

在合同履行过程中，因下列情况导致工期延误和（或）费用增加的，发包人承担由此延误的工期和（或）增加的费用，且发包人应支付承包人合理的利润：

（1）发包人未能按合同约定提供图纸或所提供图纸不符合合同约定。

（2）发包人未能按合同约定提供施工现场、施工条件，基础资料、许可、批准等开工条件。

（3）发包人提供的测量基准点，基准线和水准点及其书面资料存在错误或疏漏。

（4）发包人未能在计划开工日期之日起 7 日内同意下达开工通知。

（5）发包人未能按合同约定日期支付工程预付款、进度款或竣工结算款。

（6）监理人未按合同约定发出指示、批准等文件。

（7）专用合同条款中约定的其他情形。

因发包人原因未按计划开工日期开工的，发包人应按实际开工日期顺延竣工日期，确保实际工期不低于合同约定的工期总日历天数。因发包人原因导致工期延误需要修订施工进度计划的，按照《示范文本》第 7.2.2 项“施工进度计划的修订”执行。

2. 因承包人原因导致工期延误

因承包人原因造成工期延误的，可以在专用合同条款中约定逾期竣工违约金的计算方法和逾期竣工违约金的上限。承包人支付逾期竣工违约金后，不免除承包人继续完成工程及修补缺陷的义务。

（三）不利物质条件

不利物质条件是指有经验的承包人在施工现场遇到的不可预见的自然物质条件、非自然的物质障碍和污染物，包括地表以下物质条件和水文条件以及专用合同条款约定的其他情形，但不包括气候条件。

承包人遇到不利物质条件时，应采取克服不利物质条件的合理措施继续施工，并及时通知发包人和监理人。通知应载明不利物质条件的内容以及承包人认为不可预见的理由。监理人经发包人同意后应当及时发出指示，指示构成变更的，按《示范文本》第二部分第 10 条“变更”约定执行。承包人因采取合理措施而增加的费用和（或）延误的工期由发包人承担。

（四）异常恶劣的气候条件

异常恶劣的气候条件是指在施工过程中遇到的，有经验的承包人在签订合同时不可预见的，对合同履行造成实质性影响的，但尚未构成不可抗力事件的恶劣气候条件。合同当事人可以在专用合同条款中约定异常恶劣的气候条件的具体情形。

承包人应采取克服异常恶劣的气候条件的合理措施继续施工，并及时通知发包人和监理人。监理人经发包人同意后应当及时发出指示，指示构成变更的，按《示范文本》第二部分第 10 条“变更”约定办理。承包人因采取合理措施而增加的费用和（或）延误的工期由发包人承担。

（五）暂停施工

1. 发包人原因引起的暂停施工

因发包人原因引起暂停施工的，监理人经发包人同意后，应及时下达暂停施工指示。情况紧急且监理人未及时下达暂停施工指示的，按照《示范文本》第 7.8.4 项“紧急情况下的暂停施工”执行。因发包人原因引起的暂停施工，发包人应承担由此增加的费用和（或）延误的工期，并支付承包人合理的利润。

2. 承包人原因引起的暂停施工

因承包人原因引起的暂停施工，承包人应承担由此增加的费用和（或）延误的工期，且承包人在收到监理人复工指示后 84 日内仍未复工的，视为《示范文本》第 16.2.1 项“承包人违约的情形”第（7）目约定的承包人无法继续履行合同的情形。

3. 指示暂停施工

监理人认为有必要时，并经发包人批准后，可向承包人做出暂停施工的指示，承包人应按监理人指示暂停施工。

4. 紧急情况下的暂停施工

因紧急情况需暂停施工，且监理人未及时下达暂停施工指示的，承包人可先暂停施工，并及时通知监理人。监理人应在接到通知后 24h 内发出指示，逾期未发出指示，视为同意承包人暂停施工。监理人不同意承包人暂停施工的，应说明理由。承包人对监理人的答复有异议，按照《示范文本》第二部分第 20 条“争议解决”约定处理。

5. 暂停施工后的复工

暂停施工后，发包人和承包人应采取有效措施积极消除暂停施工的影响。在工程复工前，监理人会同发包人和承包人确定因暂停施工造成的损失，并确定工程复工条件，当工程具备复工条件时，监理人应经发包人批准后向承包人发出复工通知，承包人应按照复工通知要求复工，承包人无故拖延和拒绝复工的，承包人承担由此增加的费用和（或）延误的工期；因发包人原因无法按时复工的，按照《示范文本》第 7.5.1 项“因发包人原因导致工期延误”约定办理。

6. 暂停施工持续 56 日以上

监理人发出暂停施工指示后 56 日内未向承包人发出复工通知，除该项停工属于《示范文本》第 7.8.2 项“承包人原因引起的暂停施工”及《示范文本》第 17 条“不可抗力”约定的情形外，承包人可向发包人提交书面通知，要求发包人在收到书面通知后 28 日内准许已暂停施工的部分或全部工程继续施工。发包人逾期不予批准的，则承包人可以通知发包人，将工程受影响的部分视为按《示范文本》第 10.1 款“变更的范围”第（2）项的可取消工作，暂停施工持续 84 日以上不复工的，且不属于《示范文本》第 7.8.2 项“承包人原因引起的暂停施工”及《示范文本》第 17 条“不可抗力”约定的情形，并影响到整个工程以及合同目的实现的，承包人有权提出价格调整要求，或者解除合同。解除合同的，按照《示范文本》第 16.1.3 项“因发包人违约解除合同”执行。

7. 暂停施工期间的工程照管

暂停施工期间，承包人应负责妥善照管工程并提供安全保障，由此增加的费用由责任方承担。

8. 暂停施工的措施

暂停施工期间，发包人和承包人均应采取必要的措施确保工程质量及安全，防止因暂停施工扩大损失。

（六）提前竣工

（1）发包人要求承包人提前竣工的，发包人应通过监理人向承包人下达提前竣工指示，承包人应向发包人和监理人提交提前竣工建议书，提前竣工建议书应包括实施的方案、缩短的时间、增加的合同价格等内容。发包人接受该提前竣工建议书的，监理人应与发包人和承包人协商采取加快工程进度的措施，并修订施工进度计划，由此增加的费用由发包人承担。承包人认为提前竣工指示无法执行的，应向监理人和发包人提出书面异议，发包人和监理人应在收到异议后 7 日内予以答复。任何情况下，发包人不得压缩合理工期。

（2）发包人要求承包人提前竣工，或承包人提出提前竣工的建议能够给发包人带来效益的，合同当事人可以在专用合同条款中约定提前竣工的奖励。

五、变更管理

（一）变更的范围

除专用合同条款另有约定外，合同履行过程中发生以下情形的，应按照本条约定进行变更：增加或减少合同中任何工作，或追加额外的工作；取消合同中任何工作，但转由他人实施的工作除外；改变合同中任何工作的质量标准或其他特性；改变工程的基线、标高、位置和尺寸；改变工程的时间安排或实施顺序。

（二）变更权

发包人和监理人均可以提出变更。变更指示均通过监理人发出，监理人发出变更指示前应征得发包人同意。承包人收到经发包人签认的变更指示后，方可实施变更。未经许可，承包人不得擅自对工程的任何部分进行变更；

涉及设计变更的，应由设计人提供变更后的图纸和说明。如变更超过原设计标准或批准的建设规模时，发包人应及时办理规划、设计变更等审批手续。

（三）变更程序

1. 发包人提出变更

发包人提出变更的，应通过监理人向承包人发出变更指示，变更指示应说明计划变更的工程范围和变更的内容。

2. 监理人提出变更建议

监理人提出变更建议的，需要向发包人以书面形式提出变更计划，说明计划变更工程范围和变更的内容、理由，以及实施该变更对合同价格和工期的影响。发包人同意变更的，由监理人向承包人发出变更指示；发包人不同意变更的，监理人无权擅自发出变更指示。

3. 变更执行

承包人收到监理人下达的变更指示后，认为不能执行的，应立即提出不能执行该变更指示的理由。承包人认为可以执行变更的，应当书面说明实施该变更指示对合同价格和工期的影响，且合同当事人应当按照《示范文本》第 10.4 款“变更估价”约定确定变更估价。

（四）变更估价

1. 变更估价原则

除专用合同条款另有约定外，变更估价按照本款约定处理：①已标价工程量清单或预算书有相同项目的，按照相同项目单价认定；②已标价工程量清单或预算书中无相同项目，但有类似项目的，参照类似项目的单价认定；③变更导致实际完成的变更工程量与已标价工程量清单或预算书中列明的该项目工程量的变化幅度超过 15%的，或已标价工程量清单或预算书中无相同项目及类似项目单价的，按照合理的成本与利润构成的原则，由合同当事人按照《示范文本》第 4.4 款“商定或确定”确定变更工作的单价。

2. 变更估价程序

承包人应在收到变更指示后 14 日内，向监理人提交变更估价申请。监理人应在收到承包人提交的变更估价申请后 7 日内审查完毕并报送发包人。监理人对变更估价申请有异议的，通知承包人修改后重新提交。发包人应在承包人提交变更估价申请后 14 日内审批完毕。发包人逾期未完成审批或未提出异议的，视为认可承包人提交的变更估价申请。因变更引起的价格调整应计入最近一期的进度款中支付。

（五）承包人的合理化建议

承包人提出合理化建议的，应向监理人提交合理化建议说明，说明建议的内容和理由，以及实施该建议对合同价格和工期的影响。合理化建议降低了合同价格或者提高了工程经济效益的，发包人可对承包人给予奖励，奖励的方法和金额在专用合同条款中约定。

除专用合同条款另有约定外，监理人应在收到承包人提交的合理化建议后 7 日内审查完毕并报送发包人，若发现其中存在技术上的缺陷，应通知承包人修改。发包人应在收到监理人报送的合理化建议后 7 日内审批完毕。合理化建议经发包人批准的，监理人应及时发出变更指示，由此引起的合同价格调整按照《示范文本第》10.4 款“变更估价”约定执行。发包人不同意变更的，监理人应书面通知承包人。

（六）变更引起的工期调整

因变更引起工期变化的，合同当事人均可要求调整合同工期，由合同当事人按照《示范文本》第 4.4 款“商定或确定”并参考工程所在地的工期定额标准确定增减工期天数。

（七）暂估价

暂估价专业分包工程、服务、材料和工程设备的明细由合同当事人在专用合同条款中约定。

1. 依法必须招标的暂估价项目

对于依法必须招标的暂估价项目，采取以下第一种方式确定。合同当事人也可以在专用合同条款中选择其他招标方式。

第一种方式——对于依法必须招标的暂估价项目，由承包人招标，对该暂估价项目的确认和批准按照以下约定执行：

（1）承包人应当根据施工进度计划，在招标工作启动前 14 日将招标方案通过监理人报送发包人审查，发包人应当在收到承包人报送的招标方案后 7 日内批准或提出修改意见。承包人应当按照经过发包人批准的招标方案开展招标工作。

（2）承包人应当根据施工进度计划，提前 14 日将招标文件通过监理人报送发包人审批，发包人应当在收到承包人报送的相关文件后 7 日内完成审批或提出修改意见；发包人有权确定招标控制价并按照法律规定参加评标。

（3）承包人与供应商、分包人在签订暂估价合同前，应当提前 7 日将确定的中标候选供应商或中标候选分包人的资料报送发包人，发包人应在收到资料后 3 日内与承包人共同确定中标人；承包人应当在签订合同后 7 日内，将暂估价合同副本报送发包人留存。

第二种方式——对于依法必须招标的暂估价项目，由发包人和承包人共同招标确定暂估价供应商或分包人的，承包人应按照施工进度计划，在招标工作启动前 14 日通知发包人，并提交暂估价招标方案和工作分工。发包人应在收到后 7 天内确认。确定中标人后，由发包人、承包人与中标人共同签订暂估价合同。

2. 不属于依法必须招标的暂估价项目

除专用合同条款另有约定外，对于不属于依法必须招标的暂估价项目，采取以下第一种方式确定。

第一种方式——对于不属于依法必须招标的暂估价项目，按本项约定确认和批准：

（1）承包人应根据施工进度计划，在签订暂估价项目的采购合同、分包合同前28日向监理人提出书面申请，监理人应当在收到申请后3日内报送发包人，发包人应当在收到申请后14日内给予批准或提出修改意见，发包人逾期未予批准或提出修改意见的，视为该书面申请已获得同意。

（2）发包人认为承包人确定的供应商、分包人无法满足工程质量或合同要求的，发包人可以要求承包人重新确定暂估价项目的供应商、分包人。

（3）承包人应当在签订暂估价合同后7日内，将暂估价合同副本报送发包人留存。

第二种方式——承包人按照《示范文本》第10.7.1项“依法必须招标的暂估价项目”约定的第一种方式确定暂估价项目。

第三种方式——承包人直接实施的暂估价项目：承包人具备实施暂估价项目的资格和条件的，经发包人和承包人协商一致后，可由承包人自行实施暂估价项目，合同当事人可以在专用合同条款约定具体事项。

因发包人原因导致暂估价合同订立和履行延迟的，由此增加的费用和（或）延误的工期由发包人承担，并支付承包人合理的利润。因承包人原因导致暂估价合同订立和履行迟延的，由此增加的费用和（或）延误的工期由承包人承担。

（八）暂列金额

暂列金额应按照发包人的要求使用，发包人的要求应通过监理人发出，合同当事人可以在专用合同条款中协商确定有关事项。

（九）计日工

需要采用计日工方式的，经发包人同意后，由监理人通知承包人以计日工计价方式实施相应的工作，其价款按列入已标价工程量清单或预算书中的计日工计价项目及其单价进行计算；已标价工程量清单或预算书中无相应的计日工单价的，按照合理的成本与利润构成的原则，由合同当事人按照《示范文本》第4.4款“商定或确定”确定计日工的单价。

采用计日工计价的任何一项工作，承包人应在该项工作实施过程中，每天提交以下报表和有关凭证报送监理人审查：工作名称、内容和数量；投入该工作的所有人员的姓名、专业、工种、级别和耗用工时；投入该工作的材料类别和数量；投入该工作的施工设备型号、台数和耗用台时；其他有关资料和凭证。

计日工由承包人汇总后，列入最近一期进度付款申请单，由监理人审查并经发包人批准后列入进度付款。

六、工程计量

（一）计量原则

工程量计量按照合同约定的工程量计算规则、图纸及变更指示等进行计量。工程量计算规则应以相关的国家标准、行业标准等为依据，由合同当事人在专用合同条款中约定。

（二）计量周期

除专用合同条款另有约定外，工程量的计量按月进行。

（三）单价合同的计量

除专用合同条款另有约定外，单价合同的计量按照以下约定执行：

（1）承包人应于每月25日向监理人报送上月20日至当月19日已完成的工程量报告，并附进度付款申请单、已完成工程量报表和有关资料。

（2）监理人应在收到承包人提交的工程量报告后 7 日内完成对承包人提交的工程量报表的审核并报送发包人，以确定当月实际完成的工程量。监理人对工程量有异议的，有权要求承包人进行共同复核或抽样复测。承包人应协助监理人进行复核或抽样复测，并按监理人要求提供补充计量资料。承包人未按监理人要求参加复核或抽样复测的，监理人复核或修正的工程量视为承包人实际完成的工程量。

（3）监理人未在收到承包人提交的工程量报表后的 7 日内完成审核的，承包人报送的工程量报告中的工程量视为承包人实际完成的工程量，据此计算工程价款。

（四）总价合同的计量

除专用合同条款另有约定外，按月计量支付的总价合同，按照本项约定执行：

（1）承包人应于每月 25 日向监理人报送上月 20 日至当月 19 日已完成的工程量报告，并附具进度付款申请单、已完成工程量报表和有关资料。

（2）监理人应在收到承包人提交的工程量报告后 7 日内完成对承包人提交的工程量报表的审核并报送发包人，以确定当月实际完成的工程量。监理人对工程量有异议的，有权要求承包人进行共同复核或抽样复测，承包人应协助监理人进行复核或抽样复测，并按监理人要求提供补充计量资料。承包人未按监理人要求参加复核或抽样复测的，监理人审核或修正的工程量视为承包人实际完成的工程量。

（3）监理人未在收到承包人提交的工程量报表后的 7 日内完成复核的，承包人提交的工程量报告中的工程量视为承包人实际完成的工程量。

总价合同采用支付分解表计量支付的，可以按照《示范文本》第 12.34 项“总价合同的计量”约定进行计量，但合同价款按照支付分解表进行支付。

（五）其他价格形式合同的计量

合同当事人可在专用合同条款中约定其他价格形式合同的计量方式和程序。

七、支付管理

（一）付款周期

除专用合同条款另有约定外，付款周期应按照《示范文本》第 12.3.2 项“计量周期”的约定与计量周期保持一致。

（二）进度付款申请单的编制

除专用合同条款另有约定外，进度付款申请单应包括下列内容：截至本次付款周期已完成工作对应的金额；根据《示范文本》第 10 条“变更”应增加和扣减的变更金额；根据《示范文本》第 122 款“预付款”约定应支付的预付款和扣减的返还预付款；根据《示范文本》第 15.3 款“质量保证金”约定应扣减的质量保证金；根据《示范文本》第 19 条“索赔应增加和扣减的索赔金额；对已签发的进度款支付证书中出现错误的修正，应在本次进度付款中支付或扣除的金额；根据合同约定应增加和扣减的其他金额。

（三）进度付款申请单的提交

1. 单价合同进度付款申请单的提交

单价合同的进度付款申请单，按照《示范文本》第 12.3.3 项“单价合同的计量”约定的时间按月向监理人提交，并附上已完成工程量报表和有关资料。单价合同中的总价项目按月进行支付分解，并汇总列入当期进度付款申请单。

2. 总价合同进度付款申请单的提交

总价合同按月计量支付的，承包人按照《示范文本》第12.3.4项“总价合同的计量”约定的时间按月向监理人提交进度付款申请单，并附上已完成工程量报表和有关资料。

总价合同按支付分解表支付的，承包人应按照示范文本第12.4.6项“支付分解表”及第12.4.2项“进度付款申请单的编制”的约定向监理人提交进度付款申请单。

3. 其他价格形式合同的进度付款申请单的提交

合同当事人可在专用合同条款中约定其他价格形式合同的进度付款申请单的编制和提交程序。

（四）进度款审核和支付

（1）除专用合同条款另有约定外，监理人应在收到承包人进度付款申请单以及相关资料后7日内完成审查并报送发包人，发包人应在收到后7日内完成审批并签发进度款支付证书。发包人逾期未完成审批且未提出异议的，视为已签发进度款支付证书。

发包人和监理人对承包人的进度付款申请单有异议的，有权要求承包人修正和提供补充资料，承包人应提交修正后的进度付款申请单。监理人应在收到承包人修正后的进度付款申请单及相关资料后7日内完成审查并报送发包人，发包人应在收到监理人报送的进度付款申请单及相关资料后7日内，向承包人签发无异议部分的临时进度款支付证书。存在争议的部分，按照《示范文本》第20条“争议解决”的约定处理。

（2）除专用合同条款另有约定外，发包人应在进度款支付证书或临时进度款支付证书签发后14日内完成支付，发包人逾期未支付进度款的，应按照中国人民银行发布的同期同类贷款基准利率支付违约金。

（3）发包人签发进度款支付证书或临时进度款支付证书，不表明发包人已同意、批准或接受了承包人完成的相应部分的工作。

（五）进度付款的修正

在对已签发的进度款支付证书进行阶段汇总和复核中发现错误遗漏或重复的，发包人和承包人均有权提出修正申请。经发包人和承包人同意的修正，应在下期进度付款中支付或扣除。

（六）支付分解表

1. 支付分解表的编制要求

（1）支付分解表中所列的每期付款金额，应为《示范文本》第12.4.2项“进度付款申请单的编制”第（1）条的估算金额。

（2）实际进度与施工进度计划不一致的，合同当事人可按照《示范文本》第4.4款“商定或确定”修改支付分解表。

（3）不采用支付分解表的，承包人应向发包人和监理人提交按季度编制的支付估算分解表，用于支付参考。

2. 总价合同支付分解表的编制与审批

（1）除专用合同条款另有约定外，承包人应根据《示范文本》第7.2款“施工进度计划”约定的施工进度计划、签约合同价和工程量等因素对总价合同按月进行分解，编制支付分解表，承包人应当在收到监理人和发包人批准的施工进度计划后7日内，将支付分解表及编制支付分解表的支持性资料报送监理人。

（2）监理人应在收到支付分解表后7日内完成审核并报送发包人。发包人应在收到经监理人审核的支付分解表后 7 日内完成审批，经发包人批准的支付分解表为有约束力的支付分解表。

（3）发包人逾期未完成支付分解表审批，也未及时要求承包人进行修正和提供补充资料的，则承包人提交的支付分解表视为已经获得发包人批准。

3. 单价合同的总价项目支付分解表的编制与审批

除专用合同条款另有约定外，单价合同的总价项目，由承包人根据施工进度计划和总价项的总价构成、费用性质、计划发生时间和相应工程量等因素按月进行分解，形成支付分解表，其编制与审批参照总价合同支付分解表的编制与审批执行。

（七）支付账户

发包人应将合同价款支付至合同协议书中约定的承包人账户。

八、不可抗力

（一）不可抗力的确认

不可抗力是指合同当事人在签订合同时不可预见，在合同履行过程中不可避免且不能克服的自然灾害和社会性突发事件，如地震、海啸、瘟疫、骚乱、戒严、暴动、战争和专用合同条款中约定的其他情形。

不可抗力发生后，发包人和承包人应收集证明不可抗力发生及不可抗力造成损失的证据，并及时认真统计所造成的损失。合同当事人对是否属于不可抗力或其损失的意见不一致的，由监理人按《示范文本》第 4.4 款“商定或确定”的约定处理。发生争议时，按《示范文本》第 20 条“争议解决”的约定处理。

（二）不可抗力的通知

合同一方当事人遇到不可抗力事件，使其履行合同义务受到阻碍时，应立即通知合同另一方当事人和监理人，书面说明不可抗力和受阻碍的详细情况，并提供必要的证明。

不可抗力持续发生的，合同一方当事人应及时向合同另一方当事人和监理人提交中间报告，说明不可抗力和履行合同受阻的情况，并于不可抗力事件结束后 28 日内提交最终报告及有关资料。

（三）不可抗力后果的承担

不可抗力引起的后果及造成的损失由合同当事人按照法律规定及合同约定各自承担。不可抗力发生前已完成的工程应当按照合同约定进行计量支付。

不可抗力导致的人员伤亡财产损失、费用增加和（或）工期延误等后果，由合同当事人按以下原则承担：

（1）永久工程，包括已运至施工现场的材料和工程设备的损坏，以及因工程损坏造成的第三者人员伤亡和财产损失由发包人承担。

（2）承包人施工设备的损坏由承包人承担。

（3）发包人和承包人各自承担其人员伤亡和财产的损失及其相关费用。

（4）因不可抗力影响承包人履行合同约定的义务，已经引起或将引起工期延误的，应当顺延工期，由此导致承包人停工的费用损失由发包人和承包人合理分担。

（5）因不可抗力引起或将引起工期延误，发包人要求赶工的，由此增加的赶工费用由发包人承担。

（6）承包人在停工期间按照发包人要求照管、清理和修复工程的费用由发包人承担。

不可抗力发生后，合同当事人均应采取措施尽量避免和减少损失的扩大，任何一方当事人没有采取有效措施导致损失扩大的，应对扩大的损失承担责任。

因合同一方延迟履行合同义务，在延迟履行期间遭遇不可抗力的，不免除其违约责任。

（四）因不可抗力解除合同

因不可抗力导致合同无法履行连续超过84日或累计超过140日的，发包人和承包人均有权解除合同。合同解除后，由双方当事人按照《示范文本》第4.4款“商定或确定”商定或确定发包人应支付的款项，该款项包括：

（1）合同解除前承包人已完成工作的价款。

（2）承包人为工程订购的并已交付给承包人，或承包人有责任接受交付的材料、工程设备和其他物品的价款。

（3）发包人要求承包人退货或解除订货合同而产生的费用，或因不能退货或解除合同而产生的损失。

（4）承包人撤离施工现场以及遣散承包人人员的费用。

（5）按照合同约定在合同解除前应支付给承包人的其他款项。

（6）扣减承包人按照合同约定应向发包人支付的款项。

（7）双方商定或确定的其他款项。

除专用合同条款另有约定外，合同解除后，发包人应在商定或确定上述款项后28日内完成上述款项的支付。

九、安全文明施工

（一）安全生产要求

合同履行期间，合同当事人均应当遵守国家和工程所在地有关安全生产的要求，合同当事人有特别要求的，应在专用合同条款中明确施工项目安全生产标准化达标目标及相应事项，承包人有权拒绝发包人及监理人强令承包人违章作业、冒险施工的任何指示。

在施工过程中，如遇到突发的地质变动、事先未知的地下施工障碍等影响施工安全的紧急情况，承包人应及时报告监理人和发包人，发包人应当及时下令停工并报政府有关行政管理部门采取应急措施。

因安全生产需要暂停施工的，按照《示范文本》第7.8款“暂停施工”的约定执行。

（二）安全生产保证措施

承包人应当按照有关规定编制安全技术措施或者专项施工方案，建立安全生产责任制度、治安保卫制度及安全生产教育培训制度，并按安全生产法律规定及合同约定履行安全职责，如实编制工程安全生产的有关记录，接受发包人、监理人及政府安全监督部门的检查与监督。

（三）特别安全生产事项

承包人应按照法律规定进行施工，开工前做好安全技术交底工作，施工过程中做好各项安全防护措施。承包人为实施合同而雇用的特殊工种的人员应受过专门的培训并已取得政府有关管理机构颁发的上岗证书。

承包人在动力设备、输电线路、地下管道、密封防震车间、易燃易爆地段以及临街交通要道附近施工时，施工开始前应向发包人和监理人提出安全防护措施，经发包人认可后实施。

实施爆破作业，在放射、毒害性环境中施工（含储存、运输、使用）及使用毒害性、腐蚀性物品施工时，承包人应在施工前7日以书面通知发包人和监理人，并报送相应的安全防护措施经发包人认可后实施。

需单独编制危险性较大分部分项专项工程施工方案的，以及要求进行专家论证的超过一定规模的危险性较大的分部分项工程，承包人应及时编制和组织论证。

（四）治安保卫

除专用合同条款另有约定外，发包人应与当地公安部门协商，在现场建立治安管理机构或联防组织，统一管理施工场地的治安保卫事项，履行合同工程的治安保卫职责。

发包人和承包人除应协助现场治安管理机构或联防组织维护施工场地的社会治安外，还应做好包括生活区在内的各自管辖区的治安保卫工作。

除专用合同条款另有约定外，发包人和承包人应在工程开工后 7 日内共同编制施工场地治安管理计划，并制订应对突发治安事件的紧急预案。在工程施工过程中，发生暴乱、爆炸等恐怖事件，以及群殴、械斗等群体性突发治安事件的，发包人和承包人应立即向当地政府报告。发包人和承包人应积极协助当地有关部门采取措施平息事态，防止事态扩大，尽量避免人员伤亡和财产损失。

（五）文明施工

承包人在工程施工期间，应当采取措施保持施工现场平整，物料堆放整齐。工程所在地有关政府行政管理部门有特殊要求的，按照其要求执行。合同当事人对文明施工有其他要求的，可以在专用合同条款中明确。

在工程移交之前，承包人应当从施工现场清除承包人的全部工程设备、多余材料、垃圾和各种临时工程，并保持施工现场清洁整齐。经发包人书面同意，承包人可在发包人指定的地点保留承包人履行保修期内的各项义务所需要的材料、施工设备和临时工程。

（六）安全文明施工费

安全文明施工费由发包人承担，发包人不得以任何形式扣减该部分费用。因基准日期后合同所适用的法律或政府有关规定发生变化，增加的安全文明施工费由发包人承担。

承包人经发包人同意采取合同约定以外的安全措施所产生的费用，由发包人承担。未经发包人同意的，如果该措施避免了发包人的损失，则发包人在避免损失的额度内承担该措施费。如果该措施避免了承包人的损失，由承包人承担该措施费。

除专用合同条款另有约定外，发包人应在开工后 28 日内预付安全文明施工费总额的 50%，其余部分与进度款同期支付。发包人逾期支付安全文明施工费超过 7 日的，承包人有权向发包人发出要求预付的催告通知，发包人收到通知后 7 日内仍未支付的，承包人有权暂停施工，并按《示范文本》第 16.1.1 项“发包人违约的情形”执行。

承包人对安全文明施工费应专款专用，承包人应在财务账目中单独列项备查，不得挪作他用，否则发包人有权责令其限期改正。逾期未改正的，可以责令其暂停施工，由此增加的费用和（或）延误的工期由承包人承担。

（七）紧急情况处理

在工程实施期间或缺陷责任期内发生危及工程安全的事件，监理人通知承包人进行抢救，承包人声明无能力或不愿立即执行的，发包人有权雇佣其他人员进行抢救。此类抢救按合同约定属于承包人义务的，由此增加的费用和（或）延误的工期由承包人承担。

（八）事故处理

工程施工过程中发生事故的，承包人应立即通知监理人，监理人应立即通知发包人。发包人和承包人应立即组织人员和设备进行紧急抢救和抢修，减少人员伤亡和财产损失，防止事故扩大，并保护事故现场。需要移动现场物品时，应做出标记和书面记录，妥善保管有关证据。发包人和承包人应按国家有关规定，及时如实地向有关部门报告事故发生的情况，以及正在采取的紧急措施等。

（九）安全生产责任

1．发包人的安全责任

发包人应负责赔偿以下各种情况造成的损失：

（1）工程或工程的任何部分对土地的占用所造成的第三者财产损失。

（2）由于发包人原因在施工场地及其毗邻地带造成的第三者人身伤亡和财产损失。

（3）由于发包人原因对承包人、监理人造成的人员人身伤亡和财产损失。

（4）由于发包人原因造成的发包人自身人员的人身伤害以及财产损失。

2．承包人的安全责任

由于承包人原因在施工场地内及其毗邻地带造成的发包人、监理人以及第三者人员伤亡和财产损失，由承包人负责赔偿。

十、职业健康和环境保护

（一）职业健康

1．劳动保护

承包人应按照法律规定安排现场施工人员的劳动和休息时间，保障劳动者的休息时间，并支付合理的报酬和费用。承包人应依法为其履行合同所雇用的人员办理必要的证件、许可、保险和注册等，承包人应督促其分包人为分包人所雇用的人员办理必要的证件、许可、保险和注册等。

承包人应按照法律规定保障现场施工人员的劳动安全，并提供劳动保护，并应按国家有关劳动保护的规定，采取有效的防止粉尘、降低噪声、控制有害气体和保障高温、高寒、高空作业安全等劳动保护措施。承包人雇佣人员在施工中受到伤害的，承包人应立即采取有效措施进行抢救和治疗。

承包人应按法律规定安排工作时间，保证其雇佣人员享有休息和休假的权利。因工程施工的特殊需要占用休假日或延长工作时间的，应不超过法律规定的限度，并按法律规定给予补休或付酬。

2．生活条件

承包人应为其履行合同所雇用的人员提供必要的膳宿条件和生活环境；承包人应采取有效措施预防传染病，保证施工人员的健康，并定期对施工现场、施工人员生活基地和工程进行防疫和卫生的专业检查和处理，在远离城镇的施工场地，还应配备必要的伤病防治和急救的医务人员与医疗设施。

（二）环境保护

承包人应在施工组织设计中列明环境保护的具体措施。在合同履行期间，承包人应采取合理措施保护施工现场环境。对施工作业过程中可能引起的大气、水、噪声以及固体废物污染采取具体可行的防范措施。

承包人应当承担因其原因引起的环境污染侵权损害赔偿责任，因上述环境污染引起纠纷而导致暂停施工的，由此增加的费用和（或）延误的工期由承包人承担。

第五节　建设工程竣工阶段的合同管理

一、工程试车

（一）试车程序

工程需要试车的除专用合同条款另有约定外，试车内容应与承包人承包范围相一致，试车费用由承包人承担。工程试车应按如下程序进行：

（1）具备单机无负荷试车条件，承包人组织试车，并在试车前48h书面通知监理人，通知中应载明试车内容、时间、地点。承包人准备试车记录，发包人根据承包人要求为试车提供必要条件。试车合格的，监理人在试车记录上签字。监理人在试车合格后不在试车记录上签字的，自试车结束满24h后视为监理人已经认可试车记录，承包人可继续施工或办理竣工验收手续。

监理人不能按时参加试车的，应在试车前24h以书面形式向承包人提出延期要求，但延期不能超过 48h，由此导致工期延误的，工期应予以顺延。监理人未能在前述期限内提出延期要求，又不参加试车的，视为认可试车记录。

（2）具备无负荷联动试车条件，发包人组织试车，并在试车前48h以书面形式通知承包人。通知中应载明试车内容、时间、地点和对承包人的要求，承包人按要求做好准备工作。试车合格的，合同当事人在试车记录上签字。承包人无正当理由不参加试车的，视为认可试车记录。

（二）试车中的责任

因设计原因导致试车达不到验收要求的，发包人应要求设计人修改设计，承包人按修改后的设计重新安装。发包人承担修改设计、拆除及重新安装的全部费用，工期相应顺延。因承包人原因导致试车达不到验收要求的，承包人按监理人要求重新安装和试车，并承担重新安装和试车的费用，工期不予顺延。

因工程设备制造原因导致试车达不到验收要求的，由采购该工程设备的合同当事人负责重新购置或修理，承包人负责拆除和重新安装，由此增加的修理、重新购置、拆除及重新安装的费用及延误的工期由采购该工程设备的合同当事人承担。

（三）投料试车

如需进行投料试车的，发包人应在工程竣工验收后组织投料试车。发包人要求在工程竣工验收前进行或需要承包人配合时，应征得承包人同意，并在专用合同条款中约定有关事项。

投料试车合格的，费用由发包人承担；因承包人原因造成投料试车不合格的，承包人应按照发包人要求进行整改，由此产生的整改费用由承包人承担；非因承包人原因导致投料试车不合格的，如发包人要求承包人进行整改的，由此产生的费用由发包人承担。

二、验收

（一）分部分项工程验收

（1）分部分项工程质量应符合国家有关工程施工验收规范、标准及合同约定，承包人应按照施工组织设计的要求完成分部分项工程施工。

（2）除专用合同条款另有约定外，分部分项工程经承包人自检合格并具备验收条件的，承包人应提前48h通知监理人进行验收。监理人不能按时进行验收的，应在验收前24h向承包人提交书面延期要求，但延期不能超过 48h。监理人未按时进行验收，也未提出延期要求的，承包人有权自行验收，监理人应认可验收结果。分部分项工程未经验收的，不得进入下道工序施工。

（3）分部分项工程的验收资料应当作为竣工资料的组成部分。

（二）竣工验收

1. 竣工验收条件

工程具备以下条件的，承包人可以申请竣工验收：

（1）除发包人同意的甩项工作和缺陷修补工作外，合同范围内的全部工程以及有关工作，包括合同要求的试验、试运行以及检验均已完成，并符合合同要求。

（2）合同约定编制了甩项工作和缺陷修补工作清单以及相应的施工计划。

（3）已按合同约定的内容和份数备齐竣工资料。

2. 竣工验收程序

除专用合同条款另有约定外，承包人申请竣工验收的，应当按照以下程序进行：

（1）承包人向监理人报送竣工验收申请报告，监理人应在收到后 14 日内完成审查并报送发包人。监理人审查后认为尚不具备验收条件的，应通知承包人在竣工验收前还需完成的工作内容，承包人应在完成监理人通知的全部工作内容后，再次提交竣工验收申请报告。

（2）监理人审查后认为已具备竣工验收条件的，应将竣工验收申请报告提交发包人，发包人应在收到后 28 日内审批完毕并组织监理人、承包人、设计人等相关单位完成竣工验收。

（3）竣工验收合格的，发包人应在验收合格后 14 日内向承包人签发工程接收证书。发包人无正当理由逾期不颁发工程接收证书的，自验收合格后第 15 日起视为已颁发工程接收证书。

（4）竣工验收不合格的，监理人应按照验收意见发出指示，要求承包人对不合格工程进行返工修复或采取其他补救措施，由此增加的费用和（或）延误的工期由承包人承担。承包人在完成不合格工程的返工、修复或采取其他补救措施后，应重新提交竣工验收申请报告，并按本项约定的程序重新进行验收。

（5）工程未经验收或验收不合格，发包人擅自使用的，应在转移占有工程后 7 日内向承包人颁发工程接收证书；发包人无正当理由逾期不颁发工程接收证书的，自转移占有后第 15 日起视为已颁发工程接收证书。

除专用合同条款另有约定外，发包人不按照本项约定组织竣工验收、颁发工程接收证书的，每逾期 1 日，应以签约合同价为基数，按照中国人民银行发布的同期同类贷款基准利率支付违约金。

3. 竣工日期

工程经竣工验收合格的，以承包人提交竣工验收申请报告之日为实际竣工日期，并在工程接收证书中载明；因发包人原因，未在监理人收到承包人提交的竣工验收申请报告 42 日内完成竣工验收，或完成竣工验收不予签发工程接收证书的，以提交竣工验收申请报告的日期为实际竣工日期；工程未经竣工验收，发包人擅自使用的，以转移占有工程之日为实际竣工日期。

4. 拒绝接收全部或部分工程

对于竣工验收不合格的工程，承包人完成整改后，应当重新进行竣工验收，经重新组织验收仍不合格且无法采取措施补救的，则发包人可以拒绝接收不合格工程。因不合格工程导致其他工程不能正常使用的，承包人应采取措施确保相关工程的正常使用，由此增加的费用和（或）延误的工期由承包人承担。

5. 移交、接收全部与部分工程

除专用合同条款另有约定外，合同当事人应当在颁发工程接收证书后7日内完成工程的移交。

发包人无正当理由不接收工程的，发包人自应当接收工程之日起，承担工程照管、成品保护、保管等与工程有关的各项费用，合同当事人可以在专用合同条款中另行约定发包人逾期接收工程的违约责任。

承包人无正当理由不移交工程的，承包人应承担工程照管、成品保护、保管等与工程有关的各项费用，合同当事人可以在专用合同条款中另行约定承包人无正当理由不移交工程的违约责任。

（三）提前交付单位工程的验收

（1）发包人需要在工程竣工前使用单位工程的，或承包人提出提前交付已经竣工的单位工程且经发包人同意的，可进行单位工程验收，验收的程序按照《示范文本》第13.2款“竣工验收”的约定进行。

验收合格后，由监理人向承包人出具经发包人签认的单位工程接收证书。已签发单位工程接收证书的单位工程由发包人负责照管。单位工程的验收成果和结论作为整体工程竣工验收申请报告的附件。

（2）发包人要求在工程竣工前交付单位工程，由此导致承包人费用增加和（或）工期延误的，由发包人承担由此增加的费用和（或）延误的工期，并支付承包人合理的利润。

三、施工期运行和竣工退场

（一）施工期运行

施工期运行是指合同工程尚未全部竣工，其中某项或某几项单位工程或工程设备安装已竣工，根据专用合同条款约定，需要投入施工期运行的，经发包人按《示范文本》第13.4款“提前交付单位工程的验收”的约定验收合格，证明能确保安全后，才能在施工期投入运行。

在施工期运行中发现工程或工程设备损坏或存在缺陷的，由承包人按《示范文本》第15.2款“缺陷责任期”约定进行修复。

（二）竣工退场

颁发工程接收证书后，承包人应按以下要求对施工现场进行清理：

（1）施工现场内残留的垃圾已全部清除出场。

（2）临时工程已拆除，场地已进行清理、平整或复原。

（3）按合同约定应撤离的人员、承包人施工设备和剩余的材料，包括废弃的施工设备和材料，已按计划撤离施工现场。

（4）施工现场周边及其附近道路、河道的施工堆积物已全部清理。

（5）施工现场其他场地清理工作已全部完成。

施工现场的竣工退场费用由承包人承担。承包人应在专用合同条款约定的期限内完成竣工退场，逾期未完成的，发包人有权出售或另行处理承包人遗留的物品，由此支出的费用由承包人承担，发包人出售承包人遗留物品所得款项在扣除必要费用后应返还承包人。

（三）地表还原

承包人应按发包人要求恢复临时占地及清理场地，承包人未按发包人的要求恢复临时占地，或者场地清理未达到合同约定要求的，发包人有权委托其他人恢复或清理，所发生的费用由承包人承担。

四、缺陷责任与保修

（一）工程保修的原则

在工程移交发包人后，因承包人原因产生的质量缺陷，承包人应承担质量缺陷责任和保修义务。缺陷责任期届满，承包人仍应按合同约定的工程各部位保修年限承担保修义务。

（二）缺陷责任期

（1）缺陷责任期从工程通过竣工验收之日起计算，合同当事人应在专用合同条款约定缺陷责任期的具体期限，但该期限最长不超过 24 个月。

单位工程先于全部工程进行验收，经验收合格并交付使用的，该单位工程缺陷责任期自单位工程验收合格之日起算。因承包人原因导致工程无法按合同约定期限进行竣工验收的，缺陷责任期从实际通过竣工验收之日起计算。因发包人原因导致工程无法按合同约定期限进行竣工验收的，在承包人提交竣工验收报告 90 日后，工程自动进入缺陷责任期；发包人未经竣工验收擅自使用工程的，缺陷责任期自工程转移占有之日起开始计算。

（2）缺陷责任期内，由承包人原因造成的缺陷，承包人应负责维修，并承担鉴定及维修费用。如承包人不维修也不承担费用，发包人可按合同约定从保证金或银行保函中扣除，费用超出保证金额的，发包人可按合同约定向承包人进行索赔。承包人维修并承担相应费用后，不免除对工程的损失赔偿责任。发包人有权要求承包人延长缺陷责任期，并应在原缺陷责任期届满前发出延长通知。但缺陷责任期（含延长部分）最长不能超过 24 个月。

由他人原因造成的缺陷，发包人负责组织维修，承包人不承担费用，且发包人不得从保证金中扣除费用。

（3）任何一项缺陷或损坏修复后，经检查证明其影响了工程或工程设备的使用性能，承包人应重新进行合同约定的试验和试运行，试验和试运行的全部费用应由责任方承担。

（4）除专用合同条款另有约定外，承包人应于缺陷责任期届满后 7 日内向发包人发出缺陷责任期届满通知，发包人应在收到缺陷责任期满通知后 14 日内核实承包人是否履行缺陷修复义务，承包人未能履行缺陷修复义务的，发包人有权扣除相应金额的维修费用。发包人应在收到缺陷责任期届满通知后 14 日内，向承包人颁发缺陷责任期终止证书。

（三）质量保证金

经合同当事人协商一致扣留质量保证金的，应在专用合同条款中予以明确。

在工程项目竣工前，承包人已经提供履约担保的，发包人不得同时预留工程质量保证金。

（1）承包人提供质量保证金有以下三种方式：①质量保证金保函；②相应比例的工程款；③双方约定的其他方式。

除专用合同条款另有约定外，质量保证金原则上采用上述第①种方式。

（2）质量保证金的扣留有以下三种方式：①在支付工程进度款时逐次扣留，在此情形下，质量保证金的计算基数不包括预付款的支付、扣回以及价格调整的金额；②工程竣工结算时一次性扣留质量保证金；③双方约定的其他扣留方式。

除专用合同条款另有约定外，质量保证金的扣留原则上采用上述第①种方式。

发包人累计扣留的质量保证金不得超过工程价款结算总额的 3%，如承包人在发包人签发竣工付款证书后 28 日内提交质量保证金保函，发包人应同时退还扣留的作为质量保证金的工程价款；保函金额不得超过工程价款结算总额的3%。

（3）发包人在退还质量保证金的同时，按照中国人民银行发布的同期同类贷款基准利率支付利息。

（四）保修

1. 保修责任

工程保修期从工程竣工验收合格之日起算，具体分部分项工程的保修期由合同当事人在专用合同条款中约定，但不得低于法定最低保修年限。在工程保修期内，承包人应当根据有关法律规定以及合同约定承担保修责任。

发包人未经竣工验收擅自使用工程的，保修期自转移占有之日起算。

2. 修复费用

保修期内，修复的费用按照以下约定处理：

（1）保修期内，因承包人原因造成工程的缺陷、损坏，承包人应负责修复，并承担修复的费用以及因工程的缺陷、损坏造成的人身伤害和财产损失。

（2）保修期内，因发包人使用不当造成工程的缺陷、损坏，可以委托承包人修复，但发包人应承担修复的费用，并支付承包人合理利润。

（3）因其他原因造成工程的缺陷、损坏，可以委托承包人修复，发包人应承担修复的费用，并支付承包人合理的利润，因工程的峡陷、损坏造成的人身伤害和财产损失由责任方承担。

3. 修复通知

在保修期内，发包人在使用过程中发现已接收的工程存在缺陷或损坏的，应书面通知承包人予以修复，但情况紧急必须立即修复缺陷或损坏的，发包人可以口头通知承包人并在口头通知后48h内书面确认，承包人应在专用合同条款约定的合理期限内到达工程现场并修复缺陷或损坏。

4. 未能修复

因承包人原因造成工程的缺陷或损坏，承包人拒绝维修或未能在合理期限内修复缺陷或损坏，且经发包人书面催告后仍未修复的，发包人有权自行修复或委托第三方修复，所需费用由承包人承担。但修复范围超出缺陷或损坏范围的，超出范围部分的修复费用由发包人承担。

5. 承包人出入权

在保修期内，为了修复缺陷或损坏，承包人有权出入工程现场，除情况紧急必须立即修复缺陷或损坏外，承包人应提前24h通知发包人进场修复的时间。承包人进入工程现场前应获得发包人同意，且不应影响发包人正常的生产经营，并应遵守发包人有关保安和保密等规定。

五、竣工结算

（一）竣工结算申请

除专用合同条款另有约定外，承包人应在工程竣工验收合格后28日内向发包人和监理人提交竣工结算申请单，并提交完整的结算资料，有关竣工结算申请单的资料清单和份数等要求由合同当事人在专用合同条款中约定。

除专用合同条款另有约定外，竣工结算申请单应包括以下内容：

（1）竣工结算合同价格。

（2）发包人已支付承包人的款项。

（3）应扣留的质量保证金。已缴纳履约保证金的或提供其他工程质量担保方式的除外。

（4）发包人应支付承包人的合同价款。

（二）竣工结算审核

（1）除专用合同条款另有约定外，监理人应在收到竣工结算申请单后 14 日内完成核查并报送发包人。发包人应在收到监理人提交的经审核的竣工结算申请单后 14 日内完成审批，并由监理人向承包人签发经发包人签认的竣工付款证书。监理人或发包人对竣工结算申请单有异议的，有权要求承包人进行修正和提供补充资料，承包人应提交修正后的竣工结算申请单。

发包人在收到承包人提交竣工结算申请书后 28 日内未完成审批且未提出异议的，视为发包人认可承包人提交的竣工结算申请单，并自发包人收到承包人提交的竣工结算申请单后第 29 日起视为已签发竣工付款证书。

（2）除专用合同条款另有约定外，发包人应在签发竣工付款证书后的 14 日内，完成对承包人的竣工付款。发包人逾期支付的，按照中国人民银行发布的同期同类贷款基准利率支付违约金；逾期支付超过 56 日的，按照中国人民银行发布的同期同类贷款基准利率的两倍支付违约金。

（3）承包人对发包人签认的竣工付款证书有异议的，对于有异议部分应在收到发包人签认的竣工付款证书后 7 日内提出异议，并由合同当事人按照专用合同条款约定的方式和程序进行复核，或按照《示范文本》第 20 条“争议解决”约定处理。对于无异议部分，发包人应签发临时竣工付款证书，并按本款第（2）项完成付款。承包人逾期未提出异议的，视为认可发包人的审批结果。

（三）甩项竣工协议

发包人要求甩项竣工的，合同当事人应签订甩项竣工协议。在甩项竣工协议中应明确，合同当事人按照《示范文本》第 14.1 款“竣工结算申请”及 14.2 款“竣工结算审核”的约定，对已完合格工程进行结算，并支付相应合同价款。

（四）最终结清

1. 最终结清申请单

（1）除专用合同条款另有约定外，承包人应在缺陷责任期终止证书颁发后 7 日内，按专用合同条款约定的份数向发包人提交最终结清申请单，并提供相关证明材料除。

专用合同条款另有约定外，最终结清申请单应列明质量保证金、应扣除的质量保证金缺陷责任期内发生的增减费用。

（2）发包人对最终结清申请单内容有异议的，有权要求承包人进行修正和提供补充资料，承包人应向发包人提交修正后的最终结清申请单。

2. 最终结清证书和支付

（1）除专用合同条款另有约定外，发包人应在收到承包人提交的最终结清申请单后 14 日内完成审批并向承包人颁发最终结清证书。发包人逾期未完成审批，又未提出修改意见的，视为发包人同意承包人提交的最终结清申请单，且自发包人收到承包人提交的最终结清申请单后 15 日起视为已颁发最终结清证书。

（2）除专用合同条款另有约定外，发包人应在颁发最终结清证书后 7 日内完成支付。发包人逾期支付的，按照中国人民银行发布的同期同类贷款基准利率支付违约金；逾期支付超过56日的，按照中国人民银行发布的同期同类贷款基准利率的两倍支付违约金。

（3）承包人对发包人颁发的最终结清证书有异议的，按《示范文本》第二部分第20条“争议解决”的约定办理。

六、发包人违约

（一）发包人违约的情形

在合同履行过程中发生的下列情形，属于发包人违约：

（1）因发包人原因未能在计划开工日期前7日内下达开工通知。

（2）因发包人原因未能按合同约定支付合同价款。

（3）发包人违反《示范文本》第10.1款“变更的范围”第（2）项约定，自行实施被取消的工作或转由他人实施。

（4）发包人提供的材料、工程设备的规格、数量或质量不符合合同约定，或因发包人原因导致交货日期延误或交货地点变更等情况。

（5）因发包人违反合同约定造成暂停施工。

（6）发包人无正当理由没有在约定期限内发出复工指示，导致承包人无法复工。

（7）发包人明确表示或者以其行为表明不履行合同主要义务。

（8）发包人未能按照合同约定履行其他义务。

发包人发生除本项第（7）条以外的违约情况时，承包人可向发包人发出通知，要求发包人采取有效措施纠正违约行为。发包人收到承包人通知后28日内仍不纠正违约行为的，承包人有权暂停相应部位工程施工，并通知监理人。

（二）发包人违约的责任

发包人应承担因其违约给承包人增加的费用和（或）延误的工期，并支付承包人合理的利润。此外，合同当事人可在专用合同条款中另行约定发包人违约责任的承担方式和计算方法。

（三）因发包人违约解除合同

除专用合同条款另有约定外，承包人按《示范文本》第16.1.1项“发包人违约的情形”约定暂停施工满28日后，发包人仍不纠正其违约行为并致使合同目的不能实现，或出现《示范文本》第16.1.1项“发包人违约的情形”第（7）条约定的违约情况，承包人有权解除合同，发包人应承担由此增加的费用，并支付承包人合理的利润。

（四）因发包人违约解除合同后的付款

承包人按照本款约定解除合同的，发包人应在解除合同后28日内支付下列款项，并解除履约担保：

（1）合同解除前所完成工作的价款。

（2）承包人为工程施工订购并已付款的材料、工程设备和其他物品的价款。

（3）承包人撤离施工现场以及遣散承包人人员的款项。

（4）按照合同约定在合同解除前应支付的违约金。

（5）按照合同约定应退还的质量保证金。

（6）因解除合同给承包人造成的损失。

合同当事人未能就解除合同后的结清款项达成一致的，按照《示范文本》第二部分第20

条“争议解决”的约定处理。

承包人应妥善做好已完工程和与工程有关的已购材料、工程设备的保护和移交工作，并将施工设备和人员撤出施工现场，发包人应为承包人撤出提供必要条件。

七、承包人违约

（一）承包人违约的情形

在合同履行过程中发生的下列情形，属于承包人违约：

（1）承包人违反合同约定进行转包或违法分包。

（2）承包人违反合同约定采购和使用不合格的材料和工程设备。

（3）因承包人原因导致工程质量不符合合同要求。

（4）承包人违反《示范文本》第 8.9 款“材料与设备专用要求”的约定，未经批准，私自将已按照合同约定进入施工现场的材料或设备撤离施工现场。

（5）承包人未能按施工进度计划及时完成合同约定的工作，造成工期延误。

（6）承包人在缺陷责任期及保修期内，未能在合理期限对工程缺陷进行修复，或拒绝按发包人要求进行修复。

（7）承包人明确表示或者以其行为表明不履行合同主要义务。

（8）承包人未能按照合同约定履行其他义务。

承包人发生除本项第（7）条约定以外的其他违约情况时，监理人可向承包人发出整改通知，要求其在指定的期限内改正。

（二）承包人违约的责任

承包人应承担因其违约行为而增加的费用和（或）延误的工期。此外，合同当事人可在专用合同条款中另行约定承包人违约责任的承担方式和计算方法。

（三）因承包人违约解除合同

除专用合同条款另有约定外，出现《示范文本》第 16.2.1 项“承包人违约的情形”第（7）条约定的违约情况时，或监理人发出整改通知后，承包人在指定的合理期限内仍不纠正违约行为并致使合同目的不能实现的，发包人有权解除合同。合同解除后，因继续完成工程的需要，发包人有权使用承包人在施工现场的材料、设备、临时工程、承包人文件和由承包人或以其名义编制的其他文件，合同当事人应在专用合同条款约定相应费用的承担方式。发包人继续使用的行为不免除或减轻承包人应承担的违约责任。

（四）因承包人违约解除合同后的处理

因承包人原因导致合同解除的，则合同当事人应在合同解除后 28 日内完成估价付款和清算，并按以下约定执行：

（1）合同解除后，按《示范文本》第 44 条“商定或确定”商定或确定承包人实际完成工作对应的合同价款，以及承包人已提供的材料、工程设备、施工设备和临时工程等的价值。

（2）合同解除后，承包人应支付的违约金。

（3）合同解除后，因解除合同给发包人造成的损失。

（4）合同解除后，承包人应按照发包人要求和监理人的指示完成现场的清理和撤离。

（5）发包人和承包人应在合同解除后进行清算，出具最终结清付款证书，结清全部款项。

因承包人违约解除合同的发包人有权暂停对承包人的付款，查清各项付款和已扣款项发包人和承包人未能就合同解除后的清算和款项支付达成一致的，按照《示范文本》第二部分

第 20 条“争议解决”的约定处理。

（五）采购合同权益转让

因承包人违约解除合同的，发包人有权要求承包人将其为实施合同而签订的材料和设备的采购合同的权益转让给发包人，承包人应在收到解除合同通知后 14 日内，协助发包人与采购合同的供应商达成相关的转让协议。

（六）第三人造成的违约

在履行合同过程中，一方当事人因第三人的原因造成违约的，应当向对方当事人承担违约责任。一方当事人和第三人之间的纠纷，依照法律规定或者按照约定解决。

本章综合案例

案例 1 某建设工程施工合同管理

某建设单位（甲方）拟建造一栋 $3600m^2$ 的职工住宅楼，采用工程量清单招标方式，由某施工单位（乙方）承建。甲乙双方签订的施工合同摘要如下：

一、协议书中的部分条款

（1）本协议书与以下文件一起构成合同文件：①中标通知书；②投标函及投标函附录；③专用合同条款；④通用合同条款；⑤技术标准和要求；⑥图纸；⑦已标价工程量清单；⑧其他合同文件。

（2）上述文件互相补充和解释，如有不明确或不一致之处，以合同约定在先者为准。

（3）签约合同价：人民币（大写）陆佰捌拾玖万元（¥6890000.00 元）。

（4）承包人项目经理：在开工前由承包人采用内部竞聘方式确定。

（5）工程质量：甲方规定的质量标准。

二、专用条款中有关合同价款的条款

（一）合同价款及其调整

本合同价款采用总价合同方式确定，除如下约定外，合同价款不得调整。

（1）当工程量清单项目工程量的变化幅度在 10%以内时，其综合单价不做调整，执行原有综合单价。

（2）当工程量清单项目工程量的变化幅度在 10%以外，且其影响分部分项工程费超过 0.1%时，其综合单价以及对应的措施项目费可做调整。调整方法为：由上述监理人对增加的工程量或减少后剩余的工程量测算出新的综合单价和措施项目费，经发包人确认后调整。

（3）当材料价格上涨超过 5%，机械使用费上涨超过 10%时，可以调整。调整方法为：按实际市场价格调整。

（二）合同价款的支付

（1）工程预付款：于开工之日支付合同总价的 10%作为预付款。工程实施后，预付款从工程后期进度款中扣回。

（2）工程进度款：基础工程完成后，支付合同总价的 10%，主体结构三层完成后，支付合同总价的 20%，主体结构全部封顶后，支付合同总价的 20%，工程基本竣工时，支付合同总价的 30%，为确保工程如期竣工，乙方不得因甲方的暂时不到位而停工和(或）

拖延工期。

（3）竣工结算：工程竣工验收后，进行竣工结算。结算时按全部工程造价的 3%扣留工程质量保证金。在保修期（50 年）满后，质量保证金机器利息扣除已支出费用后的剩余部分退还给乙方。

三、补充协议条款

在上述施工合同协议条款签订后，甲乙双方又接着签订了补充施工合同协议条款，摘要如下：

补充 1：木门窗均用水曲柳板包门套装；

补充 2：铝合金窗 90 系列改用 42 型系列某铝合金厂产品；

补充 3：挑阳台均采用 42 型系列某铝合金厂铝合金窗封闭。

【问题】

1. 按计价方式不同，建设工程施工合同分为哪些类型？对实行工程量清单计价的工程，适宜采用何种类型？本案例采用总价合同方式是否违法？

2. 该合同签订的条款有哪些不妥之处？应如何修改？

3. 对合同中未规定的承包商义务，合同实施过程中又必须进行的工程内容，承包商应如何处理？

评析：

本案例为根据《中华人民共和国标准施工招标文件》（2007 版）给出的合同条款及格式和《建设工程工程量清单计价规范》（GB 50500—2013）中有关工程合同价款的规定、支付、调整的内容涉及的案例，主要涉及：建设工程施工合同计价方式；合同条款签订中易发生争议的若干问题；施工过程中出现合同未规定的承包商义务，但又必须进行的工程内容，承包商应如何处理；根据建设部、财政部颁布的《关于印发〈建设工程质量保证金管理暂行办法〉的通知》[建质（2005）7 号] 的规定，处理工程质量保证金返还问题。

答案：

问题 1：按计价方式不同，建设工程施工合同分为：总价合同；单价合同；成本加酬金合同。

根据《建设工程工程量清单计价规范》（GB 50500—2013）的规定，对实行工程量清单计价的工程，宜采用单价合同方式。

本案例所涉及的是一般住宅工程，且工程规模不大，可以采用总价合同方式，并不违法，因为《建设工程工程量清单计价规范》（GB 50500—2013）并未强制性规定采用单价合同方式。

问题 2：该合同条款存在的不妥之处及其修改如下：

（1）承包人在开工前采用内部竞聘方式确定项目经理不妥。应明确为投标文件中拟定的项目经理，如果项目经理人选发生变动，应该征得监理人和（或）甲方同意。

（2）工程质量标准为甲方规定的质量标准不妥。本工程是住宅楼工程，目前对该类工程尚不存在其他可以明示的企业或行业的质量标准，因此，不应以甲方规定的质量标准作为该工程的质量标准，而应以《建筑工程施工质量验收统一标准》（GB 50300—2013）中规定的质量标准作为该工程的质量标准。

（3）除背景给出的调整内容约定外，合同价款不得调整不妥。根据《建设工程工程量清单计价规范》（GB 50500—2013）的规定：

①如果工程施工期间，由省级或行业建设主管部门或其授权的工程造价管理机构发布了人工费调整文件，应调整合同价款。

②如果工程施工期间，由省级或行业建设主管部门或其授权的工程造价管理机构发布了措施费中的不可竞争性费用的费率、规费费率、税率发生变化，应调整合同价款。

③如果工程施工期间发生不可抗力事件，造成了乙方实际费用损失，应调整合同价款。

④当乙方按有关规定程序就发生的工程变更、现场签证和索赔等事件提出补偿费用要求，而且该要求有充分依据时，应调整合同价款。

（4）背景给出的合同价款调整范围和方法不妥。根据《建设工程工程量清单计价规范》（GB 50500—2013）的规定：

①当工程量清单项目工程量的变化幅度在10%以外，且其影响分部分项工程费超过0.1%时，其综合单价以及对应的措施费可做调整，调整方法是由承包人对增加的工程量或减少后剩余的工程量提出新的综合单价和措施项目费，经发包人确认后调整。

②当材料价格变化幅度超过5%、机械使用费变化幅度超过10%时，可以调整合同价款，调整方法需要在合同中约定。

（5）工程预付款预付额度和时间不妥。根据《建设工程工程量清单计价规范》（GB 50500—2013）的规定：

①工程预付款的额度原则上不低于合同金额（扣除暂列金额）的10%，不高于合同金额的（扣除暂列金额）30%，对重大工程项目，按年度工程计划逐年预付。实行工程量清单计价的工程，实体性消耗和非实体性消耗部分宜在合同中分别约定预付款比例（或金额）。

②在具备施工条件的前提下，发包人应在双方签订合同后的一个月内或约定的开工日期前的7日内支付工程预付款。

③应明确约定工程预付款的起扣点和扣回方式。

（6）工程价款支付条款约定不妥。“基本竣工时间”不明确，应修订为具体明确的时间；“乙方不得因甲方资金的暂时不到位而停工和拖延工期”条款显失公平，应说明甲方资金不到位在什么期限内乙方不得停工和拖延工期，以及逾期支付的利息如何计算。

（7）工程质量保证金返还时间不妥。根据建设部、财政部颁布的《关于印发〈建设工程质量保证金管理暂行办法〉的通知》[建质（2005）7号]的规定，在施工合同中双方约定的工程质量保证金保留时间应为6个月、12个月或24个月，保留时间应从工程通过竣工验收之日起算。

（8）质量保修期50年不妥。应按《建设工程质量管理条例》的有关规定进行修改。

（9）补充施工合同协议条款不妥。在补充协议中，不仅要补充工程内容，而且要说明工期和合同价款是否需要调整，若需调整则如何调整等内容。

问题3：

首先应及时与甲方协商，确认该部分工程内容是否由乙方完成。如果需要由乙方完成，则应与甲方商签补充合同条款，就该部分工程内容明确双方各自的权利义务，并对工程计划做出相应的调整，如果由其他承包商完成，乙方也要与甲方就该部分工程内容的协助配合条件及相应的费用等问题达成一致意见，以保证工程的顺利进行。

案例 2 某厂房工程施工合同管理

某施工单位根据领取的某 2000m^2 两层厂房工程项目招标文件和全套施工图纸，采用低报价策略编制了投标文件，并中标。该施工单位（乙方）于某年某月某日与建设单位（甲方）签订了该工程项目的固定总价合同，工期为 8 个月。甲方在乙方进入施工现场后，因资金紧缺，无法如期支付工程款，口头要求乙方暂停施工一个月，乙方亦口头答应。工程按合同规定期限验收时，甲方发现工程质量有问题，要求返工。2 个月后，返工完毕。结算时甲方认为乙方延迟交付工程，应按合同约定偿付逾期违约金。乙方认为临时停工是甲方要求的，乙方为抢工期，加快施工进度才出现了质量问题，因此延迟交付的责任不在乙方。甲方则认为临时停工和不顺延是当时乙方答应的，乙方应履行承诺，承担违约责任。

【问题】

1. 该工程采用固定总价合同是否合适？试说明理由。

2. 该施工合同的变更形式是否妥当？试说明理由。此合同争议按规范应如何处理？

评析：

本案例主要考核建设工程施工合同的类型及其适用性，以及解决合同争议的法律依据。根据合同计价方式的不同，建设工程施工合同可以分为总价合同、单价合同和成本加酬金合同。总价合同又可以分为固定总价合同和可调总价合同，单价合同也可以分为固定单价合同和可调单价合同。成本加酬金合同主要有如下几种：成本加固定费用合同、成本加定比费用合同、成本加奖金合同、成本加保证最大酬金合同、工时及材料补偿合同。根据各类合同的适用范围，分析该工程采用固定总价合同是否合适。解决该合同争议要注意《合同法》《民法典》与《建设工程施工合同（示范文本）》等法律法规文件，对建设工程合同形式和工程索赔的处理程序以及民事权利诉讼时效期的规定。

答案：

问题 1:

合适。因为该工程项目有全套施工图纸，工程量能够较准确计算、规模不大、工期较短、技术不太复杂、合同总价较低且风险不大，故采用固定总价合同是合适的。

问题 2:

（1）该施工合同的变更形式不妥当。因为根据合同相关法律和《建设工程施工合同（示范文本）》的有关规定，建设工程合同应当采取书面形式。合同变更是对合同的补充和更改，亦应当采取书面形式。在应急情况下，可采取口头形式，但事后应以书面形式予以确认。否则，在合同双方对合同变更内容有争议时，因口头形式协议很难举证，只能以书面协议约定的内容为准。本案例中甲方要求临时停工，乙方亦答应，是甲、乙双方的口头协议，且事后并未以书面的形式确认，所以该合同变更形式不妥当。在竣工结算时双方发生了争议，对此只能以原书面合同规定为准。

（2）此合同争议依据合同法律规范处理如下：

①在甲方承认因资金短缺，无法如期支付工程款，要求乙方暂停施工一个月的前提

下，甲方应对停工承担责任，赔偿乙方停工一个月的实际经济损失，工期顺延一个月。因为在施工期间，甲方因资金紧缺未能及时支付工程款，并要求乙方停工一个月，此时乙方应享有索赔权。乙方虽然未按规定程序及时提出索赔，丧失了索赔权，但是根据《民法通则》的规定，在民事权利诉讼时效期（2年）内，仍享有要求甲方承担违约责任的权利。

②乙方应当承担因质量问题引起的返工费用，并支付逾期交工一个月的违约金，因为工程质量问题和逾期交付工程的责任在乙方。

案例3 小浪底工程施工合同管理经验

我国黄河干流上的大型水利枢纽工程小浪底水坝，是利用世界银行贷款进行建设的国家重点工程，其工程规模及技术复杂性具有世界水平，其施工建设的合同管理工作达到了当前的国际水平。通过全面高水平的合同管理工作，小浪底工程的施工实现了工期提前、质量优良、投资结余，在同类工程中创造了先进纪录和丰富经验。

工程建设划分为准备工程施工、国际招标、主体工程施工、尾工四个阶段。准备工程施工从1991年9月12日起至1994年4月18日水利部对前期准备工程进行验收为止，历时2年7个月，完成了所有水、电、路、通信、营地、铁路转运站等准备工作，完成了施工区移民安置及库区移民安置试点工作，完成了招标文件中承诺的右岸主坝防渗墙、导流洞施工支洞、上中导洞、进水口开挖、出水口开挖等主体工程项目应实现的形象。

准备工程施工期间，组建了工程监理单位，比照FIDIC条件的要求开展工作，为主体工程开工后全面进行工程监理积累了经验。前期准备工程的组织紧扣主体工程进行国际招标的要求展开，时间安排以满足利用世行贷款的时间要求为前提；施工项目安排力争多揭示地质条件，提前进行关键线路上的主体工程项目施工，减轻直线工期压力；将人力分成施工和招标两部分，两项工作并行不悖；管理工作比照FIDIC合同条件要求进行。上述一系列工作为主体工程建设顺利实施打下了良好的基础。

小浪底工程国际招标分为土建工程招标和机电设备招标两部分。土建工程招标自1992年7月22日《人民日报》和《中国日报》发布小浪底工程土建工程施工招标资格预审邀请函始，至1994年7月16日，业主（黄河水利水电开发总公司）与Ⅰ、Ⅱ、Ⅲ标承包商签订合同为止，历时两年。小浪底工程土建标国际招标是利用世界银行贷款的必然结果，其工作程序按照世界银行的采购导则进行，完全有别于国内选择工程施工单位的做法，是在小浪底工程上应用新的建设管理模式迈出的关键一步。小浪底工程机电设备招标主要是水轮机及附属设备招标。1994年12月15日发售水轮机询价书。1996年1月10日在北京正式签署商务和技术合同。7月初美国进出口银行向中国国家开发银行正式承诺对小浪底工程水轮机提供出口信贷。小浪底工程水轮机的国际招标，是一次进口重大设备同利用国外出口信贷相结合的招标，在国内水利水电建设史上是第一次。

截流以后，业主、工程师集中进行了承包商提出的各种索赔的处理。Ⅱ标形成两个大的合同争议，Ⅲ标形成一个合同争议。业主与承包商协商，增补合同条款，成立“争议评审团”协调业主与承包商之间的争议。2001年7月各项争议全部协商解决。

2001、2002年是工程收尾和初期运用阶段。收尾工程建设的主要内容是施工区，恢复植被、治理水位、硬化场内道路，美化枢纽管理区。

小浪底水利枢纽工程协议利用世界银行贷款10亿美元，其中国际复兴开发银行贷款

8.9 亿美元，国际开发协会贷款 1.1 亿美元。

世界银行作为一个国际性的开发投资金融机构，在为小浪底工程建设提供比市场利率较优惠的贷款的同时，为小浪底工程建设提供了技术和管理帮助。

小浪底水利枢纽工程采取了国际工程标准的合同管理，合同文件、书信来往、会晤会谈等业务均采用英语。通过全体建设者的辛勤努力，不仅建成了一座技术复杂的工程项目，而且也锻炼出一大批施工管理人才。小浪底工程建设合同管理的经验，大致可以从以下五个方面体现出来。

（一）采用世界银行贷款

世界银行自 1988 年 7 月起开始介入小浪底项目。在项目准备、项目评估、项目执行等各阶段，成立专门的工作组，定期派团到现场工作，从而达到监督与检查项目执行情况的目的。1994 年 4 月 14 日，世界银行董事会通过了给予小浪底水利枢纽工程第 I 期 4.6 亿美元的硬贷，同时也批准了小浪底工程移民项目 1.1 亿美元的软贷款。1997 年初，世界银行又组织专家对小浪底工程建设进行第 2 次全面评估，并于 1997 年 3 月通过了 II 期贷款的项目正式评估，世界银行董事会于 1997 年 6 月 24 日批准了小浪底水利枢纽工程第 II 期硬贷款 4.3 亿美元。这不仅解决了小浪底工程部分建设资金的需要，还使整个工程项目的建设具备了以下优势：

（1）提高了项目的知名度，吸引国际著名承包公司参与公开竞争性投标。1992 年 2 月，工程业主——中华人民共和国水利部在世界银行《发展论坛》上发布了小浪底工程资格预审文件的消息后，3 个月内，就有 13 个公司、45 家土建承包商购置了资格预审文件，其中有 9 个国家的 37 个土建承包商组成了 9 个联营体和 2 个单独实体报来了资格预审申请书。在改革开放后的中国，小浪底工程吸引了空前数量的外国著名土建承包商。

（2）世界银行专家的参与，提高了合同管理的水平。根据世界银行对大型工程项目贷款管理的规定，组成了“小浪底工程大坝安全咨询专家组”或被称为“特别咨询团”。在项目执行阶段，世界银行定期（一般一年两次）派该团对项目的实施进行检查，检查的目的在于确保项目按照贷款协议执行，保证贷款的合理使用。在项目的初期，检查团的工作重点是技术问题，后来，检查团更多地关注技术问题、环境问题和财务问题。世界银行先后组团检查小浪底达 26 次，每次都由世界银行官员和专家提出工作备忘录，对小浪底工程建设、移民、经济、管理、财务以及环保等方面提出评估、咨询意见和工作要求，这些意见和要求，受到了小浪底工程建设和设计部门的重视，并逐项进行认真研究，分别予以处理和落实，促进了小浪底工程建设。

（二）执行 FIDIC 合同条件

小浪底工程的合同文件，其“通用合同条件”全部采用 FIDIC 的施工合同条件标准文本，只字未改。但其“专用合同条件”则由中国专家写成，而且内容充实，紧密结合工程实际，在施工合同管理工作中发挥了很好的作用。由于世界银行对贷款工程项目合同文件的严格要求，除了 FIDIC 合同条件规定的内容以外，在小浪底的合同管理实践中引进了“合同争议评审委员会”（DRB）的机制。这是由业主和承包商协商决定聘请国际知名律师和技术专家组成的一个中立性的评审组织，对咨询工程师不能解决的合同争端事项进行评审，避免双方当事人将合同纠纷直接诉诸国际仲裁或法律诉讼。

实践证明，DRB 在解决小浪底工程 II 标的索赔争议中，发挥了较好的作用，最终解决了索赔争议，取得了双方均能接受的解决方案，避免了双方当事人出现在仲裁庭上。

（三）发挥工程师的作用

小浪底咨询公司的实践，为解决这一问题提供了范例，咨询公司以“咨询工程师”的名义对工程施工进行合同管理，其中包括“施工监理”的工作任务，把开工前的“技术咨询”“招标管理”和开工后的“施工监理”统一起来，紧密地连成一体，使小浪底工程的合同管理工作圆满结束。通过这种统一连贯的技术咨询工作，培养出一批优秀的咨询工程师。

（四）联合中外的施工实力

在小浪底工程建设中，在联合国内外施工实力方面，有以下两点做得很成功：

（1）在招标文件中明确提出，3个土建标的投标人必须是联营体，而且是由外国承包公司牵头的中外施工企业联合体。

（2）在施工中出现导流洞塌方、Ⅱ标牵头承包商无能为力之时，业主和咨询公司又巧妙地引进中国的4个水电工程局，增强了Ⅱ标联营体的实力，赶回了已延误的长达11个月的施工期，保证了按原计划日期大坝截流。

（五）进行全过程索赔管理

在小浪底工程施工合同管理工作中，索赔管理占了很大的分量和重要性。小浪底工程的所有3个联营体牵头公司均向业主提出来相当数量的索赔要求，尤其以Ⅱ标的索赔项目最多，索赔数额也最大。小浪底工程的索赔取得了良好的成果和丰富的经验，体现在整个工程全部优质地提前完工，包括索赔款在内做到投资有结余，并通过工程建设培养出一批有经验的合同管理人员。

小浪底项目在世界银行的支持与监督下，工程建设进展顺利，枢纽提前发挥了效益，移民安置被世界银行确定为其贷款项目成功的典范。小浪底项目的成功表明，如果世界银行贷款利用得当，不仅可以弥补资金不足，还可以引进国际先进技术，提高管理水平，加快工程进度，提高工程质量。

复习思考题

1．什么是建设工程施工合同？它有何特征？

2．建设工程施工合同订立的条件是什么？

3．施工准备阶段的合同管理包括哪些内容？

4．简述施工过程的合同管理的内容。

5．竣工阶段的合同管理的内容有哪些？

第五章　建设工程监理合同管理

【引导案例】　某监理合同管理争端

某大厦工程业主委托某建设公司对其工程进行施工监理。该工程建筑面积 15 万 m^2，总造价超过 4 亿元人民币。在监理合同中，合同双方当事人详细约定了相关权利义务及报酬：总造价的 0.9%，总额达 360 万元以上。工程开工后，由于监理工程师对承包商的降水工程施工方案未能及时审批，基坑验收工作准备不周，致使数次验收不能通过，不能浇筑基础混凝土，监理工程师未能在合同规定的 30 日内提交“监理规划”，监理人员又数次变化，严重影响监理服务质量，业主对此大为不满。在大厦施工过程中，业主未按合同规定支付监理费，拖欠监理费达 200 万元。监理公司多次催讨未果，遂主动停止了监理工作。业主遂另请监理公司进行监理工作。新监理公司办理移交手续时，原监理公司原有各资料未予移交。原监理公司申请裁决：要求业主支付拖欠的 200 万元监理费及滞纳金并承担此案的仲裁费。

【评析】　这是一起发生在监理公司和业主单位之间的纠纷案件。在监理合同的履行过程中，双方应按照监理合同的约定履行合同条款。不管哪一方没有恰当地履行自己的义务，都会产生一定的合同纠纷。

第一节　监理合同概述

为规范建设工程监理活动，维护建设工程监理合同当事人的合法权益，住房和城乡建设部、国家工商行政管理总局对《建设工程委托监理合同（示范文本）》（GF-2000-2002）进行了修订，制定了《建设工程监理合同（示范文本）》（GF-2012-0202）（以下简称“示范文本”），2012 年 3 月 27 日颁布执行，原《建设工程委托监理合同（示范文本）》（GF-2000-2002）同时废止。

该示范文本由“协议书”“通用条件”“专用条件”、附录 A 和附录 B 五个部分组成，在格式上与其他相关合同示范文本相一致，并与国际惯例相协调。

一、协议书

协议书，是纲领性的法律文件。其中明确了当事人双方确定的委托监理工程的概况（工程名称、地点、工程规模、工程概算投资额或建筑安装工程费）；总监理工程师具体信息；监理酬金；监理期限；双方承诺及合同签订、生效等。

“协议书”是一份标准的格式文件，经当事人双方在有限的空格内填写具体规定的内容并签字盖章后，即发生法律效力。对委托人和监理人有约束力的合同，除双方签署的“协议书”具体内容外，还包括以下文件：中标通知书（适用于招标工程）或委托书（适用于非招标工程）；投标文件（适用于招标工程）或监理与相关服务建议书（适用于非招标工程）；专用条件；通用条件；在实施过程中双方依法签订的补充协议。

二、通用条件

建设工程委托监理合同通用条件的内容具有较强的通用性，条款涵盖了合同履行过程中双方的权利和义务，以及标准化的管理程序，不仅包括合同正常履行过程中合同双方的义务划分，还规定了遇到非正常情况下的处理原则和解决问题的程序，因此委托监理合同的通用条件，适用于各类建设工程项目监理。

监理合同范本的通用条件分为：定义与解释；监理人的义务；委托人的义务；违约责任；支付；合同生效、变更、暂停、解除与终止；争议解决；其他共八个部分。

三、专用条件

由于通用条件适用于各种行业和专业项目的建设工程监理，因此其中的某些条款规定得比较笼统。对于具体实施的工程项目而言，还需要在签订监理合同时结合地域特点、专业特点和委托监理项目的工程特点，对通用条件中的某些条款进行补充、修正。

所谓“补充”是指通用条件中的条款明确规定，在该条款确定的原则下，专用条件的条款中进一步明确具体内容，使两个条件中相同序号的条款共同组成一条内容完备的条款。如通用条件中规定“建设工程委托监理合同适用的法律是国家法律、行政法规，以及专用条件中约定的部门规章或工程所在地的地方法规、地方章程”。就具体工程监理项目来说，就要求在专用条件的相同序号条款内写入履行本合同必须遵循的部门规章和地方法规的名称，作为双方都必须遵守的条件。

所谓“修改”是指通用条件中规定的程序方面的内容，如果双方认为不合适，可以协议修改。

第二节　监理合同的订立

为了避免合同履行过程中，由于条款约定不够细致而导致合同争议，按照示范文本专用条件的要求，具体监理项目订立合同时应结合通用条件的条款内容，对以下方面的问题加以明确约定。

一、合同适用的法律和监理依据

（一）合同适用的法律和法规

合同内需明确适用的法律和法规，以保证合同的合法性和有效性。国家的法律和政府的法规当事人一般均了解，但对工程项目适用的某些地方行政法规，对跨地域承担监理任务的监理人可能不太了解，如地方的税收法规、环境保护法规、安全管理法规等，因此在合同专用条件中应予以明确。

（二）监理依据

为了保证项目达到预期的投资建设目的，合同内需要明确监理依据。除了国家颁布的标准、规范等必须遵守的要求外，还包括项目立项的有关文件（如可行性研究报告）、工程设计文件、本合同及委托人与第三方签订的与实施工程有关的其他合同以及委托人提出的其他相关的文件和要求。

二、监理的范围和工作内容

（一）监理的范围

委托人委托监理业务的范围可以非常广泛。从工程建设各阶段来说，可能包括勘察阶段、设计阶段、施工阶段、保修阶段的全部监理工作或某一阶段的监理工作。在某一阶段内，又可以委托进行投资、质量、工期的三大目标控制，以及信息、合同二项管理。但就具体项目而言，委托人依据工程项目的特点，监理人的能力，不同阶段的监理任务等诸方面因素考虑，需将委托的监理范围详细地写入合同的专用条件之中。

（二）监理工作内容

除专用条件另有约定外，监理工作内容包括：

（1）收到工程设计文件后编制监理规划，并在第一次工地会议7日前报委托人。根据有关规定和监理工作需要，编制监理实施细则。

（2）熟悉工程设计文件，并参加由委托人主持的图纸会审和设计交底会议。

（3）参加由委托人主持的第一次工地会议；主持监理例会并根据工程需要主持或参加专题会议。

（4）审查施工承包人提交的施工组织设计，重点审查其中的质量安全技术措施、专项施工方案与工程建设强制性标准的符合性。

（5）检查施工承包人工程质量、安全生产管理制度及组织机构和人员资格。

（6）检查施工承包人专职安全生产管理人员的配备情况。

（7）审查施工承包人提交的施工进度计划，核查承包人对施工进度计划的调整。

（8）检查施工承包人的试验室。

（9）审核施工分包人资质条件。

（10）查验施工承包人的施工测量放线成果。

（11）审查工程开工条件，对条件具备的签发开工令。

（12）审查施工承包人报送的工程材料、构配件、设备质量证明文件的有效性和符合性，并按规定对用于工程的材料采取平行检验或见证取样方式进行抽检。

（13）审核施工承包人提交的工程款支付申请，签发或出具工程款支付证书，并报委托人审核、批准。

（14）在巡视、旁站和检验过程中，发现工程质量、施工安全存在事故隐患的，要求施工承包人整改并报委托人。

（15）经委托人同意，签发工程暂停令和复工令。

（16）审查施工承包人提交的采用新材料、新工艺、新技术、新设备的论证材料及相关验收标准。

（17）验收隐蔽工程、分部分项工程。

（18）审查施工承包人提交的工程变更申请，协调处理施工进度调整、费用索赔、合同争议等事项。

（19）审查施工承包人提交的竣工验收申请，编写工程质量评估报告。

（20）参加工程竣工验收，签署竣工验收意见。

（21）审查施工承包人提交的竣工结算申请并报委托人。

（22）编制、整理工程监理归档文件并报委托人。

三、开展正常监理工作委托人应提供的方便条件

为了保证监理人开展正常工作，委托人应提供相应的协助服务。包括提供资料和提供工作条件两大方面。

（一）委托人应提供的资料

提供资料委托人应按照约定，无偿向监理人提供工程有关的资料。在本合同履行过程中，委托人应及时向监理人提供最新的与工程有关的资料。需要委托人提供的资料情况见表5-1。

表 5-1 委托人提供的资料

名称	份数	提供时间	备注
1. 工程立项文件			
2. 工程勘察文件			
3. 工程设计及施工图纸			
4. 工程承包合同及其他相关合同			
5. 施工许可文件			
6. 其他文件			

（二）委托人应提供工作条件

委托人应为监理人完成监理与相关服务提供必要的条件。

（1）委托人应按照约定，派遣相应的人员，提供房屋、设备，供监理人无偿使用。需要委托人提供的工作条件见表 5-2～表 5-4。

表 5-2 委托人派遣的人员

名称	数量	工作要求	提供时间
1. 工程技术人员			
2. 辅助工作人员			
3. 其他人员			

表 5-3 委托人提供的房屋

名称	数量	面积	提供时间
1. 办公用房			
2. 生活用房			
3. 试验用房			
4. 样品用房			
用餐及其他生活条件			

表 5-4 委托人提供的设备

名称	数量	型号与规格	提供时间
1. 通信设备			
2. 办公设备			
3. 交通工具			
4. 检测和试验设备			

（2）委托人应负责协调工程建设中所有外部关系，为监理人履行本合同提供必要的外部

条件。

第三节　监理合同的履行管理

一、监理工作

监理人的监理工作义务是按委托工程的范围来划分的，因此实施的监理任务可以区分为“正常监理工作”“附加监理工作”和“额外监理工作”三大类。

监理合同专用条件内注明的委托监理工作范围和内容，是订立合同时可以合理预见的工作，据此约定预计的监理工作时间和合同酬金，从工作性质而言属于正常的监理工作范围。除此之外，监理人必须完成的工作还包括订立合同时未能或不能合理预见，而合同履行过程中发生而需监理人完成的工作，即“附加监理工作”和“额外监理工作”。

（一）附加工作

“附加工作”是指与完成正常工作相关，但在委托正常监理工作范围以外监理人应完成的工作。附加工作包括：

1. 增加监理工作量或工作时间

监理合同履行过程中，由于委托人或第三方原因，使监理工作受到阻碍或延误，以致增加了工作量或延长监理工作时间。主要表现为被监理的委托人与第三人订立的合同，由于某些原因不能按计划如期完成，致使派驻项目监理机构的监理工程师需要在正常工作时间之外加班工作或在合同约定期限届满后继续完成委托范围的工作。出现的原因可能为：

（1）委托人的原因导致施工工程竣工时间拖延。如委托人筹措的建设资金未能按期到位，致使施工承包人被迫暂停施工。

（2）工程变更。施工过程中由于工程变更较多或出现较大的工程设计变更，而增加施工的内容，导致监理工作的时间延长。

（3）施工合同承包人的工期索赔。施工承包人通过索赔而获得施工合同工期的合理延长，导致监理工作时间的延长。

（4）施工承包人原因致使施工进度滞后于计划进度。施工承包人为追赶进度需在正常工作时间之外加班赶工或拖延竣工时间，监理机构人员需要增加或延长监理工作的时间。

（5）外界的人为或环境条件的变化等原因，影响工程施工的按计划完成，导致监理工作时间的延长。如果由于委托人或第三方的原因使监理工作受到阻碍或延误，以致增加了工程量或持续时间，监理人应将此情况与可能产生的影响及时通知委托人。增加的工作量应视为附加的工作，完成监理业务的时间应相应延长，并得到附加工作酬金。

2. 增加监理工作的范围和内容

另一类附加监理工作属于在合同约定的正常监理工作范围之外，增加新的工作内容。如合同履行过程中委托人要求监理人就采用新工艺的施工部分编制质量检测合格标准等。

（二）额外工作

“额外工作”是指服务内容和附加工作以外的工作，即非监理人的原因而暂停或终止监理业务，其善后工作及恢复监理业务前的准备工作时间。

如合同履行过程中发生不可抗力，承包人的施工被迫中断，监理工程师应完成的确认灾害发生前承包人已完成工程的合格和不合格部分、指示承包人采取应急措施等，以及灾害消失后恢复施工前必要的监理准备工作。再如，施工中发生由于承包人的严重违约行为导致委托人（发包人）单方终止施工合同情况，合同终止后监理人对违约承包人已完成合格工程的价值确认：协助委托人选择施工新承包人；重新开始施工前的准备工作等均属于额外监理工作。

监理范本规定，如果在监理合同签订后，出现了不应由监理人负责的情况，导致监理人不能全部或部分执行监理任务时，监理人应立即通知委托人。在这种情况下，如果不得不暂停执行某些监理任务，则该项服务的完成期限应予以延长，直到这种情况不再持续。当恢复监理工作时，还应增加不超过42日的合理时间，用于恢复执行监理业务，并按双方约定的数量支付监理酬金。

由于附加工作和额外工作是委托正常工作之外要求监理人必须履行的义务，因此委托人在监理人完成工作后应另行支付附加监理工作酬金和额外监理工作酬金，但酬金的计算办法应在专用条款内予以约定。

二、监理合同的有效期限

监理人的主要职责是监督、管理、协调工程的实施，被监理的工程竣工完成监理义务才能终止。尽管双方签订《建设工程委托监理合同》中注明“本合同自×年×月×日始，至×年×月×日止”，但此期限仅指完成正常监理工作预定的时间，作为监理招标和订立合同的依据，并不就一定是监理合同的有效期限。监理合同的有效期限即监理人的责任期，不是用约定的日历天数为准，而是以监理人是否完成了监理服务及其相关服务的义务来判定。因此通用条件规定，监理合同的有效期限为双方签订合同后，工程准备工作开始，到监理人向委托人办理完竣工验收或工程移交手续，施工承包人和委托人已签订工程保修责任书，监理收到监理报酬尾款，监理合同才终止。如果保修期间仍需监理人执行相应的监理工作，双方应在专用条款中另行约定。

三、违约责任

（一）监理人的违约责任

监理人未履行本合同义务的，应承担相应的责任。

（1）因监理人违反本合同约定给委托人造成损失的，监理人应当赔偿委托人损失。赔偿金额的确定方法在专用条件中约定。监理人承担部分赔偿责任的，其承担赔偿金额由双方协商确定。如：监理人赔偿金额可按“赔偿金＝直接经济损失×正常工作酬金÷工程概算投资额（或建筑安装工程费）”来确定。

（2）监理人向委托人的索赔不成立时，监理人应赔偿委托人由此发生的费用。

（二）委托人的违约责任

委托人未履行本合同义务的，应承担相应的责任。

（1）委托人违反本合同约定造成监理人损失的，委托人应予以赔偿。

（2）委托人向监理人的索赔不成立时，应赔偿监理人由此引起的费用。

（3）委托人未能按期支付酬金超过28日，应按专用条件约定支付逾期付款利息。如：委托人逾期付款利息按“逾期付款利息＝当期应付款总额×银行同期贷款利率×拖延支付天数”来确定。

（三）除外责任

因非监理人的原因，且监理人无过错，发生工程质量事故、安全事故、工期延误等造成的损失，监理人不承担赔偿责任。

因不可抗力导致本合同全部或部分不能履行时，双方各自承担其因此而造成的损失、损害。

四、监理合同的酬金与支付

（一）正常监理工作的酬金

正常监理酬金指监理人完成正常工作，委托人应给付监理人并在协议书中载明的签约金额。正常监理酬金的构成，是监理单位在工程项目监理中所需的全部成本，再加上合理的利润和税金。具体应包括：直接成本、间接成本。

（1）因非监理人原因造成工程概算投资额或建筑安装工程费增加时，正常工作酬金应做相应调整。调整方法可按“正常工作酬金增加额＝工程投资额或建筑安装工程费增加额×正常工作酬金÷工程概算投资额（或建筑安装工程费）”确定。

（2）因工程规模、监理范围的变化导致监理人的正常工作量减少时，正常工作酬金应按减少工作量的比例从协议书约定的正常工作酬金中扣减相同比例的酬金。

（二）附加监理工作的酬金

附加工作酬金是指监理人完成附加工作，委托人应给付监理人的金额。

（1）除不可抗力外，因非监理人原因导致监理人履行合同期限延长、内容增加时，由此增加的监理工作时间、工作内容应视为附加工作。附加工作酬金可按“附加工作酬金＝本合同期限延长时间（天）×正常工作酬金÷协议书约定的监理与相关服务期限（天）”确定。

（2）合同生效后，如果实际情况发生变化使得监理人不能完成全部或部分工作时。除不可抗力外，其善后工作以及恢复服务的准备工作应为附加工作，附加工作酬金可按“附加工作酬金＝善后工作及恢复服务的准备工作时间（天）×正常工作酬金÷协议书约定的监理与相关服务期限（天）”确定。

（三）奖励

监理人在服务过程中提出的合理化建议，使委托人获得经济效益的，双方在专用条件中约定奖励金额的确定方法，如可按“奖励金额＝工程投资节省额×奖励金额的比率”确定。

奖励金额在合理化建议被采纳后，与最近一期的正常工作酬金同期支付。

（四）支付

1. 支付货币

除专用条件另有约定外，酬金均以人民币支付。涉及外币支付的，所采用的货币种类、比例和汇率在专用条件中约定。

2. 支付申请

监理人应在本合同约定的每次应付款时间的 7 日前，向委托人提交支付申请书。支付申请书应当说明当期应付款总额，并列出当期应支付的款项及其金额。

3. 支付酬金

支付的酬金包括正常工作酬金、附加工作酬金、合理化建议奖励金额及费用。

4. 有争议部分的付款

委托人对监理人提交的支付申请书有异议时，应当在收到监理人提交的支付申请书后 7 日内，以书面形式向监理人发出异议通知。无异议部分的款项应按期支付，有异议部分的款项按第 7 条约定办理。

五、合同的生效、变更、暂停、解除与终止

（一）生效

除法律另有规定或者专用条件另有约定外，委托人和监理人的法定代表人或其授权代理人在协议书上签字并盖单位章后本合同生效。

（二）变更

任何一方提出变更请求时，双方经协商一致后可进行变更。合同签订后，遇有与工程相关的法律法规、标准颁布或修订的，双方应遵照执行。由此引起监理与相关服务的范围、时间、酬金变化的，双方应通过协商进行相应调整。

（三）暂停与解除

除双方协商一致可以解除本合同外，当一方无正当理由未履行本合同约定的义务时，另一方可以根据本合同约定暂停履行本合同直至解除本合同。

在本合同有效期内，由于双方无法预见和控制的原因导致本合同全部或部分无法继续履行或继续履行已无意义，经双方协商一致，可以解除本合同或监理人的部分义务。在解除之前，监理人应合理安排，使开支减至最小。

因解除本合同或解除监理人的部分义务导致监理人遭受的损失，除依法可以免除责任的情况外，应由委托人予以补偿，补偿金额由双方协商确定。

解除本合同的协议必须采取书面形式，协议未达成之前，本合同仍然有效。

（四）终止

以下条件全部满足时，本合同即告终止：

（1）监理人完成本合同约定的全部工作。

（2）委托人与监理人结清并支付全部酬金。

六、争议解决

监理合同示范文本中的关于争议解决的约定同其他类型的示范文本相似，有协商、调解、仲裁或诉讼等方式。

（一）协商

双方应本着诚信原则协商解决彼此间的争议。

（二）调解

如果双方不能在14日内或双方商定的其他时间内解决本合同争议，可以将其提交给专用条件约定的或事后达成协议的调解人进行调解。

（三）仲裁或诉讼

双方均有权不经调解直接向专用条件约定的仲裁机构申请仲裁或向有管辖权的人民法院提起诉讼。

本章综合案例

案例1 某炼油工程项目监理合同

某炼油工程项目，主要包括工艺装置、储运系统、公用工程三大系统，施工工艺包括土建、设备安装、DCS系统安装调试。建设单位与监理公司签订全过程监理合同，要求监理单位协助建设单位进行施工招标。建设单位采用邀请招标方式招标，投标邀请书

要求投标人于2006年6月10日购买招标文件，6月15日组织现场考察，6月20日召开招标文件澄清答疑会，6月25日下午5:00为投标截止时间。开标时间定在7月1日上午8:00。有一投标单位以对招标文件无疑问为由未参加招标文件澄清答疑会，招标单位将会议纪要分发参会者。

开标由项目所在地招标办的领导主持，开标后，有一投标单位提出降价5%，另一投标单位以报价过低为由撤销其投标，招标人均表示无条件接受。在评标过程中，评标委员会根据开标以后评标委员确定的评标标准，对所有投标文件进行了认真评审。就投标文件中一些实质性技术问题和商务问题与投标人进行了谈判，并达成一致。随后评标委员会发出中标通知书并通知所有未中标人。

【问题】

（1）监理单位在协助建设单位进行招标时应如何划分标段？选择何种招标方式？

（2）监理单位在协助建设单位进行招标时主要做哪些工作？

（3）本项目招标人在招标投标阶段中的工作安排有何不妥之处？请说明正确做法。

（4）指出本项目在开标、评标及定标工作中的做法不妥之处，并说明正确做法。

评析：

（1）监理单位在协助建设单位进行招标时应按施工工艺划分标段。这样可以发挥承包商特长，增加竞争性，从而降低报价。在设备安装招标中可以按系统划分标段。这样可以增加施工队伍，平行施工，从而缩短工期。

土建工程可以采用公开招标方式招标，增加竞争性。设备安装、DCS系统安装调试的招标应采用邀请招标方式招标，选择专业队伍以保证工程质量。

（2）监理单位在协助建设单位进行招标时主要应完成以下工作：①协助建设单位发布招标公告或发出投标邀请书；②对投标人进行资格预审或资格后审；③编制招标文件；④组织现场考察；⑤组织招标文件答疑会；⑥协助建设单位评标；⑦编制并向建设单位提交评标报告。

（3）项目招标人在招标投标阶段中工作不妥之处及正确做法如下：

1）招标文件发售之日到投标文件截止时间只有15日不妥。应不短于20日。

2）招标文件答疑会到投标文件截止时间只有5日不妥。招标人应在投标截止日前15日前对已发出的招标文件进行必要的澄清或者修改。

3）开标在投标文件截止时间之后进行不妥。开标应当与投标截止时间在同一时间公开进行。

4）招标单位将招标文件答疑会会议纪要分发参会者不妥。会议纪要应发给所有招标文件收受人。

（4）本项目在开标、评标及定标工作中做法不妥之处及正确做法如下：

1）开标由项目所在地招标办的领导主持不妥。应由招标人主持。

2）开标后，有一投标单位提出降价5%，另一投标单位以报价过低为由撤销其投标，招标人均表示无条件接受不妥。开标后不应接受投标单位的降价优惠；开标后投标人撤销投标应扣留其投标保证金。

3）评标委员会根据开标以后评标委员确定的评标标准来进行评标不妥，应按照招标文件中确定的评标标准评标。

4）评标委员会就投标文件中一些实质性技术问题和商务问题与投标人进行了谈判不妥，在确定中标人前双方不得就投标文件实质性内容进行谈判。

5）评标委员会发出中标通知书并通知所有未中标人不妥，应由招标人发出中标通知书并通知所有未中标人。

案例 2 某引水渠工程监理合同

某引水渠工程长 5km，渠道断面为梯形开敞式，用浆砌石衬砌。采用单价合同发包给承包人 A，合同条件采用《水利水电土建工程施工合同条件》(GF-2000-0208）合同开工日期为 3 月 1 日。合同工程量清单中土方开挖工程量为 10 万 m^3，单价为 10 元/m^3。合同规定工程量清单中项目的工程量增减变化超过 20%时，属于变更。在合同实施过程中发生下列要点事项：

（1）项目法人采用专家建议并通过专题会议论证，拟采用现浇混凝土板衬砌方案。承包人通过其他渠道得到信息后，在未得到监理人指示的情况下对现浇混凝土板衬砌方案进行了一定的准备工作，并对原有工作（如石料采购、运输、工人招聘等）进行了一定的调整。但是，由于其他原因现浇混凝土板衬砌方案最终未予正式采用实施。承包人在分析了由此造成的费用损失和工期延误基础上，向监理人提交了索赔报告。

（2）合同签订后，承包人按规定时间向监理人提交了施工总进度计划并得到监理人的批准。但是，由于 6~9 月四个月为当地雨季，降雨造成了必要的停工、工效降低等，实际施工进度比原施工进度计划缓慢。为保证工程按照合同工期完工，承包人增加了挖掘、运输设备和衬砌工人。由此，承包人向监理人提交了索赔报告。

（3）渠线某段长 500m 为深槽明挖段。实际施工中发现，地下水位比招标资料提供的地下水位高 3.10m（属于发包人提供资料不准），需要采取降水措施才能正常施工。据此，承包人提出了降低地下水位措施并按规定程序得到监理人的批准。同时，承包人提出了费用补偿要求，但未得到发包人的同意。发包人拒绝补偿的理由是：地下水位变化属于正常现象，属于承包人风险。在此情况下，承包人采取了暂停施工的做法。

【问题】

（1）第一种情况，监理人是否应同意承包人的索赔？

（2）第二种情况，监理人是否应同意承包人的索赔？

（3）第三种情况，承包人是否有权得到费用补偿？ 承包人的行为是否符合合同约定？

评析：

（1）第一种情况，监理人应拒绝承包人提出的索赔。合同条件规定，未经监理人指示，承包人不得进行任何变更。承包人自行安排造成工期延误和费用增加应由承包人承担。

（2）第二种情况，监理人应拒绝承包人提出的索赔。合同条件规定，非异常气候引起的工期延误属于承包人风险。

（3）第三种情况，属于发包人提供资料不准确造成的损失，承包人有权得到费用补偿。但是，承包人的行为不符合合同约定。依据合同原则，承包人不得因索赔处理未果而不履行合同义务。

案例3　某大厦监理合同纠纷

国际大厦工程业主委托新兴建设监理公司对其筹建的国际大厦进行施工监理。该工程的建筑面积达15万m^2，总造价在4亿元人民币以上，是一项兼办公、住宅、餐饮、娱乐等功能的综合性建设工程，设计施工标准较高。

在监理合同中，双方当事人详细约定了相关的权利和义务以及监理服务的报酬。工程开工后，由于基坑开挖的深度很大，监理工程师对承包商的降水工程的施工方案未及时审批，基坑施工验收准备工作不周，致使数次验收均未获通过，长期不能浇筑基础混凝土，又适逢雨期暴雨，基坑被淹，边坡倒塌，施工期被迫拖延1年以上，业主对此甚为遗憾。

监理工程师未按规定在监理合同生效后30日内提交监理工作规划，监理人员又数度变化，影响了监理服务的质量。

在大厦施工过程中，业主未按监理合同的规定向监理工程师支付监理费，拖欠监理费达200万元。新兴监理公司多次催付未果，遂主动停止了监理工作。业主随即另聘别的监理单位继续实施监理工作，新监理工程师接手时，以前的所有工程技术资料及施工验收记录均在原监理工程师掌握中，未予移交。由于此项监理合同争端双方不能协商解决，新兴监理公司遂报请工程所在市仲裁委员会，申请裁决：支付拖欠的200万元监理费，支付拖欠款的滞纳金，并承担此案的仲裁费。

仲裁庭对该项监理合同争端的主要意见如下：

（1）国际大厦工程业主方作为监理合同的委托方，有义务依照约定向监理方支付监理报酬，其所提出的部分合同条款无效或可撤销的理由不能成立，更不能成为拒绝支付监理报酬的理由。业主没有如约履行合同义务，导致巨大经济损失，但没有提出充分证据，仲裁庭对此不予支持。

（2）新兴监理公司没有按照正确履行的原则履行自己的合同义务，因未提及监理工作规划，使监理工作缺乏指导，不利于委托人利益的保护，在地基工程降水方案实施过程中，监理工作懈怠，严重影响了委托人的利益。因此仲裁庭认为，对新兴监理公司的监理工作酬金不予全部支持。

（3）关于监理酬金及其滞纳金问题，仲裁庭认为应给予适当支持，即国际大厦工程业主应向新兴监理公司支付监理酬金50万元，支付滞纳金2.5万元。

（4）关于工程文件及资料，是该工程施工中所必须的合同资料，仲裁庭对被申请人的主张给予支持。

根据以上意见，仲裁庭依法裁决如下：

（1）被申请人向申请人支付所欠监理酬金50万元，支付滞纳金2.5万元；

（2）申请人向被申请人归还监理期间保存的所有有关工程文件和资料；

（3）驳回双方当事人的其他仲裁请求。

评析：

该案例中所涉及的监理合同争端，仅仅涉及监理工作的一个方面，由于监理工程师未按合同履行自己的职责，引起工程业主的不满，被拒绝支付监理酬金。这是一个沉痛的教训，该案例给我们的启示如下：

（1）建设监理工作的范围包括施工合同管理的全方位，监理工程师应做好业主的助手，全面管理合同的实施。包括工期、质量和成本的控制以及国际上咨询工程师所负责的全部合同管理工作。在我国有些工程项目中，监理工程师仅负责质量管理，视同质量监督员，这样显然没有发挥监理工程师的作用。

（2）要大力提高我国监理工程师的水平，鼓励他们走出去。从专业技术水平和实践经验方面来讲，国内的工程师同外国工程师相比，并不逊色，唯一的不足是不能用外语工作。因此，应该尽快使我国工程师跨过语言关，大踏步地进入国际技术服务市场，为国争光。

复习思考题

1．委托监理合同中委托方的权利有哪些？
2．委托监理合同中监理方的权利有哪些？
3．委托监理合同中委托方的义务有哪些？
4．委托监理合同中监理方的义务有哪些？
5．监理人的附加工作有哪些？

第六章　建设工程其他合同管理[1]

【引导案例】　设计失误和违约是否赔偿损失

甲公司与乙勘察设计单位签订了一份勘察设计合同，合同约定：乙单位为甲公司筹建中的商业大厦进行勘察、设计，甲公司按照国家颁布的收费标准支付勘察设计费，乙单位应按甲公司的设计标准、技术规范等提出勘察设计要求，进行测量和工程地质、水文地质等勘察设计工作，并于2005年5月1日前向甲公司提交勘察设计成果和设计文件。合同还约定了双方的违约责任、争议的解决方式。与此同时，甲公司与丙建筑公司签订了建设工程承包合同，在合同中规定了开工日期。但是后来乙单位迟迟不能提交勘察设计文件而丙建筑公司按建设工程承包合同的约定做好了开工准备，如期进驻施工场地。在甲公司的再三催促下，乙单位延迟36日提交勘察设计文件，而此时丙公司已窝工18天。在施工期间，丙公司由于窝工、停工要求甲公司赔偿损失，否则不再继续施工。甲公司将乙单位起诉到法院，要求乙单位赔偿损失。法院认定乙单位应承担违约责任。

【评析】　本案的焦点问题是乙单位是否应赔偿甲公司的损失？本案是一起工程的反索赔案。该案中乙单位不仅没有按照合同的约定提交勘察设计文件，致使甲公司的建设工期受到延误，造成丙公司的窝工，而且勘察设计的质量也不符合要求，致使承建单位丙公司因修改设计图纸而停工、窝工。根据合同相关法律中关于“勘察、设计的质量不符合要求或者未按照期限提交勘察、设计文件拖延工期，造成发包人损失的，勘察人、设计人应当继续完善勘察、设计，减收或者免收勘察、设计费并赔偿损失。”乙单位的上述违约行为已给甲公司造成损失，应当承担赔偿甲公司损失的责任。

工程建设中，除了常见的施工合同、工程监理合同以外，还有诸如勘察设计合同、物资设备采购合同、建设工程分包合同、技术咨询服务合同、工程保险合同等，这些合同也适用于合同相关法律规定，本章将分别对这些合同予以简要介绍。

第一节　建设工程勘察设计合同及管理

一、建设工程勘察设计合同及其作用

按合同相关法律规定，建设工程勘察合同和设计合同属于建设工程合同的一种，它是为了明确发包人和承包人各自的权利、义务以及违约责任等内容和满足完成工程项目勘察（设计）任务的需要，经双方充分协商而订立的。建设工程勘察设计合同的发包人一般是项目业主（建设单位）或建设工程总承包单位；承包人是持有国家认可的勘察设计证书的勘察和设计单位，在合同相关法律中称之为勘察人和设计人。建设工程勘察（设计）合同就是指发包人与勘察人（设计人）就勘察人（设计人）完成一定的工程勘察（设计）任务，发包人给付报酬所达成的协议。

[1] 李启明．土木工程合同管理．南京：东南大学出版社，2015.

对于发包人来说，为了保证建设工程设计任务按期、按质、按量地顺利完成，他需要一个完善的设计合同，以明确自己与勘察人（设计人）各自的权利和义务，并以之作为依据制约和管理设计人的设计进展和成果，从而实现投资者意志。对于勘察人（设计人）来说，为了保证发包人能够及时提供完成勘察（设计）任务所需要的资料和工作条件，促使发包人按时支付完成的勘察（设计）成果的报酬，他也需要一个完善、公正和合理的合同维护自己合法权益。

二、建设工程勘察合同示范文本

《中华人民共和国合同法》第274条规定，勘察、设计合同的内容包括提交有关基础资料和文件（包括概预算）、期限、质量要求、费用以及其他协作条件等条款。2000年建设部在《建设工程勘察设计合同管理办法》（建设〔2000〕50号）中颁布了由建设部和国家工商行政管理局联合监制的建设工程勘察合同与设计合同的示范文本。

建设工程勘察设计合同示范文本采用单式合同，即不分标准条款、专用条款，既是协议书，也是具体的合同条款，内容也不复杂。目前，实际工作中也主要使用建设部2000年颁布的这四个合同示范文本。但这四个合同示范文本属于推荐使用和参考使用性质，在具体使用中有些条款可以变动，也有些地区或者行业并没有使用这一范本，而是参照施工合同示范文本，制定了复式合同，拟订了更为详细的勘察、设计合同的标准条款。

（一）勘察合同示范文本

勘察合同范本按照委托勘查任务的不同分为两个版本。

（1）建设工程勘察合同（一）（GF-2000-0203）。该范本适用于为设计提供勘察工作的委托任务，包括岩土工程勘察、水文地质勘察（含凿井）、工程测量、工程物探等勘察。合同条款的主要内容包括：工程概况；发包人应提供的资料；勘察成果的提交；勘察费用的支付；发包人、勘察人责任；违约责任；未尽事宜的约定；其他约定事项；合同争议的解决；合同生效。

（2）建设工程勘察合同（二）（GF-2000-0204）。该范本的委托工作内容仅涉及岩土工程，包括取得岩土工程的勘察资料、对项目的岩土工程进行设计、治理和监测工作。由于委托工作范围包括岩土工程的设计、处理和监测，因此合同条款的主要内容除了上述勘察合同应具备的条款外，还包括变更及工程费的调整；材料设备的供应；报告、文件、治理的工程等的检查和验收等方面的约定条款。

（二）设计合同示范文本

（1）建设工程设计合同（一）（GF-2000-0209）。该范本适用于民用建筑工程设计的合同，主要条款包括以下几方面的内容：订立合同的依据文件；委托设计任务的范围和内容；发包人应提供的有关资料和文件；设计人应交付的资料和文件；设计费的支付；双方的责任；违约责任；其他等。

（2）建设工程设计合同（二）（GF-2000-0210）。该合同范本适用于委托专业工程的设计。除了上述设计合同应包括的条款内容外，还增加有设计依据；合同文件的组成和优先次序；项目的投资要求、设计阶段和设计内容；保密等方面的条款约定。

三、建设工程勘察合同主要内容

本部分根据建设工程勘察合同示范文本GF-2000-0203和GF-2000-0204的主要条款，说明勘察合同的主要内容，并依据相关法规释义。

（一）工程概况和勘察任务基本要求

在勘察合同中，通常首先要对所委托勘察的工程基本情况和勘察任务进行说明，要说明的内容包括：

1. 工程名称

即建设工程项目的名称。

2. 工程地点

工程坐落的位置和地点等。

3. 工程立项批准文件号、日期

我国目前的基本建设程序主要包括项目建议书、可行性研究报告、立项审批、规划审批、勘察、设计、施工、验收和交付等阶段，各阶段有先后顺序关系。承接勘察任务或签订勘察合同时，工程的立项批准文件是必需条件，并需要在勘察协议中注明其批准文号和日期。

4. 工程勘察任务委托文号、日期

工程勘察任务书是勘察工程发包人所发布的，刊载有勘察工程概况、勘察的目的和要求、勘察点布置要求、工程结构体系和承载力的要求、建筑物布置范围、勘察活动的时间要求等的文件，它是潜在勘察人进行投标或发包人与候选勘察人商谈勘察合同的基本依据。在勘察合同中要注明勘察任务书的文号和日期，以构成勘察合同管理的一个重要依据。

5. 工程规模、特征

说明工程的单体工程的构成、建筑面积或建筑体量、各单体工程的结构类型、基础形式、基底承载力等。

6. 工程勘察任务与技术要求

这里主要是明确本合同所要完成的具体的勘察任务，例如，查明建筑范围内岩土层的成因、类型、深度、分布和工程特性，分析和评价地基的稳定性、均匀性和承载力；查明地下水位的变化情况，水质状况对建筑物的影响情况；查明对建筑物不利的埋藏物；判定地基土对建筑材料的腐蚀性，提出整治的措施和建议等等。有些工程包括多个单体工程，且业主方出于竞争或工期需要，将工程分成两个及以上的合同标段委托勘察，则应在合同中注明本合同所承揽的标段。技术要求则是规定本合同的勘察活动应该符合的勘察技术规范、标准、规程或条例等，或者直接规定本合同的勘察活动应达到的技术要求，如规定“探井应穿透湿陷性黄土层，一般性勘探孔深度控制地基主要受力层、控制性助探孔深度要超过地基变形的计算深度”等。在勘察中，通常发包人向勘察人提供一份“工程勘察布孔图”，或者直接在合同中规定勘察点布置间距。

7. 承接方式

说明勘察人以什么承包方式执行本合同的勘察任务，如全包方式、半包方式（包人工及机械设备，材料和临时设施由发包人提供）等。半包方式可通过合同附件方式详细规定发包人为勘察人的工作人员提供的必需的生产和生活条件的设施标准或生活食宿标准，以及应由发包人提供的材料名称、规格和数量等。

8. 预计的勘察工作量

说明暂估的勘察点的数量、勘察孔深度等勘察工作量，结算时，合同价款可根据实际工作量进行计算。

（二）发包人应提供的资料和勘察人应提交的勘察成果

1. 发包人应提供的有关资料文件

规定发包人应及时向勘察人提供相关的文件资料，并对其准确性、可靠性负责。在合同中通常要具体说明资料的名称、份数、内容要求及提供的时间。视勘察任务的需要，要求发包人提供的资料可能差异较大，GF-2000-0203 示范文本中列出的应由发包人提供的文件资料包括：

（1）本工程批准文件（复印件），以及用地（附红线范围）、施工、勘察许可等批件（复印件。

（2）工程勘察任务委托书、技术要求和工作范围的地形图、建筑总平面布置图。

（3）勘察工作范围已有的技术资料及工程所需的坐标与标高资料。

（4）提供勘察工作范围地下已有埋藏的资料（如电力、电信电缆、各种管道、人防设随、洞室等）及具体位置分布图。

2. 勘察人应提交的勘察成果报告

勘察人应按时向发包人提交勘察成果资料并对其质量负责，适用 GF-2000-0203 示范文本的勘察活动一般在勘察任务结束时，提交四份勘察成果资料，而适用 GF-2000-0204 示范文本的勘察活动则可能需要分批提供报告、成果资料或相应的文件。在合同中要注明勘察成果资料的名称、需要的份数、对内容的详细要求及应提交的时间。

3. 相关的其他规定

一些应由发包人提供的资料文件，发包人也可委托勘察人收集，但应向勘察人支付相应的费用，可在本合同中予以专门注明或者双方另行订立提供资料文件的合同。另外，双方在合同中约定了互相提供资料的份数，如果对方要求增加份数，则应另行支付费用，可在合同中约定额外每份资料的收费标准。

（三）工期、收费标准及付费方式

1. 约定工期

勘察合同中一般以具体日期的形式，明确约定勘察开工以及开工到提交勘察成果资料的时间。由于发包人或勘察人的原因导致未能按期开工或提交成果资料时，应在合同中规定相应的违约责任条款。勘察工作有效期限以发包人下达的开工通知书或合同规定的时间为准，如遇特殊情况（设计变更、工作量变化、不可抗力影响以及非勘察人原因造成的停工、窝工等）时，工期应顺延。GF-2000-0204 示范文本还专门约定：如发包人对工程内容与技术要求提出变更，则发包人应在合同约定的天数之前向承包人发出书面变更通知，否则承包人有权拒绝变更；承包人接到通知后在合同约定的天数内，提出变更方案的文件资料，发包人收到该文件资料之日起应在合同约定的天数内予以确认，如不确认或不提出修改意见的，变更文件资料自送达之日起到合同约定的天数后自行生效，由此延误的工期应顺延。

2. 收费标准

工程勘察收费是指勘察人根据发包人的委托，收集已有资料、现场踏勘、制定勘察组纲要，进行测绘、勘探、取样、试验、测试、检测、监测等勘察作业，以及编制工程勘察文件和岩土工程设计文件等收取的费用。按国家计委和建设部于 2002 年联合颁布的《工程勘察设计收费管理规定》（计价格〔2002〕10 号）的规定，建设项目总投资估算额 500 万元及以上的工程勘察收费实行政府指导价，投资估算额 500 万元以下的工程勘察收费实行市场调节价。

实行政府指导价的工程勘察收费，是以工程勘察收费基准价为基础，发包人和勘察人可以根据建设项目的实际情况在上下 20%的浮动幅度内协商确定工程勘察收费合同额。工程勘察收费基准价是根据计价格〔2002〕10 号文所附的《工程勘察收费标准》计算的工程勘察基准收费额。另外，工程勘察收费可以体现优质优价的原则，凡在工程勘察设计中采用新技术、新工艺、新设备、新材料，有利于提高建设项目经济效益、环境效益和社会效益的，发包人和勘察人可以在上浮25%的幅度内协商确定收费额。《工程勘察收费标准》中没有规定的项目，由发包人、勘察人另行议定收费额。

3. 付费方式

（1）GF-2000-0203和GF-2000-0204示范文本均约定，在合同生效后3日内，发包人应向勘察人支付勘察费的20%作为定金。在合同履行后，定金可抵作勘察费。

（2）对于后续勘察费的支付，GF-2000-0203示范文本则约定，在勘察工作外业结束后，按双方在合同中约定的比例（以预算勘察费用为基数）支付勘察费，而在提交勘察成果资料后10天内，发包人应一次付清剩余的全部勘察费。而对于勘察规模大、工期长的大型勘察工程，双方还可约定，在勘察工作过程中，当实际勘察进度达到合同所约定的工程进度百分比时，发包人向勘察人支付一笔约定比例（以预算勘察费为基数）的工程进度款。

（3）对于后续勘察费的支付，GF-2000-0204示范文本则约定可按具体的时间或实际工程进度，以合同规定的比例（以合同总额为基数）分多次支付工程进度款。

4. 因发包人对工程内容与技术要求提出变更时，除延误的工期需要顺延外，因变更导致勘察人的经济支出和损失应由发包人承担，并在合同中约定变更后的工程勘察费用的调整方法或标准。

（四）双方的合同责任

1. 发包人的责任

GF-2000-0203和GF-2000-0204示范文本对勘察合同发包人的责任作出了如下主要规定：

（1）发包人委托任务时，必须以书面形式向勘察人明确勘察任务及技术要求，并按合同的规定向勘察人提供其他的资料文件，并对其完整性、正确性及时限性负责。GF-2000-0204示范文本还规定，发包人提供上述资料、文件超过规定期限15日以内，承包人按合同规定交付报告、成果、文件的时间顺延，规定期限超过15日时，承包人有权重新确定交付报告、成果、文件的时间。

（2）发包人应向承包人提供工作现场地下已有埋藏物（如电力、电信电缆、各种管道、人防设施、洞室等）的资料及其具体位置分布图，若因未提供上述资料、图纸，或提供的资料图纸不可靠，或者地下埋藏物不清，致使勘察人在勘察工作过程中发生人身伤害或造成经济损失时，由发包人承担民事责任。

（3）发包人应及时为勘察人提供并解决勘察现场的工作条件和出现的问题，并承担其费用。这些工作条件和可能出现的问题主要有：落实土地征用、办理好现场使用许可、青苗树木赔偿、拆除地上地下障碍物、处理施工扰民及影响施工正常进行的有关问题、平整施工现场、修好通行道路、接通电源水源、挖好排水沟渠以及水上作业用船等。

（4）若勘察现场需要看守，特别是在有毒、有害等危险现场作业时，发包人应派人负责安全保卫工作，按国家有关规定，对从事危险作业的现场人员进行保健防护，并承担费用。

（5）工程勘察前，若发包人负责提供材料的，应根据勘察人提出的工程用料计划，按时提供各种材料及其产品合格证明，并承担费用和运到现场，派人与勘察人的人员一起验收。

（6）勘察过程中的任何变更，经办理正式变更手续后，发包人应按实际发生的工作量支付勘察费。

（7）为勘察人的工作人员提供必要的生产、生活条件，并承担费用。如不能提供时，应一次性付给勘察人临时设施费，并应在合同约定临时设施费用的数额及支付时间。

（8）由于发包人原因造成勘察人停工、窝工，除工期顺延外，发包人应支付停工、窝工费；发包人若要求在合同规定时间内提前完工（或提交勘察成果资料）时，发包人应按每提前一天向勘察人支付加班费，并在合同中约定每天加班费的数额。

（9）发包人应保护勘察人的投标书、勘察方案、报告书、文件、资料图纸、数据、特殊工艺（方法）、专利技术和合理化建议，未经勘察人同意，发包人不得复制、不得泄露、不得擅自修改、传送或向第三人转让或用于本合同外的项目。如发生上述情况，发包人应负法律责任，勘察人有权索赔。

（10）发包人应对工作现场周围建筑物、构筑物、古树名木和地下管道、线路的保护负责，对勘察人提出书面具体保护要求（措施），并承担费用。

2. 勘察人的责任

GF-2000-0203 和 GF-2000-0204 示范文本对勘察合同勘察人（承包人）的责任作出了如下主要规定：

（1）勘察人应按国家技术规范、标准、规程和发包人的任务委托书及技术要求进行工程勘察，按合同规定的内容、时间、数量向发包人交付报告、成果、文件，并对其质量负责。

（2）勘察人提供的勘察成果资料出现遗漏、错误或其他质量不合格问题，勘察人应无偿给予补充、完善使其达到质量合格；若勘察人无力补充、完善，需另委托其他单位时，勘察人应承担全部勘察费用。

（3）在工程勘察前，勘察人提出勘察纲要或勘察组织设计，并派人与发包人的人员一起验收发包人提供的材料。

（4）勘察过程中，勘察人根据工程的岩土工程条件（或工作现场地形地貌、地质和水文地质条件）及技术规范要求，向发包人提出增减工作量或修改勘察工作的意见，并办理正式变更手续。

（5）勘察人不得向第三人扩散、转让由发包人提供的技术资料、文件，并承担其有关资料保密义务。发生上述情况，承包人应负法律责任，发包人有权索赔。

（6）现场工作的勘察人的工作人员应遵守国家及当地有关部门对工作现场的有关管理规定及发包人的安全保卫及其他有关的规章制度，做好工作现场保卫和环卫工作，并按发包人提出的保护要求（措施），保护好工作现场周围的建筑物、构筑物、古树、名木和地下管线（管道）、文物等。

3. 双方的违约责任

（1）由于发包人提供的资料、文件错误、不准确，造成工期延误或返工时，除工期顺延外，发包人应向承包人支付停工费或返工费（金额按预算的平均工日产值计算），造成质量、安全事故时，由发包人承担法律责任和经济责任。

（2）由于发包人未给勘察人提供必要的工作生活条件而造成停工、窝工或来回进出场地，发包人除应付给勘察人停工、窝工费（金额按预算的平均工日产值计算），工期按实际工日顺延外，还应付给勘察人来回进出场费和调遣费。

（3）由于勘察人原因造成勘察成果资料质量不合格，不能满足技术要求时，其返工勘察费用由勘察人承担。因勘察质量造成重大经济损失或工程事故时，勘察人除应负法律责任和免收直接受损失部分的勘察费外，并根据损失程度向发包人支付赔偿金。赔偿金通常按实际损失的比例来计算，双方在合同中约定赔偿金的比例。

（4）在合同履行期间，由于工程停建而终止合同或发包人要求解除合同时，勘察人未开始工作的，不退还发包人已付的定金；已进行工作的，完成的工作量在50%以内时，发包人应支付勘察人勘察费的50%费用；完成的工作量超过50%时，发包人应支付勘察人勘察费的全部费用。

（5）发包人不按时支付勘察费或进度款，承包人在约定支付时间10日后，向发包人发出书面催款的通知，发包人收到通知后仍不按要求付款，承包人有权停工，工期顺延，发包人还应承担滞纳金。滞纳金从应支付之日起计算，合同中可约定具体的滞纳金比例（以应支付勘察工程费为基数）。在GF-2000-0203示范文本中，滞纳金称为逾期违约金并规定违约金按天计算，每延误一日，发包人应偿付勘察人以应支付而未支付的勘察费为基数计算的1‰的违约金。

（6）由于勘察人原因而延误工期或未按规定时间交付报告、成果、文件，每延误一天，勘察人应减收以勘察费为基数计算的1‰的违约金。

（7）本合同签订后，发包人不履行合同时，无权要求返还定金；承包人不履行合同时应双倍返还定金。

（五）其他规定

1. 材料设备供应

针对岩土工程设计、治理、监测等勘察活动材料设备供应的特点，GF-2000-0204示范文本约定：发包人、承包人应对各自负责供应的材料设备负责，提供产品合格证明，并经发包人、承包人代表共同验收认可，如与设计和规范要求不符，应重新采购符合要求的产品，并经发包人、承包人代表重新验收认定，各自承担发生的费用。若造成停工、窝工费。原因是承包人的，则责任自负；原因是发包人的，则应向承包人支付停工、窝工费。承包人需使用代用材料时，须经发包人代表批准方可使用，增减的费用由发包人、承包人商定。

2. 报告、成果、文件检查验收

针对岩土工程设计、治理、监测等勘察成果验收的复杂性，GF-2000-0204示范文本对此进行了专门约定，主要包括以下几个方面：

（1）由发包人负责组织对承包人交付的报告、成果、文件进行检查验收。

（2）发包人收到承包人交付的报告、成果、文件后应在约定的天数内检查验收完毕，并出具检查验收证明，以示承包人已完成任务，逾期未检查验收的，视为接受承包人的报告、成果、文件。

（3）隐蔽工程工序质量检查，由承包人自检后，书面通知发包人检查；发包人接到通知后，当天组织质检，经检验合格，发包人、承包人签字后方能进行下一道工序；检验不合格，承包人在限定时间内修补后重新检验，直至合格；若发包人接到通知后24h内仍未能到现场检验，承包人可以顺延工程工期，发包人应赔偿停工、窝工的损失。

（4）工程完工，承包人向发包人提交岩土治理工程的原始记录、竣工图及报告、成果、文件，发包人应在合同规定的天数内组织验收，如有不符合规定要求及存在质量问题，承包人应采取有效补救措施。

（5）工程未经验收，发包人提前使用和擅自动用，由此发生的质量、安全问题，由发包人承担责任，并以发包人开始使用日期为完工日期。

（6）完工工程经验收符合合同要求和质量标准，自验收之日起在合同规定的天数内，承包人向发包人移交完毕，如发包人不能按时接管，致使已验收工程发生损失，应由发包人承担，如承包人不能按时交付，应按逾期完工处理，发包人不得因此而拒付工程款。

3. 合同争议的解决

通常约定当勘察合同发生争议时，发包人、勘察人应该本着友好合作的精神及时协商解决合同争议。同时，双方应在合同中约定，当双方协商不成时，是向合同中约定的仲裁委员会提请仲裁，还是依法向人民法院起诉。

4. 合同的生效与鉴证

勘察合同自发包人、勘察人（承包人）签字盖章后生效；同时，应按规定到省级建设行政主管部门规定的审查部门备案；发包人、勘察人（承包人）认为必要时，到项目所在地工商行政管理部门申请鉴证。发包人、勘察人（承包人）履行完勘察合同规定的义务后，勘察合同终止。

四、建设工程设计合同的主要内容

下面根据《民用建设工程设计合同》示范文本（GF-2000-0209）和《建设工程设计合同》（专业建设工程）示范文本（GF-2000-0210），说明设计合同的主要内容，并依据相关法规释义。

（一）设计依据

设计依据是设计人按合同开展设计工作的依据，也是发包人验收设计成果的依据。

GF-2000-0210 示范文本中列出的设计依据有：①发包人给设计人的委托书或设计中标文件；②发包人提交的基础资料；③设计人采用的主要技术标准。而在《建设工程勘察设计管理条例》中列出了以下几个最基本的设计依据。

1. 项目批准文件

项目批准文件指政府有关部门批准的建设项目成立的项目建议书、可行性研究报告或者其他准予立项文件。项目批准文件确定了该工程项目建设的总原则、总要求，是编制设计文件的主要依据。在编制建设工程设计文件中，不得擅自改变或者违背项目批准文件确定的总原则、总要求，如果确需调整变更时，必须报原审批部门重新批准。项目批准文件由发包人负责提供给建设工程设计人，变更项目批准也由发包人负责，对此双方应当在设计合同中予以约定。

2. 城市规划

根据《中华人民共和国城市规划法》的规定，新建、扩建和改建建筑物、构筑物、道路、管线和其他工程设施，必须提出申请，由城市规划行政部门根据城市规划提出的规划设计要求，核发建设工程规划许可证件。编制建设工程设计文件应当以这些要求和许可证作为依据，使建设项目符合所在地的城市规划的要求。编制建设工程设计文件所需的城市规划资料，以及有关许可证件一般由发包人负责申领，提供给建设工程设计人。如需设计人提供代办及相应服务的，应当在合同中专门约定。

3. 工程建设强制性标准

我国工程建设标准体制将工程建设标准分为强制性标准和推荐性标准两类。前者是指工程建设标准中直接涉及人民生命财产安全、人身健康、环境保护和其他公众利益，以及提供经济效益和社会效益等方面的要求，在建设工程勘察、设计中必须严格执行的强制性条款。

工程建设强制性标准是编制建设工程设计文件最重要的依据。《建设工程质量管理条例》第19条规定，“勘察、设计单位必须按照工程建设强制性标准勘察、设计，并对其勘察、设计的质量负责”，同时对违反工程建设强制性标准行为规定了相应的罚则。

4. 国家规定的建设工程设计深度要求

建设工程设计文件编制深度的规定包括设计文件的内容、要求、格式等具体规定，它既是编制设计文件的依据和标准，也是衡量设计文件质量的依据和标准。国家规定的建设工程设计文件的深度要求，由国务院各有关部门组织制定，电力、水利、石油、化工、冶金、机械、建筑等不同类型建设项目的建设工程设计分别执行本专业设计编制深度规定。设计合同中可约定按国家规定的建设工程设计深度的规定执行，如建筑工程设计应当执行建设部组织制定的《建筑工程设计文件编制深度的规定》（建设〔1992〕02号）。发包人对编制建设工程设计文件编制深度有特殊要求的，也可以在合同中专门约定。

（二）合同所涉及的设计项目内容

合同中确定的设计项目的内容，一般包括设计项目的名称、规模、设计的阶段、投资及设计费等。通常，在设计合同中以表格形式明确列出设计项目内容。各行业建设项目有各自的特点，在设计内容上有所不同，在合同签订过程中可根据行业的特点进行确定。民用建设工程项目的设计内容见表6-1。

表6-1　　**民用建设工程项目设计内容**

序号	分项目名称	建设规模		设计阶段及内容			估算总投资（万元）	费率（%）	估算设计费（元）
		层数	建筑面积（m^2）	方案	初步设计	施工图			

1. 方案设计内容

方案设计内容包括：①对建设项目进行总体部署和安排，使设计构思和设计意图具体化；②细化总平面布局、功能分区、总体布置、空间组合、交通组织等；③细化总用地面积、总建筑面积等各项技术经济指标。方案设计的内容与深度应当满足编制初步设计和总概算的需要。

2. 初步设计内容

建筑工程的初步设计内容是对方案设计的深化，专业建设工程的初步设计内容是对批准的可行性研究报告的深化。初步设计要具体阐明设计原则，细化设计方案，解决关键技术问题，计算各种技术经济指标，编制总概算。初步设计的内容和深度要满足设计方案比选、主要设备材料订货、征用土地、控制投资、编制施工图、编制施工组织设计、进行施工准备和生产准备等的要求。对于初步设计批准后就要进行施工招标的工作，初步设计文件还应当满足编制施工招标文件的需要。

3. 施工图设计内容

施工图设计内容是按照初步设计确定的具体设计原则、设计方案和主要设备定货情况进行编制，要求绘制出各部分的施工详图和设备、管线安装图。施工图文件编制的内容和深度应当满足设备材料的安排和非标准设备制作、编制施工图预算和进行施工等的要求。

（三）发包人提供资料和设计人提交设计文件

发包人提供的资料是设计人开展设计工作的依据之一，发包人提交资料的时间直接影响设计人的工作进度。因此，在合同中双方应该根据设计进度的要求，明确规定发包人提供资料的清单及应该提交的日期。发包人提供资料的清单可用表格的形式（见表6-2）在合同中予以规定。

表6-2　　发包人提供资料表

序号	资料及文件名称	份数	提交日期	有关事宜

在建设项目确立以后，工程设计就成为工程建设最关键的环节，建设工程设计文件是设备材料采购、非标准设备制作和施工的主要依据，设计文件提交的时间将决定项目实施后续工作的开展，决定项目整体工期的长短。因此，在设计合同中应按照项目整个建设进度的安排、合理的设计周期及各专业设计之间的逻辑关系等规定分批或分类的工程设计文件提交的份数、时间和地点等。通常，在设计合同中可用表格的形式（见表6-3）对设计人提交的设计文件予以约定。

表6-3　　设计人提供设计文件表

序号	资料及文件名称	份数	提交日期	提交地点	有关事宜

（四）设计费用与支付

1. 设计取费标准

工程设计收费是指设计人根据发包人的委托，提供编制建设项目初步设计文件、施工图设计文件、非标准设备设计文件、施工图预算文件、竣工图文件等服务所收取的费用。发包人与设计人在签订设计合同时，应按原国家计委和建设部于2002年联合颁布的《工程勘察设计收费管理规定》（计价格〔2002〕10号）及所附的《工程设计收费标准》，在合同中约定工程设计收费合同额。

按计价格〔2002〕10号文规定，建设项目总投资估算额500万元及以上的工程设计收费实行政府指导价，投资估算额500万元以下的工程设计收费实行市场调节价。实行政府指导价的工程设计收费，是以工程设计收费基准价为基础，发包人和设计人可以根据建设项目的实际情况在上下20%的浮动幅度内协商确定工程设计收费合同额。工程设计收费基准价是根据计价格〔2002〕10号文所附的《工程设计收费标准》计算的工程设计基准收费额。另外，工程设计收费可以体现优质优价的原则，凡在工程设计中采用新技术新工艺、新设备、新材料，有利于提高建设项目经济效益、环境效益和社会效益的，发包人和设计人可以在上浮25%的幅度内协商确定收费合同额。《工程设计收费标准》中没有规定的项目，由发包人、设计人另行议定收费额。

2. 设计费支付

GF-2000-0209 和 GF-2000-0210 示范文本均规定，合同生效后 3 日内，发包人支付设计费总额的 20%作为定金。合同履行后，定金抵作设计费。但是，GF-2000-0209 和 GF-2000-0210 示范文本在设计费进度款支付上的规定存在差异。适用于民用建设工程的，在设计人提交各阶段设计文件的同时支付各阶段设计费并在合同中约定各阶段支付设计费的比例(见表 6-4)。在提交最后一部分施工图的同时结清全部设计费，不留尾款。适用专业建设工程的 GF-2000-0210 设计合同示范文本规定，在设计人提交合同约定的设计文件（通常是技术设计阶段完成后）后 3 日内，发包人支付设计费总额的 30%；之后，发包人应按设计人所完成的施工图工作量比例，分期分批向设计人支付总设计费的 50%，施工图完成后，发包人结清设计费，不留尾款。

表 6-4　设计费分阶段支付表

付费次序	占总设计费（%）	付费额（元）	付费时间（由交付设计文件所决定）
第一次付费	20（定金）		
第二次付费			
第三次付费			
第四次付费			
……			
合计	100	总设计费	

3. 设计费调整

设计合同中所约定的设计费合同额通常为估算设计费。在专业建设工程设计合同中，双方在初步设计审批后，按批准的初步设计概算重新核算设计费。工程建设期间如遇概算调整，则设计费也应做相应调整。在民用建设工程设计合同中，视合同所完成的设计阶段，实际设计费按初步设计概算或施工图设计概算核定，多退少补。当实际设计费与估算设计费出现差额时，双方另行签订补充协议。

（五）双方的合同责任

1. 发包人责任

GF-2000-0209 和 GF-2000-0210 示范文本对工程设计合同发包人的责任做了如下规定：

(1)发包人应在合同规定的时间内向设计人提交合同约定应由发包人提供的资料及文件，并对其完整性、正确性及时限负责，发包人不得要求设计人违反国家有关标准进行设计。发包人提交上述资料及文件超过规定期限 15 日内，设计人按合同规定交付设计文件的时间顺延；超过规定期限 15 日以上时，设计人员有权重新确定提交设计文件的时间。

（2）发包人变更委托设计项目、规模、条件或因提交的资料错误，或所提交资料做较大修改，以致造成设计人设计需返工时，双方除需另行协商签订补充协议（或另订合同)、重新明确有关条款外，发包人应按设计人所耗工作量向设计人增付设计费或支付返工费。在未签合同前发包人已同意，设计人为发包人所做的各项设计工作，应按收费标准，相应支付设计费。

（3）发包人要求设计人比合同规定时间提前交付设计资料及文件时，在不严重背离合理设计周期的情况下，如果设计人能够做到，发包人应根据设计人提前投入的工作量，向设计人支付赶工费。

（4）发包人应为设计人派驻现场或派赴现场处理有关设计问题的工作人员，提供必要的工作、生活及交通等方面的便利条件及必要的劳动保护装备。

（5）设计文件中选用的国家标准图、部标准图及地方标准图由发包人负责解决。

（6）承担本项目外国专家来设计人办公室工作的接待费（包括传真、电话、复印、办公等费用）。

（7）发包人应保护设计人的投标书、设计方案、文件、资料图纸、数据、计算软件和专利技术。未经设计人同意，发包人对设计人交付的设计资料及文件不得擅自修改、复制或向第三人转让或用于本合同外的项目，如发生以上情况，发包人应负法律责任，设计人有权向发包人提出索赔。

2. 设计人责任

GF-2000-0209 和 GF-2000-0210 示范文本对工程设计合同设计人的责任做了如下一些主要规定：

（1）设计人应按国家规定和合同约定的技术规范、标准、规程和发包人设计要求进行工程设计，按合同约定的内容、时间、地点及份数向发包人交付设计文件，并对提交的设计文件的质量负责。

（2）设计人应保证与发包人在合同中所约定的设计合理使用年限。设计合理使用年限是指从竣工验收合格之日起，建设工程的地基基础、主体结构能保证在合理使用的正常情况安全使用的年限。它与《建设工程勘察设计管理条例》第 26 条的“建设工程合理使用年限”、《中华人民共和国建筑法》第 62 条的“建筑物合理寿命年限”、合同相关法律中的“建设工程合理使用年限”以及其他相关规定中的“建筑工程寿命期限”的含义都是一致的。《建设工程质量管理条例》第 21 条规定：“设计文件应当符合国家规定的设计深度要求，注明合理使用年限。”

（3）设计人交付设计资料及文件后，按规定参加有关的设计审查，并根据审查结论负责对不超出原定范围的内容做必要调整补充。设计人按合同规定时限交付设计资料及文件后一年内若项目开始施工，设计人负责向发包人及施工单位进行设计交底、处理有关设计问题和参加竣工验收。若在一年内项目尚未开始施工，设计人仍负责上述工作，但应按所需工作量向发包人适当收取咨询服务费，收费额由双方商定。

（4）若工程设计含有境外设计部分，设计人应负责对外商的设计资料进行审查，并负责该合同项目的设计联络工作。

（5）设计人应保护发包人的知识产权，不得向第三人泄露、转让发包人提交的产品图纸等技术经济资料。如发生以上情况并给发包人造成经济损失的，发包人有权向设计人索赔。

3. 双方违约责任

GF-2000-0209 和 GF-2000-0210 示范文本对工程设计合同双方当事人的责任做了如下一些主要规定：

（1）发包人必须按合同规定支付定金，收到定金作为设计人设计开工的标志。未收到定金，设计人有权推迟设计工作的开工时间，且交付文件的时间顺延。

（2）在合同履行期间，发包人要求终止或解除合同，设计人未开始设计工作的，不退还发包人已付的定金；已开始设计工作的，发包人应根据设计人已进行的实际工作量，不足一半时，按该阶段设计费的一半支付；超过一半时，按该阶段设计费的全部支付。

（3）发包人应按合同规定的金额和时间向设计人支付设计费，每逾期支付1日，应承担支付金额2‰的逾期违约金。逾期超过30日时，设计人有权暂停履行下阶段工作，并书面通知发包人。发包人的上级或设计审批部门对设计文件不审批或合同项目停建或缓建，发包人均应按上一条的规定支付设计费。

（4）设计人对设计资料及文件出现的遗漏或错误负责修改或补充。由于设计人员错误造成工程质量事故损失，设计人除负责采取补救措施外，应免收直接受损失部分的设计费。损失严重的，设计人应根据损失的程度向发包人支付赔偿金。赔偿金按实际损失的比例来计算，双方应在合同中约定赔偿金的比例。

（5）由于设计人自身原因，延误了按合同规定的设计资料及设计文件的交付时间，每延误一天，应减收该项目应收设计费的2‰。

（6）合同生效后，设计人要求终止或解除合同，设计人应双倍返还发包人已支付的定金。

（六）其他约定

1. 超出《工程设计收费标准》咨询服务范围的约定

（1）发包人要求设计人派专人留驻施工现场进行配合与解决有关问题时，双方应另行签订补充协议或技术咨询服务合同。

（2）设计人为本合同项目所采用的国家或地方标准图，由发包人自费向有关出版部门购买。发包人要求设计人提交的设计资料及文件份数超过《工程设计收费标准》规定的份数，发包人应向设计人另付超过规定份数部分的工本费。《工程设计收费标准》中规定的设计人提供设计文件的标准份数：初步设计、总体设计分别为10份，施工图设计、非标准设备设计、施工图预算、竣工图分别为8份。

（3）对工程设计资料及文件中的建筑材料、建筑构配件和设备，应当注明其规格、型号、性能等技术指标，但设计人不得指定生产厂或供应商。发包人需要设计人配合加工订货时，所需费用由发包人承担。

（4）发包人委托设计人配合引进项目的设计任务，从询价、对外谈判、国内外技术考察直至建成投产的各个阶段，应吸收承担有关设计任务的设计人员参加。出国费用，除制装费外，其他费用由发包人支付。

（5）发包人委托设计人承担合同规定内容之外的工作服务，另行支付费用。

2. 合同效力的约定

（1）工程设计合同经发包人与设计人双方签字盖章后即生效。

（2）设计合同生效后，按规定应到项目所在地省级建设行政主管部门规定的审查部门备案；双方认为必要时，到工商行政管理部门鉴证。双方履行完合同规定的义务后，本合同即行终止。

（3）设计人为本合同项目的服务至施工安装结束为止。

（4）由于不可抗力因素致使合同无法履行时，双方应及时协商解决。

（5）双方认可的来往传真、电报、会议纪要等，均为合同的组成部分，与双方签订的协议书具有同等法律效力。

（6）未尽事宜，经双方协商一致，签订补充协议，补充协议与本合同具有同等效力。

3. 合同争议的解决

通常约定当设计合同发生争议时，发包人、设计人应该本着友好合作的精神及时协商解决合同争议。同时，双方应在合同中约定，当双方协商不成时，是向合同中约定的仲裁委员会提请仲裁，还是依法向人民法院起诉。

五、建设工程勘察设计合同管理

勘察设计合同是勘察设计单位在工程勘察设计过程中的最高行为准则，勘察设计单位在工程勘察设计过程中的一切活动都是为了履行合同责任。所以，广义上的勘察设计合同管理包括了勘察设计项目管理的全部工作。但是，通常所说的合同管理是指项目管理的一个职能，包括项目管理中所有涉及合同的服务性工作。所以，勘察设计合同管理是指勘察设计合同条件的拟订、合同的签订和履行、合同的变更与解除、合同争议的解决和合同索赔等管理工作。其目的是促使合同双方全面而有序地完成合同规定各方的义务与责任，从而保证工程勘察设计工作的顺利实施。

（一）勘察设计合同主体与客体的法律地位

勘察设计合同法律关系的主体是合同双方当事人，即发包人和承包人；其客体是指发包人委托勘察设计的建设工程项目。合同主体与客体的地位必须符合有关法律的规定，否则合同的有效性得不到法律的承认与保护。因此，对合同的任一方来说，合同管理第一步是确认合同法律关系主体与客体是否合法。

1. 勘察设计合同法律关系主体的法律地位

按《建设工程勘察设计合同管理办法》第 4 条的规定，勘察设计合同的发包人应当是法人或者自然人，承接方必须具有法人资格。发包人可以是建设单位或者项目管理部门，承接方则应是持有建设行政主管部门颁发的工程勘察设计资质证书、工程勘察设计收费资格证书和工商行政管理部门核发的企业法人营业执照的工程勘察设计单位。按此规定，勘察合同的发包人可以是具有法人资格的建设单位或者是建设单位委托的项目管理企业、代建制企业等，或者是自然人。但是作为承担勘察或设计任务的勘察人或设计人必须具有法人资格，同时还必须具有行业资质。

建设工程勘察设计合同中，承包人的行业资质是其法律地位的一个重要特征。《建筑法》第 13 条规定："从事建筑活动的建筑施工企业、勘察单位、设计单位和工程监理单位划分为不同的资质等级，经资质审查合格，取得相应等级的资质证书后，方可在其资质等级许可的范围内从事建筑活动"。《建设工程勘察设计管理条例》第 21 条和（建设工程勘察设计资质管理规定》第 8 条均规定，承包方必须在建设工程勘察、设计资质证书规定的资质等级和业务范围内承揽建设工程的勘察、设计业务。

从发包人合同管理角度来看，发包人在选择勘察人和设计人时，审查候选承包人的资质证书是合同管理的首要环节。《建设工程勘察设计管理条例》第 17 条规定，发包方不得将建设工程勘察、设计业务发包给不具有相应勘察、设计资质等级的建设工程勘察、设计单位。《建筑法》第 65 条规定，发包单位将工程发包给不具有相应资质条件的承包单位的，责令改正，处以罚款。由此可见，如果发包人明知承包人没有资质或者资质等级达不到发包工程所要求的等级时而将工程勘察设计任务授予承包人，是一种不合法的行为，将直接影响到合同的有效性。

从承包人合同管理角度来看，承包人寻求和承接勘察设计业务时，要审查本企业的勘察设计资质等级与所承接工程所要求的等级是否相符。《中华人民共和国建筑法》第 26 条、《建设工程勘察设计管理条例》第 21 条和《建设工程勘察设计资质管理规定》第 8 条都明确规定，禁止建设工程勘察、设计单位超越其资质等级许可的范围或者以其他建设工程勘察、设计单位的名义承揽建设工程勘察、设计业务。禁止建设工程勘察、设计单位允许其他单位或者个人以本单位的名义承揽建设工程勘察、设计业务。《建筑法》第 65 条规定，超越本单位资质等级承揽工程的，责令停止违法行为，处以罚款，可以责令停业整顿，降低资质等级；情节严重的，吊销资质证书；有违法所得的，予以没收。因此，勘察设计单位采用虚假或伪造资质、超过资质等级承揽勘察设计任务，都属于违法行为，除了所签订的合同属于无效合同外，企业还将受到法律的处罚。

《建设工程勘察设计资质管理规定》第 5 条将工程勘察资质分为工程勘察综合资质、工程勘察专业资质、工程勘察劳务资质。工程勘察综合资质只设甲级；工程勘察专业资质设甲级、乙级，根据工程性质和技术特点，部分专业可以设丙级；工程勘察劳务资质不分等级。取得工程勘察综合资质的企业，可以承接各专业（海洋工程勘察除外）、各等级工程勘察业务；取得工程勘察专业资质的企业，可以承接相应等级相应专业的工程勘察业务；取得工程勘察劳务资质的企业，可以承接岩土工程治理、工程钻探、凿井等工程勘察劳务业务。

《建设工程勘察设计资质管理规定》第 6 条将工程设计资质分为工程设计综合资质工程设计行业资质、工程设计专业资质和工程设计专项资质。工程设计综合资质只设甲级；工程设计行业资质、工程设计专业资质、工程设计专项资质设甲级、乙级。根据工程性质和技术特点，个别行业、专业、专项资质可以设丙级，建筑工程专业资质可以设丁级。取得工程设计综合资质的企业，可以承接各行业、各等级的建设工程设计业务；取得工程设计行业资质的企业，可以承接相应行业相应等级的工程设计业务及本行业范围内同级别的相应专业、专项（设计施工一体化资质除外）工程设计业务；取得工程设计专业资质的企业，可以承接本专业相应等级的专业工程设计业务及同级别的相应专项工程设计业务（设计施工一体化资质除外）；取得工程设计专项资质的企业，可以承接本专项相应等级的专项工程设计业务。建设部于 2007 年颁布了《工程设计资质标准》，对各类工程设计资质承揽工程的范围做了详细的规定。

2. 合同法律关系客体的法律地位

在建筑工程勘察设计示范文本中均有条款要求发包人具备工程批准文件、用地红线、施工许可证等项目审批手续。在相关法规中，工程招标作为签订合同前的一个重要环节对招标项目的法定手续方面有着明确的要求。《中华人民共和国招标投标法》第 9 条规定，招标项目按照国家有关规定需要履行项目审批手续的，应当先履行审批手续，取得批准。招标人应当有进行招标项目的相应资金或者资金来源已经落实，并应当在招标文件中如实载明。《工程建设项目勘察设计招标投标办法》第 9 条规定：“依法必须进行勘察设计招标的工程建设项目，在招标时应当具备下列条件：①按照国家有关规定需要履行项目审批手续的，已履行审批手续，取得批准；②勘察设计所需资金已经落实所必需的勘察设计基础资料已经收集完成；③法律法规规定的其他条件。”

这些法定要求构成了建设工程勘察设计合同客体合法性的条件，将直接影响到勘察设计合同的效力。最重要的一点就是项目是否通过了相关政府行政部门的审批，并取得了批准文件。根据《国务院关于投资体制改革的决定》（国发〔2004〕20 号）的规定，凡企业不使用政府性资金投资建设的项目属于行政许可事项，政府一律不再审批，而是针对少数重大项目和限制类项目，从维护社会公共利益的角度，实行核准制。核准项目的范围，由《政府核准的投资项目目录》严格限定，并根据变化的情况适时调整。企业不使用政府性资金投资建设的《政府核准的投资项目目录》以外的项目，除国家法律法规和国务院专门规定禁止投资的项目以外，一律实行备案管理。所以，确定勘察设计合同客体合法性的依据，对《政府核准的投资项目目录》内的项目需要有政府项目行政主管部门的核准文件，其他项目则需要有在政府项目行政主管部门备案手续文件。但是，政府投资项目审批属于非行政许可事项，仍执行《国家计委关于重申严格执行基本建设程序和审批规定的通知》（计投资〔1999〕639 号），实行项目审批制度，需要取得政府项目行政主管部门的项目建议书和可行性研究报告等文件。这一类项目包括属于公益型和公共基础设施建设等市场不能有效配置资源的经济和社会领域内的建设项目和符合国家产业政策、符合国民经济和社会发展长远规划、行业规划、地区规划及城市规划项目等。

（二）勘察设计合同的签订程序

根据《建设工程勘察设计管理条例》第 12 条规定，建设工程勘察设计发包依法进行招标发包或直接发包。按《中华人民共和国招标投标法》第 3 条规定，在中华人民共和国境内进行下列工程建设项目的勘察设计必须进行招标：①大型基础设施、公用事业等关系社会公共利益、公众安全的项目；②全部或者部分使用国有资金投资或者国家融资的项目；③使用国际组织或者外国政府贷款、援助资金的项目。《工程建设项目招标范围和规模标准规定》（国家计委令第 3 号）第 7 条进一步明确，勘察设计服务采购必须招标的项目是，上述三类项目中合同估算价在 50 万元人民币以上的或者项目总投资额在 3000 万元人民币以上的。

按《工程建设项目招标范围和规模标准规定》第 8 条、《工程建设项目勘察设计招标投标办法》第 4 条规定，按照国家规定需要政府审批的项目中，有下列情形之一的，经批准后，项目的勘察设计可以不进行招标：①涉及国家安全、国家秘密；②抢险救灾；③主要工艺、技术采用特定专利或者专有技术；④技术复杂或专业性强，能够满足条件的勘察设计单位少于三家，不能形成有效竞争；⑤已建成项目需要改、扩建或者技术改造，由其他单位进行设计影响项目功能配套性。另外，如企业投资项目等，勘察设计任务可以实行招标发包，也可以直接发包合同。对于直接发包的勘察设计项目，可按照以下程序签订合同。

1. 发包人审查承包人的资质

委托方审查承包方是否属于合法的法人组织，有无有关的营业执照，有无与勘察设计项目相应的勘察设计证书；调查承包方勘察设计资历、工作质量、社会信誉、资信状况和履约能力等。

2. 承包人审查建设项目的批准文件

在接受委托前，承包人必须对委托人所委托勘察设计的工程项目的各种批准文件进行审查，以确保合同的有效性。这些文件主要有：项目行政主管部门批准的可行性研究报告（审批项目）、项目申请报告（核准项目）或备案申请报告（备案项目）等和城市规划行政主管部门批准的建设用地规划许可证。如果仅单独委托施工图设计任务，则应同时具备项目行政主管部门批准的初步设计文件。

3. 发包人提出勘察设计任务委托书

根据可行性研究报告或项目申请报告，向承包人提出设计要求，包括委托的项目概况、设计内容、设计范围、设计期限、设计质量和设计限制条件等。

4. 承包人确定设计取费标准和设计进度

承包人根据委托方提出的设计要求和提供的设计资料，研究并确定勘察设计进度、费用金额及付款方式等。

5. 双方当事人协商

勘察设计合同的当事人双方进行协商，就合同的各项条款取得一致意见。

6. 签订勘察设计合同

合同双方法人代表或其指定的代理人在合同文本上签字，并加盖各自单位法人公章合同生效。

（三）勘察设计过程中的合同管理

尽管勘察设计合同没有施工合同那么复杂，合同履行过程中也没有太多的变更，但并不意味着勘察设计项目就不需要合同管理。勘察设计合同的双方当事人都应重视合同管理工作，发包人如没有专业合同管理人员，可委托监理工程师负责；承包人应建立自己的合同管理专门机构，负责勘察设计合同的起草、协商和签订工作，同时在每个勘察设计项目中指定合同管理人员参加项目管理班子，专门负责勘察设计合同实施控制和管理。

1. 合同资料文档管理

在合同管理中，无论是合同签订、合同条款分析、合同的跟踪与监督、合同变更与索赔等，都是以合同资料为依据，同时在合同管理过程中会产生大量的合同资料。因此，合同资料文档管理是合同管理的一个基本业务。勘察设计中主要合同资料包括：

（1）勘察设计招标投标文件（如果有的话）。

（2）中标通知书（如果有的话）。

（3）勘察设计合同及附件，包括委托设计任务书、工程设计取费表、补充协议书等。

（4）发包人的各种指令、签证，双方的往来书信和电函、会谈纪要等。

（5）各种变更指令、变更申请和变更记录等。

（6）各种检测、试验和鉴定报告等。

（7）勘察设计文件。

（8）勘察设计工作的各种报表、报告等。

（9）政府部门和上级机构的各种批文、文件和签证等。

2. 合同实施的跟踪与监督

在发包人方面，合同的跟踪与监督就是掌握承包人勘察设计工作的进程，监督其是否按合同进度和合同规定的质量标准进行，发现拖延应立即督促承包人进行弥补，以保证勘察设计工作能够按期按质完成。同时，也应及时将本方的合同变更指令通知对方。

在承包人方面，合同的跟踪与监督就是对合同实施情况进行跟踪，将实际情况和合同资料进行对比分析，发现偏差。合同管理人员应及时将合同的偏差信息及原因分析结果和建议提供给设计项目的负责人，以便及早采取措施，调整偏差。同时，合同管理人员应及时将发包人的变更指令传达到本方设计项目负责人或直接传达给各专业设计部门和人员。无论是合同的哪一方，合同跟踪与监督的对象都是以下四个：

（1）勘察设计工作的质量。即工程勘察设计质量是否符合工程建设国家标准、行业标准或地方标准。勘察设计质量监督的法律依据是《建设工程勘察质量管理办法》（建设部第163号令）、《建设工程质量管理条例》（国务院第279号令）、《实施工程建设强制性标准监督规定》（建设部第 81 号令）、《工程建设国家标准管理办法》（建设部第 21 号令）和工程建设行业标准管理办法》（建设部第 25 号令）等。

（2）勘察设计工作量。即合同规定的勘察设计任务是否完成，有无合同规定以外的增加设计任务或附加设计项目。

（3）勘察设计进度。即设计工作的总体进展状况，分析项目设计是否能在合同规定的期限内完成，各专业设计的进展如何，是否按计划进行，相互之间是否可以衔接配套，不会相互延误。

（4）项目的设计概算。即所提出设计方案的设计概算是否超过了合同中发包人的投资计划额。

另外，按《建设工程勘察设计合同管理办法》第 7 条规定，在合同履行过程中，勘察人（设计人）经发包人同意可以将自己承包的部分工作分包给具有相应资质条件的第三人，第三人就其完成的工作成果与勘察人（设计人）向发包人承担连带责任。禁止乙方将其承包的工作全部转包给第三人或者肢解以后以分包的名义转包给第三人。禁止第三人将其承包的工作再分包。严禁出卖图章、图签等行为。

3. 合同变更管理

勘察设计合同的变更表现为设计图纸和说明的非设计错误的修改、设计进度计划的变动、设计规范的改变、增减合同中约定的设计工作量等。这些变更导致了合同双方的责任的变化。例如，由于发包人产生了新的想法，要求承包人对按合同进度计划已完的设计图纸进行返工修改，这就增加了承包人的合同责任及费用开支，并拖延了设计进度。对此，发包人应给予承包人应得的补偿，这往往又是引起双方合同纠纷的原因。合同变更是合同管理中频繁遇到的一个工作内容。在合同变更管理中要注意以下几个方面：

（1）应尽快提出或下达变更要求或指令。因为时间拖得越长，造成的损失越多，双方的争执越大。

（2）应迅速而全面地落实和执行变更指令。对于承包人来说，迅速地执行发包人的变更指令，调整工作部署，可以减少费用和时间的浪费。这种浪费往往被认为是承包人管理失误造成的，难以得到补偿。

（3）应严格遵守变更程序。即变更指令应以书面形式下达，如果是口头指令，承包人应在指令执行后立即得到发包人的书面认可。若非紧急情况，双方应首先签署变更协议，对变更的内容、变更后的费用与工期的补偿达成一致意见后，再下达变更指令。

（四）勘察设计合同的索赔

在勘察设计合同执行的过程中，由于合同一方因合同另一方未能履行或未能正确履行合同中所规定的义务而受到损失，则可向另一方提出索赔。勘察设计合同中通常规定各分项索赔费用限额或合同总索赔费用限额。

1. 承包人向发包人提出索赔要求

承包人在下列情况下可向发包人提出索赔要求：

（1）发包人不能按合同要求及时提交满足设计要求的资料，致使承包人设计人员无法正常开展设计工作，承包人可提出延长合同工期索赔。

（2）因发包人未能履行其合同规定的责任或在设计中途提出变更要求，而造成勘察设计工作的返工、停工、窝工或修改设计，承包人可向发包人提出增加设计费和延长合同工期索赔。

（3）发包人不按合同规定按时支付价款，承包人可提出合同违约金索赔。

（4）因其他原因属发包人责任造成承包人利益损害时，承包人可提出增加设计费索赔。

2. 发包人向承包人提出索赔要求

发包人在下列情况下可向承包人提出索赔：

（1）承包人未能按合同规定工期提交勘察设计文件，拖延了项目建设工期，发包人可向承包人提出违约金索赔。

（2）由于承包人提交的勘察设计成果错误或遗漏，发包人在工程施工或使用时遭受损失，发包人可向承包人提出减少支付设计费或赔偿索赔。

（3）因承包人的其他原因造成发包人损失的，发包人可向承包人提出索赔。

（五）勘察设计合同管理实际问题

在实际勘察合同管理工作中，要尤其注意以下一些问题。

1. 主体不合格问题

（1）以“×××基建办”或“×××工程指挥部”等之类的名义作为发包的法人主体签署的合同，主体不合格，从而形成无效合同。

（2）政府对房地产开发企业也实行行业准入制度，并有相应的资质分级，越级开发或者超越其营业执照范围的开发建设所签订的勘察设计合同无效。

（3）被工商行政管理部门吊销营业执照或者被撤销行业资质的企业作为法人主体签订勘察设计合同是无效的。

（4）合同任一方资质证书期限到期而又未及时办理续期的法人主体签订合同的效力得不到保证。

2. 客体不合法或不详

这种问题在勘察设计合同履行中所引起纠纷的比例最大。主要有两种情况：

（1）合同内容不合法。如某些发包人故意隐瞒甚至修改有关城市规划等主管部门关于容积率、绿化率、建筑限高、建筑规模、建筑标准等方面的要求，委托勘察设计单位按自己的意愿进行服务并签订合同，引起勘察设计人工作返工，合同延期等一系列后果、纠纷和不良影响的发生。

（2）合同规定勘察设计任务内容不详。每一个勘察设计合同是针对特定的对象、特定的条件而制订的特殊约定，但由于某些发包人对该方面的业务不熟悉，委托设计任务书或合同中未能将委托内容详细提供，而在合同执行中又要求承包人提供未被委托的服务，从而引起的各种纠纷。

3. 代理人问题

在工程勘察设计市场上存在着一些代理人，作为中介，代理发包人或承包人签订合同。尽管合同相关法律规定，行为人没有代理权、超越代理权或者代理权终止后以被代理人名义订立合同，相对人有理由相信行为人有代理权的，该代理行为有效。但这是指代理行为有效，并不是指签订的合同是有效的。因为合同相关法律明确规定，在这种情况下，如果行为人未经被代理人追认代理权，对被代理人不发生效力，由行为人承担责任。所以，如果没有被代理人的授权，所签订的勘察设计合同是不一定成立的。在实际勘察设计合同管理中，需要注意代理人是否取得被代理人的书面授权文件。

第二节 建设工程物资采购合同管理

一、建设工程物资采购合同的概念

建设工程物资采购合同，是指平等主体的自然人、法人、其他组织之间，为实现建设工程物资买卖，设立、变更、终止相互权利义务关系的协议。

建设工程物资采购合同属于买卖合同，具有买卖合同的一般特点：

（1）出卖人与买受人订立买卖合同，是以转移财产所有权为目的。

（2）买卖合同的买受人取得财产所有权，必须支付相应的价款；出卖人转移财产所有权，必须以买受人支付价款为对价。

（3）买卖合同是双务、有偿合同。所谓双务有偿是指合同双方互负一定义务，出卖人应当保质、保量、按期交付合同订购的物资、设备，买受人应当按合同约定的条件接收货物并及时支付货款。

（4）买卖合同是诺成合同。除了法律有特殊规定的情况外，当事人之间意思表示一致，买卖合同即可成立，并不以实物的交付为合同成立的条件。

建设工程物资采购合同大致可划分为物资设备采购合同和大型设备采购合同两大类。

物资设备采购合同：是指采购方与供货方就供应工程建设所需的建筑材料和市场上可直接购买定型生产的中小型通用设备所签订的合同。

大型设备采购合同：是指采购方与供货方为提供工程项目所需的大型复杂设备而签订的合同。

注：大型设备采购合同的标的物可能是非标准产品，需要专门加工制作，也可能是虽为标准产品，但技术复杂而市场需求量较小，一般没有现货供应，待双方签订合同后由供货方专门进行加工制作。

二、建设工程物资采购合同的特点

建设工程物资采购合同与项目的建设密切相关，其特点主要表现为：

（1）建设工程物资采购合同的当事人。建设工程物资采购合同的买受人即采购人，可以是发包人，也可以是承包人，依据施工合同的承包方式来确定。永久工程的大型设备一般情况下由发包人采购。施工中使用的建筑材料采购责任，按照施工合同专用条款的约定执行。通常分为发包人负责采购供应；承包人负责采购，包工包料承包。

采购合同的出卖人即供货人，可以是生产厂家，也可以是从事物资流转业务的供应商。

（2）物资采购合同的标的。建设工程物资采购合同的标的品种繁多，供货条件差异较大。

（3）物资采购合同的内容。建设物资采购合同视标的的特点，合同涉及的条款繁简程度差异较大。建筑材料采购合同的条款一般限于物资交货阶段，主要涉及交接程序、检验方式和质量要求、合同价款的支付等。大型设备的采购，除了交货阶段的工作外，往往还需包括设备生产阶段、设备安装调试阶段、设备试运行阶段、设备性能达标检验和保修等方面的条款约定。

（4）货物供应的时间。建设物资采购供应合同与施工进度密切相关，出卖人必须严格按照合同约定的时间交付订购的货物。延误交货将导致工程施工的停工待料，不能使建设项目及时发挥效益。提前交货通常买受人也不同意接受，一方面货物将占用施工现场有限的场地影响施工，另一方面增加了买受人的仓储保管费用。如出卖人提前将 500 吨水泥发运到施工现场，而买受人仓库已满，只好露天存放，为了防潮则需要投入很多物资进行维护保管。

三、物资设备采购合同与大型设备采购合同的主要区别

（1）物资设备采购合同的标的是物的转移，而大型设备采购合同的标的是完成约定的工作，并表现为一定的劳动成果。

（2）物资设备采购合同的标的物可以是在合同成立时已经存在，也可能是签订合同时还未生产，而后按采购方要求数量生产。而作为大型设备采购合同的标的物，必须是合同成立后供货方依据采购方的要求而制造的特定产品，它在合同签约前并不存在。

（3）物资设备采购合同的采购方只能在合同约定期限到来时要求供货方履行，一般无权过问供货方是如何组织生产的。而大型设备采购合同的供货方必须按照采购方交付的任务和要求去完成工作，在不影响供货方正常制造的情况下，采购方还要对加工制造过程中的质量和期限等进行检查和监督，一般情况下都派有驻厂代表或聘请监理工程师（也称设备监造）负责对生产过程进行监督控制。

（4）物资设备采购合同中订购的货物不一定是供货方自己生产的，他也可以通过各种渠道去组织货源，完成供货任务。而大型设备采购合同则要求供货方必须用自己的劳动、设备、技能独立地完成定做物的加工制造。

（5）物资设备采购合同供货方按质、按量、按期将订购货物交付采购方后即完成了合同义务；而大型设备采购合同中有时还可能包括要求供货方承担设备安装服务，或在其他承包人进行设备安装时负责协助、指导等的合同约定，以及对生产技术人员的培训服务等内容。

四、物资采购合同的主要内容

按照《合同法》的分类，材料采购合同属于买卖合同。采购建筑材料和通用设备的购销合同，分为约首、合同条款和约尾三部分。约首写明采购方和供货方的单位名称、合同编号和签订约地点。约尾指的是最终签字盖章使合同生效的有关内容，包括签字的法定代表人或委托代理人姓名、开户银行和账号、合同的有效起止日期等。合同条款指的是买卖双方的权利和义务。

国内物资购销合同的示范文本规定，合同条款应包括以下几方面内容：产品名称、商标、型号、生产厂家、订购数量、合同金额、供货时间及每次供应数量；质量要求的技术标准、供货方对质量负责的条件和期限；交（提）货地点、方式；运输方式及到站、港和费用的负担责任；合理损耗及计算方法；包装标准、包装物的供应与回收；验收标准、方法及提出异议的期限；随机备品、配件工具数量及供应办法；结算方式及期限；如需提供担保，另立合同担保书作为合同附件；违约责任；解决合同争议的方法；其他约定事项。

五、物资采购合同主要条款的约定内容

（一）标的物的约定

1. 物资名称

写明商品牌号、品种、规格、型号以及用途。

2. 质量要求和技术标准

约定质量标准的一般原则：

（1）按颁布的国家标准执行。

（2）无国家标准而有部颁标准的产品，按部颁标准执行。

（3）没有国家标准和部颁标准作为依据时，可按企业标准执行。

（4）没有上述标准，或虽有上述某一标准但采购方有特殊要求时，按双方在合同中商定的技术条件、样品或补充的技术要求执行。

合同内必须写明执行的质量标准代号、编号和标准名称，明确各类材料的技术要求、试验项目、试验方法、试验频率等。采购成套产品时，合同内也需规定附件的质量要求。

3. 产品的数量

合同内约定产品数量时，应写明订购产品的计量单位、供货数量、允许的合理磅差范围和计算方法。建筑材料数量的计量方法一般有理论换算法、衡量法和查点法三种。

（二）订购产品的交付

1. 产品的交付方式

订购物资或产品的供应方式，可以分为采购方到合同约定地点自提货物和供货方负责将货物送达指定地点两大类，而供货方送货又可细分为将货物负责送抵现场或委托运输部门代运两种形式。为了明确货物的运输责任，应在相应条款内写明所采用的交（提）货方式、交（接）货物的地点、接货单位（或接货人）的名称。

2. 交货期限

货物的交（提）货期限，是指货物交接的具体时间要求。它不仅关系到合同是否按期履行，还可能会出现货物意外灭失或损坏时的责任承担问题。合同内应对交（提）货期限写明月份或更具体的时间（如旬、日）。如果合同内规定分批交货时，还需注明各批次交货的时间，以便明确责任。

合同履行过程中，判定是否按期交货或提货，依照约定的交（提）货方式的不同，可能有以下几种情况：

（1）供货方送货到现场，以采购方接收货物时在货单上签收的日期为准。

（2）供货方负责代运货物，以发货时承运部门签发货单上的戳记日期为准。合同内约定采用代运方式时，供货方必须根据合同规定的交货期、数量、到站、接货人等，按期编制运输作业计划，办理托运、装车（船）、查验等发货手续，并将货运单、合格证等交寄对方，以便采购方在指定车站或码头接货。如果因单证不齐导致采购方无法接货，由此造成的站场存储费和运输罚款等额外支出费用，应由供货方承担。

（3）采购方自提产品，以供货方通知提货的日期为准。但供货方的提货通知中，应给对方合理预留必要的途中时间。采购方如果不能按时提货，应承担逾期提货的违约责任。当供货方早于合同约定日期发出提货通知时，采购方可根据施工的实际需要和仓储保管能力，决定是否按通知的时间提前提货。他有权拒绝提前提货，也可以按通知时间提货后仍按合同规定的交货时间付款。

实际交（提）货日期早于或迟于合同规定的期限，都应视为提前或逾期交（提）货，由有关方承担相应责任。

（三）交货检验

1. 验收依据

按照合同的约定，供货方交付产品时，可以作为双方验收依据的资料包括：

（1）双方签订的采购合同。

（2）供货方提供的发货单、计量单、装箱单及其他有关凭证。

（3）合同内约定的质量标准。应写明执行的标准代号、标准名称。

（4）产品合格证、检验单。

（5）图纸、样品或其他技术证明文件。

（6）双方当事人共同封存的样品。

2. 交货数量检验

（1）供货方代运货物的到货检验。由供货方代运的货物，采购方在站场提货地点应与运输部门共同验货，以便发现灭失、短少、损坏等情况时，能及时分清责任。采购方接收后，运输部门不再负责。属于交运前出现的问题，由供货方负责；运输过程中发生的问题，由运输部门负责。

（2）现场交货的到货检验。数量验收的方法。主要包括：

1）衡量法。即根据各种物资不同的计量单位进行检尺、检斤，以衡量其长度、面积、体积、重量是否与合同约定一致。如胶管衡量其长度；钢板衡量其面积；木材衡量其体积；钢筋衡量其重量等。

2）理论换算法。如管材等各种定尺、倍尺的金属材料，量测其直径和壁厚后，再按理论公式换算验收。换算依据为国家规定标准或合同约定的换算标准。

3）查点法。采购定量包装的计件物资，只要查点到货数量即可。包装内的产品数量或重量应与包装物标明的一致，否则应由厂家或封装单位负责。

交货数量的允许增减范围。合同履行过程中，经常会发生发货数量与实际验收数量不符，或实际交货数量与合同约定的交货数量不符的情况。其原因可能是供货方的责任，也可能是运输部门的责任，或运输过程中的合理损耗。前两种情况要追究有关方的责任。第三种情况则应控制在合理的范围之内。有关行政主管部门对通用的物资和材料规定了货物交接过程中允许的合理磅差和尾差界限，如果合同约定供应的货物无规定可循、也应在条款内约定合理的差额界限，以免交接验收时发生合同争议。交付货物的数量在合理的尾差和磅差内，不按多交或少交对待，双方互不退补。超过界限范围时，按合同约定的方法计算多交或少交部分的数量。

合同内对磅差和尾差规定出合理的界限范围，既可以划清责任，还可为供货方合理组织发运提供灵活变通的条件。如果超过合理范围，则按实际交货数量计算。不足部分由供货方补齐或退回不足部分的货款；采购方同意接受的多交付部分，进一步支付溢出数量货物的货款。但在计算多交或少交数量时，应按订购数量与实际交货数量比较，均不再考虑合理磅差和尾差因素。

3. 交货质量检验

（1）质量责任。不论采用何种交接方式，采购方均应在合同规定的由供货方对质量负责的条件和期限内，对交付产品进行验收和试验。某些必须安装运转后才能发现内在质量缺陷的设备，应于合同内规定缺陷责任期或保修期。在此期限内，凡检测不合格的物资或设备，均由供货方负责。如果采购方在规定时间内未提出质量异议，或因其使用、保管、保养不善而造成质量下降，供货方不再负责。

（2）质量要求和技术标准。产品质量应满足规定用途的特性指标，因此合同内必须约定产品应达到的质量标准。约定质量标准的一般原则参见本节“质量要求和技术标准”。

（3）验收方法。合同内应具体写明检验的内容和手段，以及检测应达到的质量标准。对于抽样检查的产品，还应约定抽检的比例和取样的方法，以及双方共同认可的检测单位。质量验收的方法可以采用：①经验鉴别法。即通过目测、手触或以常用的检测工具量测后，判定质量是否符合要求。②物理试验。根据对产品的性能检验目的，可以进行拉伸试验、压缩试验、冲击试验、金相试验及硬度试验等。③化学实验。即抽出一部分样品进行定性分析或定量分析的化学试验，以确定其内在质量。

（4）对产品提出异议的时间和办法。合同内应具体写明采购方对不合格产品提出异议的时间和拒付货款的条件。采购方提出的书面异议中，应说明检验情况，出具检验证明和对不符合规定产品提出具体意见。凡因采购方使用、保管、保养不善原因导致的质量下降，供货方不承担责任。在接到采购方的书面异议通知后，供货方应在10日内（或合同商定的时间内）负责处理，否则即视为默认采购方提出的异议和处理意见。

如果当事人双方对产品的质量检测、试验结果发生争议，应按《标准化法》的规定，请标准化管理部门的质量监督检验机构进行仲裁检验。

（四）合同的变更或解除

合同履行过程中，如需变更合同内容或解除合同，都必须依据合同相关法律规定执行。一方当事人要求变更或解除合同时，在未达成新的协议前，原合同仍然有效。要求变更或解除合同一方应及时将自己的意图通知对方，对方也应在接到书面通知后的15日或合同约定的时间内予以答复，逾期不答复的视为默认。

物资采购合同变更的内容可能涉及订购数量的增减、包装物标准的改变、交货时间和地点的变更等方面。采购方对合同内约定的订购数量不得少要或不要，否则要承担中途退货的责任。只有当供货方不能按期交付货物，或交付的货物存在严重质量问题而影响工程使用时，采购方认为继续履行合同已成为不必要，才可以拒收货物，甚至解除合同关系。如果采购方要求变更到货地点或接货人，应在合同规定的交货期限届满前40日通知供货方，以便供货方修改发运计划和组织运输工具。迟于上述规定期限，双方应当立即协商处理。如果已不可能变更或变更后会发生额外费用支出，其后果均应由采购方负责。

（五）支付结算管理

1. 货款结算

（1）支付货款的条件。合同内需明确是验单付款还是验货后付款，然后再约定结算方式和结算时间。验单付款是指委托供货方代运的货物，供货方把货物交付承运部门并将运输单证寄给采购方，采购方在收到单证后合同约定的期限内即应支付的结算方式。尤其对分批交货的物资，每批交付后应在多少天内支付货款也应明确注明。

（2）结算支付的方式。结算方式可以是现金支付、转账结算或异地托收承付。现金结算只适用于成交货物数量少，且金额小的购销合同；转账结算适用于同城市或同地区内的结算；托收承付适用于合同双方不在同一城市的结算方式。

2. 拒付货款

采购方拒付货款，应当按照中国人民银行结算办法的拒付规定办理。采用托收承付结算时，如果采购方的拒付手续超过承付期，银行不予受理。采购方对拒付货款的产品必须负责接收，并妥为保管不准动用。如果发现动用，由银行代供货方扣收货款，并按逾期付款对待。

采购方有权部分或全部拒付货款的情况大致包括：

（1）交付货物的数量少于合同约定，拒付少交部分的货款。

（2）拒付质量不符合合同要求部分货物的货款。

（3）供货方交付的货物多于合同规定的数量且采购方不同意接收部分的货物，在承付期内可以拒付。

（六）违约责任

1. 违约金的规定

当事人任何一方不能正确履行合同义务时，均应以违约金的形式承担违约赔偿责任。双方应通过协商，将具体采用的比例数写在合同条款内。

2. 供货方的违约责任

（1）未能按合同约定交付货物。这类违约行为可能包括不能供货和不能按期供货两种情况，由于这两种错误行为给对方造成的损失不同，因此承担违约责任的形式也不完全一样。

1）如果因供货方的原因导致不能全部或部分交货，应按合同约定的违约金比例乘以不能交货部分货款计算违约金。若违约金不足以偿付采购方所受到的实际损失时，可以修改违约金的计算方法，使实际受到的损害能够得到合理的补偿。如施工承包人为了避免停工待料，不得不以较高价格紧急采购不能供应部分的货物而受到的价差损失等。

2）供货方不能按期交货的行为，又可以进一步区分为逾期交货和提前交货两种情况：

第一，逾期交货。不论合同内规定由他将货物送达指定地点交接，还是采购方去自提，均要按合同约定依据逾期交货部分货款总价计算违约金。对约定由采购方自提货物而不能按期交付时，若发生采购方的其他额外损失，这笔实际开支的费用也应由供货方承担。如采购方已按期派车到指定地点接收货物，而供货方又不能交付时，则派车损失应由供货方支付费用。发生逾期交货事件后，供货方还应在发货前与采购方就发货的有关事宜进行协商。采购方仍需要时，可继续发货照数补齐，并承担逾期交货责任；如果采购方认为已不再需要，有权在接到发货协商通知后的15日内，通知供货方办理解除合同手续。但逾期不予答复视为同意供货方继续发货。

第二，提前交付货物。属于约定由采购方自提货物的合同，采购方接到对方发出的提前提货通知后，可以根据自己的实际情况拒绝提前提货；对于供货方提前发运或交付的货物，采购方仍可按合同规定的时间付款，而且对多交货部分，以及品种、型号、规格、质量等不符合合同规定的产品，在代为保管期内实际支出的保管、保养等费用由供货方承担。代为保管期内，不是因采购方保管不善原因而导致的损失，仍由供货方负责。

第三，交货数量与合同不符。交付的数量多于合同规定，且采购方不同意接受时。可在承付期内拒付多交部分的货款和运杂费。合同双方在同一城市，采购方可以拒收多交部分；双方不在同一城市，采购方应先把货物接收下来并负责保管，然后将详细情况和处理意见在到货后的10日内通知对方。当交付的数量少于合同规定时，采购方凭有关的合法证明在承付期内可以拒付少交部分的货款，也应在到货后的10日内将详情和处理意见通知对方。供货方接到通知后应在10日内答复，否则视为同意对方的处理意见。

（2）产品的质量缺陷。交付货物的品种、型号、规格、质量不符合合同规定，如果采购方同意利用，应当按质论价；当采购方不同意使用时，由供货方负责包换或包修。不能修理或调换的产品，按供货方不能交货对待。

（3）供货方的运输责任。主要涉及包装责任和发运责任两个方面。①合理的包装是安全运输的保障，供货方应按合同约定的标准对产品进行包装。凡因包装不符合规定而造成货物运输过程中的损坏或灭失，均由供货方负责赔偿。②供货方如果将货物错发到货地点或接货人时，除应负责运交合同规定的到货地点或接货人外，还应承担对方因此多支付的一切实际费用和逾期交货的违约金。供货方应按合同约定的路线和运输工具发运货物，如果未经对方同意私自变更运输工具或路线，要承担由此增加的费用。

3. 采购方的违约责任

（1）不按合同约定接受货物。合同签订以后或履行过程中，采购方要求中途退货，应向供货方支付按退货部分货款总额计算的违约金。对于实行供货方送货或代运的物资，采购方违反合同规定拒绝接货，要承担由此造成的货物损失和运输部门的罚款。约定为自提的产品，采购方不能按期提货，除需支付按逾期提货部分货款总值计算延期付款的违约金之外，还应承担逾期提货时间内供货方实际发生的代为保管、保养费用。逾期提货，可能是未按合同约定的日期提货；也可能是已同意供货方逾期交付货物，而接到提货通知后未在合同规定的时限内去提货两种情况。

（2）逾期付款。采购方逾期付款，应按照合同内约定的计算办法，支付逾期付款利息。按照中国人民银行有关延期付款的规定，延期付款利率一般按每天 0.5‰计算。

（3）货物交接地点错误的责任。不论是由于采购方在合同内错填到货地点或接货人，还是未在合同约定的时限内及时将变更的到货地点或接货人通知对方，导致供货方送货或代运过程中不能顺利交接货物，所产生的后果均由采购方承担。责任范围包括自行运到所需地点或承担供货方及运输部门按采购方要求改变交货地点的一切额外支出。

第三节　建设工程分包合同管理

一、建设工程分包合同概述

建设工程合同具有周期长、工程量大、资金需求多、专业分工细等特点。单个承包人只靠自身的力量往往难以完成合同约定的任务，而往往以分包形式让其他方加入工程建设中来，以增强自身履约能力，并分担风险。

（一）建设工程分包的含义

建设工程分包是相对总承包而言的。建设工程分包合同是工程分包活动的表现形式，是建筑施工中常见的合同形式。工程分包是指经合同约定和发包人认可，从承包人承包的工程中承包部分工程的行为。

1. 选择分包商的原因

工程分包是建筑业实现社会化大生产的客观要求。首先，分包制度以施工生产专业化为基础，总承包商按分部分项工程或专业化工程将部分工程分包出去，促进了施工生产的专业化分工。其次总承包商以合同为法律依据，对各分包商实施管理、监督、运筹与协调，体现了协作的要求。因此，工程分包是提高建筑业劳动生产率的经济效益的有效途径，也是国内、国外工程普遍采用的形式。

（1）业主选择分包商的原因。我国《房屋建筑和市政基础设施工程施工分包管理办法》第 7 条规定：“建设单位不得直接指定分包工程承包人。任何单位和个人不得对依法实施的分包活动进行干预。”我们看到，在国内是不允许直接指定分包商。但在国际上，业主可以指定分包商。业主指定分包商的原因在于以下几个方面。

1）工程项目的专业性。有些工程内容专业性较强，如空调装置、电梯和自动扶梯、防火装置等，总承包商无力完成。因此，业主要求总承包商接受其他专业承包商为指定分包商。

2）保证投标人的竞争性。如果某些分部（项）工程对承包商的施工能力和施工经验以及施工设备有较高要求，有时就会限制有资格参加此项工程投标的承包商的数量，因此业主就不可能得到比较合理的报价。若将这部分工程指定分包商后，就会使更多的投标人可以参与竞争，而竞争的结果对于招标人是有利的。

3）对分包商以往业绩的肯定。有的分包商以往承担过类似工程，具备这方面的施工技术和经验。因此，赢得了业主或工程师对其工作情况或工作水平的好感。

（2）承包商选择分包商的原因。主要在于以下几个方面。

1）自身能力不足。建筑工程中往往涉及许多专业内容，仅仅依靠承包商自己的技术力量、施工设备和劳务来完成工程是很困难的。为了保证工程质量和工期，承包商可以采取分包方式把一部分不是本公司业务专长的工程分包出去。

2）扩大利润空间。专业公司在本专业方面有比较稳定和可靠的供方渠道，因而能得到优惠的材料和设备。同时，专业公司的特长更能保证工程质量和加快施工速度。这样，总承包商可以压低分包价格而使自己获得一定的管理费和利润。

3）转移风险。总承包商单位把某些风险比较大、施工困难的工程分包出去，可以分散总承包商可能承担的风险。

4）加快进度。由于承包商自身的原因工程进度滞后，无法保证工程在规定的竣工日期完成时，可采取分包方式以加快工程进度，使工程按期完工。

实质上，分包商起到了实施工程的补充作用，适当的分包不但可以减轻总承包商的负担，同时对保证工程的进度和质量也有一定的好处。因此，绝大多数合同条件都允许总承包商进行分包。

2. 建设工程分包合同的特征

（1）合同关系多而复杂。由于分包商处于分包地位，除了与总承包商有直接关系外，分包商还有自己的材料供应商、劳务、租赁、保险、运输以及技术咨询等。他们之间有着极为复杂的关系，形成了一个严密的合同网络。

（2）合同管理受外界影响大，风险大。尤其对于一些专业工种，如设备安装、智能化设施施工、钢结构工程施工等，往往技术要求高、技术性风险大、外界的影响因素多。

3. 分包商与总承包商、工程师、业主的关系

（1）分包商与总承包商的关系。分包商与总承包商本质上是平等的合同双方的关系，不存在总承包是分包商的管理单位的关系。但是，在安全生产和施工现场的统一管理上，分包商必须要服从总承包商的管理。同时，根据《中华人民共和国建筑法》（以下简称《建筑法》）的规定："总承包单位和分包单位就分包工程对建设单位承担连带责任"。

（2）分包商与工程师的关系。工程师和分包商之间没有直接的合同关系，但分包商须得到工程师的审查和批准，从分包合同的签订到施工都离不开工程师。工程师有权对分包商发出指令，但须经总承包人确认，分包商必须遵守并执行经总承包人确认的工程师的指令。

（3）分包商与业主的关系。由于分包合同是分包商和总承包商之间的协议。从法律角度讲，业主与分包商之间没有合同关系，即业主对分包商既无合同权利又无合同义务。但由于《建筑法》规定："总承包单位和分包单位就分包工程对建设单位承担连带责任。"所以，尽管

建设单位与分包单位之间不存在合同关系，但是依据这个法律规定，分包商与总承包人、工程师、业主之间的关系如图6-1所示。

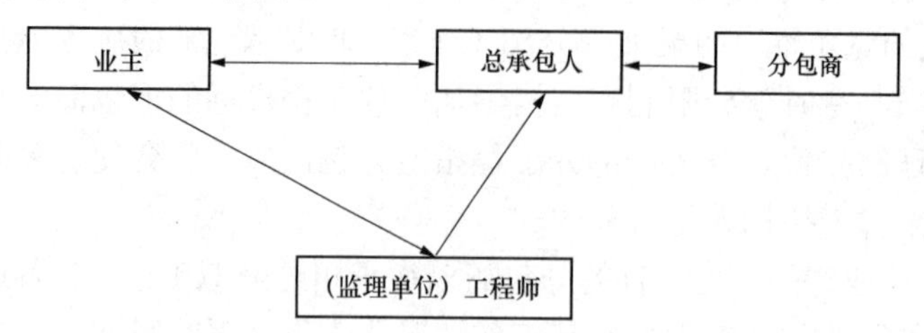

图6-1 分包商、总承包人、工程师、业主之间的关系

4. 建设工程分包合同的签订

分包商与总承包人签订分包合同时，应注意以下几个问题。

（1）认真研究总承包合同的内容。总承包合同是业主与总承包人签订的施工合同，分包合同的签订必然也要以总包合同为前提。明确了总承包合同，才能理解总承包人的权利与义务。总承包人与分包商都作为施工主体，其利益是一致的。所以，分包商需认真研究总承包合同。包括：总承包的施工项目范围、内容；总承包合同的总体价款及付款方式；工程项目的进度、质量要求；工程的材料、设备采购事项；总承包人的权利和义务等。

（2）了解其他分包合同。在总承包管理下，分包商不仅有一个，还有其他分包商，比如装修工程、幕墙工程等。只有分包商与分包商之间互相协作、配合，才能相得益彰、获得更大利益。比如在主体施工中，可以共享一些设备、材料资源等。对分包商来说，了解其他分包商的合同，可以为自己签订合同做参考。需了解其他分包商合同的内容有以下几个方面：①其他分包商的工程范围、工作内容；②其他分包商的合同价款及付款方式；③其他分包商在项目的文明施工、安全管理等方面所享有的权利和承担的义务；④材料设备供应商所提供的材料、设备等的质量、性能等情况。

（3）了解监理合同。了解监理单位的人员、技术、管理水平，从而对监理单位有较全面的认识。作为分包商要重点研究监理合同中监理工程师的职责、权利与义务，以便更好地协调与配合监理工程师的工作。

（二）建设工程分包的种类

按分包的内容可分为专业工程分包和劳务作业分包。

（1）专业工程分包。专业工程分包是指施工总承包企业将其所承包工程中的专业工程发包给具有相应资质的其他建筑业企业完成的活动。专业工程分包的承包人必须自行完成所承包的工程。专业工程分包一般适用于技术含量较高、施工较复杂的工程项目。专业分包序列企业资质设二至三个等级，60个资质类别。其中常用类别有：地基与基础、建筑装饰装修、建筑幕墙、钢结构、机电设备安装、电梯安装、消防设施、建筑防水、防腐保温、园林古建筑、爆破与拆除、电信工程、管道工程等。

（2）劳务作业分包。劳务作业分包是指施工总承包企业或者专业承包企业将其承包工程中的劳务作业发包给劳务分包企业完成的活动。劳务作业分包由劳务作业发包人与劳务作业承包人通过劳务合同约定。劳务作业承包人必须自行完成所承包的任务。一般将劳务作业分包商作为总承包商施工力量或资源调配的补充。劳务作业分包一般适用于技术较为简单、劳动密集型的工程项目。劳务分包序列企业资质设一至二个等级，13个资质类别。其中常用类别有：木工作业、砌筑作业、抹灰作业、油漆作业、钢筋作业、混凝土作业、脚手架作业、模板作业、焊接作业、水暖电安装作业等。如同时发生多类作业可划分为结构劳务作业、装修劳务作业、综合劳务作业。

（3）专业工程分包与劳务作业分包的区别：①合同主体不同。专业工程分包合同由总承包人与专业分包商签订；而劳务作业分包合同由总承包人或专业承包人与劳务分包商签订。②合同标的不同。专业工程分包合同的标的是分部分项工程，计取分包工程款；而劳务作业分包合同的标的是施工劳务，计取的是劳务报酬。

二、建设工程分包合同管理

（一）建设工程施工专业分包合同管理

2001年4月18日，中华人民共和国建设部发布实施《建筑业企业资质管理规定》，标志着我国建筑业的组织结构由单一的劳动密集型的施工企业组织结构过渡到以施工总承包企业为龙头，以专业承（分）包企业和劳务分包企业为依托，总包与分包分工协作、互为补充的新型建筑业企业组织结构。施工总承包—专业承包—劳务分包资质序列的建立，有利于发挥专业施工企业的专业特长和以资金、管理、技术为核心的智力密集型施工企业的发展与壮大。在市场经济体制的逐步发展中，法治观念与合同意识得到了不断加强。尤其是在建设工程施工承发包中工作中，一个全面、完善、科学、合理的合同文本，对于保证工程的质量、工期和效益，对于提高企业的管理水平、保证合同的履行，具有非常重要的作用。建设工程施工专业分包合同也是如此。中华人民共和国建设部和国家工商行政管理总局于2003年8月发布了《建设工程施工专业分包合同（示范文本）》（GF-2003-0213），是各类施工专业分包的合同样本。

（二）《建设工程施工专业分包合同（示范文本）》（GF-2003-0213）的主要结构

《建设工程施工专业分包合同（示范文本）》（GF-2003-0213）由协议书、通用条款、专用条款三部分组成。

（1）协议书。协议书是《建设工程方施工专业分包合同（示范文本）》（GF-2003-0213）中总纲领性的文件，是承包人和分包人按照合同相关法律、建筑法以及及其他有关法律、行政法规，遵循平等、自愿、公平和诚实信用的原则，就建设工程施工专业分包中最基本、最重要的事项协商一致而订立的合同。

（2）通用条款。通用条款是根据合同相关法律、建筑法以及《建设工程施工合同管理办法》等法律、行政法规规定及建设工程施工的需要订立，通用于分包工程施工的条款。除承包人与分包人协商一致对其中的某些条款做了修改、补充或取消，双方都必须履行。它是将建设工程施工专业分包合同中共性的一些内容抽象出来编写的一份完整的合同文件。

（3）专用条款。考虑到建设工程专业分包的内容各不相同，工期、造价也随之变动，分包商、承包人各自的能力、施工现场的环境和条件也各不相同，通用条款不能完全适用于各个具体的专业分包工程，因此，配之专用条款对其做必要的修改和补充，使通用条款和专用条款成为双方统一意愿的体现。专用条款的内容与通用条款相对应，由当事人根据专业分包工程的具体情况予以明确，也是对通用条款进行修改、补充。

三、建设工程施工劳务分包合同管理

自实行新的资质管理规定以来，劳务分包企业成为建筑业企业序列之一，在一定程度上改变了过去松散的、非独立方式进行的劳务施工生产活动，从而形成有组织形式和技能配套的分包方式，使我国建筑劳务市场的混乱状况有所改善。但是，由于长期对施工分包管理重视不够，尤其是对劳务分包合同管理的忽视，导致建筑劳务分包合同管理很不规范：违法分包大量存在；分包合同五花八门；劳务用工多数只有口头约定，没有书面协议；劳务分包商的合法权益得不到保障；民工工资拖欠严重，引发大量的劳资纠纷，影响社会稳定；分包合同条款不全面、缺项漏项较普遍，语言含糊、约定不明确，较易产生合同纠纷等。鉴于此，国家于 2003 年 8 月发布了《建设工程施工劳务分包合同（示范文本）》（GF-2003-0214），其规范了劳务分包合同的主要内容，是维护建筑市场秩序和确保合同当事人合法权益的需要，必将使我国建筑施工领域的劳务分包管理水平走上一个新的台阶。

（一）《建设工程施工劳务分包合同（示范文本）》（GE-2003-0214）的特殊结构

《建设工程施工劳务分包合同（示范文本）》（GF-2003-0214）与《建设工程施工合同（示范文本）》（GF-2017-0201）、《建设工程施工专业分包合同（示范文本）》（GF-2003-0213）的结构有很大不同，不再分为协议书、通用条款和专用条款三大部分，而是单设一个共 35 项条款的合同示范文本。另外附有三个附件，附件是对施工劳务分包合同当事人的权利义务的进一步明确，并且使施工合同当事人的有关工作一目了然，便于执行和管理。三个附件分别为：附件一是工程承包人供应材料、设备、构配件计划；附件二是工程承包人提供施工机具、设备一览表；附件三是工程承包人提供周转、低值易耗材料一览表。

（二）《建设工程施工劳务分包合同（示范文本）》（GF-2003-0214）的主要内容

《建设工程施工劳务分包合同（示范文本）》（GF-2003-0214）主要包括：劳务分包人资质情况、劳务分包工作对象及提供劳务内容、工作期限、质量标准、双方义务、安全施工、劳务报酬、工程量确认、施工变更、施工验收、违约责任、索赔、合同解除等内容。

其中第 17 条：“劳务报酬”约定合同双方可在以下三种方式中任选一种。①固定劳务报酬（含管理费）；②不同工种劳务的计时单价（含管理费），按确认的工时计算；③不同工作成果的计件单价（含管理费），按确认的工程量计算。同时第 18 条约定了“工时及工程量的确认”，第 19 条约定了“劳务报酬的中间支付”，第 24 条约定了“劳务报酬的最终支付”，这些有利于从根本上遏止和解决工程承包人拖欠农民工工资问题。

第四节　技术咨询和技术服务合同

技术咨询合同和技术服务合同都是技术合同的一种，技术合同是当事人就技术开发、转让、咨询或者服务订立的确立相互之间权利义务关系的合同。

一、技术咨询合同

技术咨询合同是指就特定技术项目提供可行性论证、技术预测、专题技术调查、分析评价报告等所订立的合同。技术咨询合同实际是完成技术咨询工作并交付工作成果的技术性承揽合同。上述定义强调了技术咨询必须是对特定的技术项目提供咨询，从而对技术咨询合同的基本法律特征和范围进行了高度概括。

（一）技术咨询合同的主要特征

（1）技术咨询是为特定的技术项目的科学决策提供咨询意见的智力服务和软科学研究活动的课题；是科研人员综合运用科学技术、专业知识、经验和信息手段进行的分析、论证、评价和预测；工作成果是为科技决策所提供的咨询报告和意见中完成的技术性服务工作。这是技术咨询合同的本质特征。

（2）技术咨询的范围，可以包括宏观的科技决策和微观的技术方案选择，这也是技术咨询合同标的范围或界限。

（3）技术咨询合同标的特征表现为技术咨询合同履行的结果，即供委托人选择的咨询报告，具有不确定性。这种不确定性表现在两个方面：一是履行技术咨询合同的目的在于为科学研究、技术开发、成果推广、技术改造、工程建设、科技管理等特定技术项目提供可行性论证等软科学研究成果，供委托人决策时参考，并不要求受托人必须提供行之有效的技术成果或技术方案；二是受托人向委托人提交的咨询报告和意见可以是一种，也可以是数种，究竟选择哪一种，由委托人择优自由选择。

（4）技术咨询合同有其特殊的风险责任承担原则，即除合同另有约定外，技术咨询合同的受托人对委托人按照咨询报告和意见作出决策并付诸实施所发生的损失不承担责任。

这一特殊的风险责任承担原则是技术开发合同、技术转让合同和技术服务合同所不具有的，这一特征是由技术咨询合同的本质特征及技术咨询合同标的物具有不确定性的特征派生出来的。

（二）技术咨询合同的适用范围

《全国法院知识产权审判工作会议〈关于审理技术合同纠纷案件若干问题〉的纪要》第70条指出："合同法第356条第一款所称的特定技术项目，包括有关科学技术与经济、社会协调发展的软科学研究项目和促进科技进步和管理现代化，提高经济效益和社会效益的技术项目以及其他专业性技术项目。"

（1）有关科学技术、社会协调发展的软科学研究项目。主要包括：科技发展战略研究；技术政策和技术选择的研究：科技发展规划的研究。

（2）促进科学进步和管理现代化，提高经济效益和社会效益的技术咨询项目。主要包括：

1）对重大工程项目、研究开发项目、技术改造和成果推广等可行性分析论证。

2）对技术成果、重大工程和特定技术系统的技术评估。

3）对特定技术领域、行业、专业和技术转移的预测。

4）就专项技术进行技术调查，包括技术、社会和经济领域，但必须是属于特定技术项目并且进行技术性调查，而非技术性的一般社会调查的经济项目调查不属于技术咨询合同的范畴。

（3）为技术成果和专业性技术项目提供咨询。主要包括：

1）对技术产品和工艺一个方面或几个方面所进行的调查与分析，包括某项产品的技术原理、结构、物理性能、化学成分、材料、功能、用途以及成本、价格、质量、市场竞争能力、产品寿命、工艺原理、工艺方法、工艺流程以及工艺装备等。

2）技术方案的比较，即新技术、新产品，新工艺、新材料及其系统的开发，引进和推广应用等技术方案的比较和优选。

3）专用设施、设备的对策研究，即对在用的设施、设备是否经济、是否安全的问题等进行技术分析和安全对策咨询。

（三）技术咨询合同与技术开发合同的区别

技术咨询合同是为科技决策服务而订立的合同，是反复运用所掌握和储备的科学知识和技术手段提供决策服务、是社会化的科学劳动，完成的工作成果是可供参考选择的建议和意见。而技术开发合同以当事人尚未掌握的新的技术方案为目标，是科学技术的创新和探索，完成的是可供实施的技术成果。

但在实践中有时会存在这样的情况，即新产品研制单位委托某专业研究机构就其新产品的设计方案进行可行性论证，研究机构在进行这部分咨询工程中常常对原设计方案加以修改基至提出重新设计的方案。这时，当事人之间可能会发生权利归属争议。委托人一般认为合同关系是咨询，成果是自己独立开发的。当然归己所有；而咨询方则认为，虽然形式是咨询或开始时是咨询但实质上演变为咨询方参与了新的设计，是双方共同的创新性研究。因此，在这种情况下可主张双方关系应视为合作开发，成果归双方共同所有。对于这个情况，双方可事先在合同中加以约定，或者另行订立合同，将技术咨询关系转化为合作开发关系。

二、技术服务合同

技术服务合同是指当事人一方以技术知识为另一方解决特定技术问题所订立的技术合同，不包括建设工程的勘察、设计、施工、安装合同和加工承揽合同。在技术服务合同中，要求为自己解决特定技术问题的一方为委托人，以技术知识为委托人提供服务的一方为受托人。

（一）技术服务合同特征

（1）订立技术服务合同的目的是解决特定技术问题，其所称技术服务不是为一般的生产经营活动提供的服务，也不能理解为所有与技术开发、转让和咨询有关的活动的总和，而是解决特定技术问题的活动。《全国法院知识产权审判工作会议关于审理技术合同纠纷案件若干问题的纪要》第 74 条指出：“合同法第 356 条第二款所称特定技术问题，是指需要运用科学技术知识解决专业技术工作中的有关改进产品结构、改良工艺流程、提高产品质量、降低产品成本、节约资源能耗、保护资源环境，实现安全操作，提高经济效益和社会效益等问题技术服务合同所要解决的技术问题有几个特点：①专业性，是要运用科学技术知识解决具有一定难度的专业性技术问题；②广泛性，它不限于特定的领域和类型，不受技术类型和难易程度的限制；③效益性，即解决这些技术问题，是为了提高经济效益和社会效益；④相对性，技术服务所要解决的技术问题，只是在一定期限一定地区具有技术难度的问题。

（2）技术服务合同的标的是智力劳动。在技术服务合同的履行中，受托人通过提供技术知识密集的智力劳动，为委托人进行一定的专业技术工作，所以该技术服务所运用的技术一般说来没有专有权，没有严格的保密性。

（3）技术服务的过程伴随着专业技术知识的传递。技术服务合同的受托人在完成一个专业技术工作的同时，要向委托人传授解决有关技术问题的知识、经验和手段。

（二）技术服务合同的范围

下列专业技术项目有明确技术问题和解决难度的，可以认定为属于技术服务合同的范围：

（1）设计服务。包括：改进现有产品结构的设计；专用工具、模具及工装的设计；有特殊技术要求的非标准专用设备的设计；引进设备和其他先进设备仪器的测绘和关键零部件及国产化配套件的设计。

（2）工艺服务。包括：工艺流程的改进；有特殊技术要求的工艺编制；新产品试制中的工艺技术指导。

（3）测试分析服务。包括：新产品、新材料性能的测试分析；非标准化的测试分析；有特殊技术要求的技术成果的测试分析。

（4）计算机技术应用服务。计算机系统软件编制和辅助设计一类智力密集型的服务列入。

（5）新型或者复杂生产线的调试。需要运用专业技术知识解决特定技术问题的仪器装备技术服务的范围。生产线调试符合技术服务的定义，可以列入技术服务合同范畴。

（6）特定技术项目的信息加工、分析和检索。该项服务属于特定科技信息服务。

（7）当事人一方委托另一方对指定的专业技术人员进行特定项目的技术指导和业务训练服务，但就职工培训、文化学习和按行业、单位计划进行职工业余教育的除外。

（8）当事人一方以知识、技术、经验和信息为另一方与第三方订立技术合同进行联系介绍、组织工业化开发并对履行合同提供技术中介服务的项目。

（9）就下列项目订立的合同，其履行确需进行相应专业技术工作并有较大解决难度的可以认定为属于技术服务合同标的范围：为特殊产品制定技术标准；为重大事故进行定性定量技术分析；为重大科技成果进行定性定量技术鉴定或者技术评价。但上述三项内容属于一般经营业务范围的情况除外。

下列合同不属于技术服务合同范围：①对现有产品、工艺无改进设计的合同；②工模量具及工装的设计沿用标准或定型设计的合同；③没有特殊要求的一般通用设备的设计的合同；④对引进的设备、仪器的关键零部件及国产化配套件的设计沿用已有的设计，没有特定的技术问题的合同；⑤没有特殊技术要求的工艺性审查和工艺文件编制，仅就描绘技术图纸、复印、翻译技术文件资料所订立的合同；⑥以对原有产品工艺技术没有改进的工艺服务为标的合同；⑦采用常规手段，从事标准化计量分析测试服务的合同；⑧属于简单劳动的计算机数据录入、数据存储和取用等一类的劳务合同；⑨生产销售性的试车、开机、检修一类的运用常规手段按例行程序就可以完成的工作合同；⑩无需运用一定的专业技术知识即可完成，而且也不传授、传递一定专业技术知识的简单科技信息服务合同。

（三）技术服务合同与其他相关合同的区分

（1）与开发合同的区别。技术开发是一项具有创造性的工作，在工作特点上具有比较复杂的研究开发性质，要创造出新的科技成果技术服务工作则通常表现为科技人员在其熟悉的专业范围内对自己现有知识、技术、经验、信息的重复运用，带有比较简单的技术传授和技术协助的性质。在技术开发合同履行过程中，也经常会附带有技术服务活动，但此类技术服务工作在整个技术开发活动中所起的作用只是辅助性的，在整个技术开发工作中所占的比重也是比较小的。

（2）与技术转让合同的区别。技术转让合同所转移的技术应当是建立在一定技术权益基础上的某种特定的现有技术，如专利技术和专有技术等，是相当完整的产品技术和工艺技术的转让。技术服务合同所转移的技术则是一般的不受专利法保护或不需要加以保密现有的公有技术，通过一般的专业科学技术知识、验来完成合同约定的技术服务工作的行为，只同某一具体技术细节或技术难题相关联，或者笼统地表现为对某一类技术知识的传授。

（3）与技术咨询合同的区别。技术咨询合同与技术服务合同在实践中常常被人们不加区分地统称为技术咨询服务合同，其原因在于两者都属于一定的专业科技人员利用自己掌握的技术知识、经验或信息为社会提供服务的合同。

合同相关法律对技术合同进行了科学分类，将技术咨询合同和技术服务合同规定为两类不同的合同。技术服务合同与技术咨询合同的主要区别在于：

1）技术咨询合同中的受托人只是一个为委托人进行决策提供参考性意见和方案的受托人，其本身并不从事合同所指向的科技工作。而技术服务合同中的服务方则要负责进行合同约定的具体的专业科技工作，不仅要向委托人传授技术知识和经验，还往往要运用上述知识和经验达到解决某一技术问题的目的。

2）技术咨询属于决策服务，除合同另有约定外，受托人只是按照合同要求提出咨询报告或者咨询意见，受托人并不承担委托人采纳或者部分采纳受托人的建议付诸实施所发生的损失，包括决策失误和实施不当所引起的损失。与之相反，技术服务是实施服务，受托人要按期完成约定的专业技术工作，解决技术问题，保证工作质量，并对实施结果负责。

（4）与承揽合同的区别。从广义上说，技术服务合同与承揽合同都是为社会提供服务的合同，但在合同相关法律中都予以专门规定，这在于两者之间存在以下的区别：

1）技术服务合同受委托方的工作需要运用一定专业的科学技术知识来完成，而在一般的承揽合同中，承揽方的工作一般不需要具备较高的科学技术知识技能就能完成。

2）技术服务的劳动成果大都表现为一定的信息状态，如数据、图纸、软盘等，或者伴随着专业科技知识的传授和转移，附加于一定的知识接受者的大脑之中。而一般承揽合同的成果则表现为附加进一定量的劳动而使价值增加的实物，合同当事人之间并没有传递专业技术知识的主观愿望。

三、工程建设中的技术咨询与技术服务合同

尽管建设工程的勘察、设计和施工合同的履行会涉及大量的专业技术问题，包括了技术转让、技术咨询、技术服务等，甚至还含有技术开发，但技术服务合同不包括建设工程的勘察、设计和施工合同。合同相关法律对建设工程合同进行了专章规定，这是因为建设工程活动属于一类特殊的行业，长期以来已经形成了自身独特的一整套行之有效的管理制度。从法律意义上说，建设工程合同具有一般技术合同不具备的法律特征，建设工程合同应当适用《合同法》的专章规定。但是，这并不意味着在那些与建设工程合同有着直接或间接联系的单项技术开发、技术转让、技术咨询、技术服务项目不能够适用技术合同。实际上，实际工程建设过程中存在着许多包括技术咨询和技术服务合同在内的技术合同，有些工程勘察设计合同和工程施工承包合同也附有从属的技术合同。工程建设中可纳入技术咨询合同的咨询项目主要有：①宏观的建筑科技政策，包括建筑技术政策、各类建筑新技术体系规划（如绿色建筑技术导则等）、各专业建筑技术管理规定或办法、各类建筑技术体系评价等；②工程建设项目投资咨询、项目建议书编制、可行性研究分析论证、工程建设管理咨询等；③各类专业建筑技术或大型建设工程的技术体系评估、专项技术调查与评价、特定建筑技术的技术扩散和转移预测分析、建筑技术成果推广建议等；④专项建筑产品和施工工艺的技术或工艺原理、性能、工艺装备、市场竞争力等的调查分析；⑤工程项目的新技术、新材料、新产品、新工艺等技术方案的比选；⑥建筑专用设施、设备的运行经济性与安全性的咨询等。

工程建设中可纳入技术服务合同范畴的服务主要有：①施工设备、模板、支撑等的改进设计，特殊工程的施工工具系统的设计等；②施工工艺流程的改进、特殊工程的施工工艺流程的编制等；③新型建筑体系、建筑新结构、新材料、特殊建筑物的性能测试分析；④建筑业企业辅助设计、辅助施工、管理支持软件的编制；⑤新型建筑产品、建筑结构、建筑材料等施工的技术指导和协助，新型施工设备调试等；⑥对施工设备使用、施工工艺运用的技术指导、培训等；⑦建筑业企业各类管理体系建立、指导、协助和员工培训等。⑧新型建筑产品、结构、材料和工艺的研究与开发中介服务等。

四、技术咨询与技术服务合同的主要内容

根据合同相关法律的规定，技术合同的内容由当事人约定。考虑到技术合同涉及的技术交易比较复杂，订立一份完备的技术合同是一项专业性较强的工作。为了帮助和指导当事人正确地订立技术合同，合同相关法律规定了技术合同一般包括的内容，目的在于引导当事人全面地、正确地设定权利、承担义务、明确责任。这一规定，同样适合于技术咨询合同和技术服务合同。按合同相关法律规定，技术合同一般包括以下内容。

（一）项目名称

项目名称是指各类技术合同所涉及的技术合同标的项目的全称。技术合同的项目名称应反映合同的技术特征和法律特征，应使用规范表述并与合同内容相符。

（二）标的内容、范围和要求

技术合同标的内容、范围和要求等是当事人双方权利和义务的主要依据。按标的性质划分技术合同的类型。标的范围是从定量的角度去界定技术合同标的，明确技术合同包括哪些标的，以及标的物的合理数量，界定履行合同应提交的全部成果。具体来说，技术咨询合同标的是对特定技术项目进行分析、论证、评价、预测和调查等决策服务项目，应载明咨询项目的内容、咨询报告和意见的要求；技术服务合同的标的是为解决特定技术题，提高经济效益和社会效益的专业服务项目，应载明服务项目的内容、工作成果和实施效果。

（三）履行的计划进度、期限、地点和方式

履行技术合同的计划和进度应订在合同中。合同履行的期限包括合同签订日期、完成日期和合同有效期限。合同履行方式是指当事人以什么样的手段完成、实现技术合同标的所要求的技术指标和经济指标。技术咨询合同履行方式可以是顾问方向委托方提交可行性论证、技术预测、专题技术调研及分析评价报告等方式完成。技术服务合同履行方式可以是工艺产品结构的设计、新产品、新材料性能的测试分析、新型或者复杂生产线的调试、非标准化的测试分析以及利用新技术和经验为特定项目服务等方式完成。

（四）技术情报和资料的保密

合同内容涉及国家安全和重大利益需要保密的，应在合同中载明国家秘密事项的范围、密级和保密期限以及各方承担保密义务的责任。当事人可约定技术合同仅为少数专家掌握，并使拥有者在竞争中获得优势的技术情报、资料、数据、信息和其他技术秘密承担保密义务。当事人可以根据所订立的技术合同的种类，所涉及技术的先进程度，生命周期以及其中竞争中的优势等因素，商定技术保密的范围、时间以及对方承担的责任。当事人还可以约定，无论本合同是否变更、解除或终止，合同保密条款不受其影响而继续有效，各方均应继续承担保密条款的约定。当事人还可约定，无论本合同是否变更、解除或终止，合同保密条款不受其影响。

（五）风险责任的承担

技术合同往往会有经过当事人的主观努力仍无法排除的技术困难使合同难以履行，这就是技术合同的风险。法律对一些存在风险的合同规定了风险责任，以减少当事人的相应责任。风险责任由当事人在合同中约定具体应载明合同的风险责任由谁负担，约定由双方分担的，载明各方分担的份额或者比例。

（六）技术成果的归属和分享

技术合同中应载明履行技术合同中一方为另一方提供的技术成果和双方所完成的技术成果，其权利的归属，如何使用和转让，以及由此产生的利益怎样分配。

（七）验收标准和方式

一般需要载明技术合同的验收项目、技术经济指标、验收时所采取的评价、鉴定和其他考核办法，合同验收标准可以是技术合同标的所约定的各项内容，也可以是当事人双方约定的国家标准、行业标准、企业标准或者是双方当事人约定的其他验收标准。技术合同的验收方式，可以采用技术鉴定会，专家技术评估，同时也不排除委托方、受让方单方认可即视为验收通过。但是，不管采用任何一种验收方式，最后应由验收方出具验收证明及文件，作为合同验收通过的依据。

（八）价款、报酬或者使用费及其支付方式

技术合同标的价款、报酬或者使用费没有统一的现成标准，必须综合市场需要、成本大小、经济效益、同类技术状况、风险大小以及供求关系等多种因素协商确定。技术合同的价款或者报酬、使用费往往是通过不同的支付方式来计算的。合同相关法律规定技术合同价款、报酬或者使用费的支付方式由当事人约定，可以采取一次总算、一次总付或者一次总算、分期支付，也可以采取提成支付或者提成支付附加预付入门费的方式约定提成支付的，可以按照产品价格、实施专利和使用技术秘密后新增的产值、利润或者产品销售额的一定比例提成，也可以按照约定的其他方式计算。提成支付的比例可以采取固定比例、逐年递增比例或者逐年递减比例。约定提成支付的，当事人应当在合同中约定查阅有关会计账目的办法。

（九）违约金或者损失赔偿额的计算方法

违约金或者损失赔偿额是指当事人出现不履行技术合同或者履行合同义务不符合合同的约定条件的行为，当事人应就其违约行为向对方支付一定数额的违约金或者由于违约给对方造成经济损失而支付一定数额的损失赔偿金。当事人应当在违约或者损失赔偿额的计算方法中约定，如果在合同有效期内当事人一方或双方违反合同条款中某一条款，根据违约情况不同，规定违约方向另一方支付一定数额的违约金，也可以约定因一方违约而给另一方造成一定经济损失而支付损失赔偿额。当事人如果在合同中约定了违约金，违约金就视为违反技术合同的损失赔偿额。违反合同的一方支付违约金以后，一般可不再计算和赔偿损失。合同特别约定一方违约给另一方造成的损失超过违约金时，应当补偿违约金不足部分当事人在合同中约定违约金不得超过合同价款、报酬或者使用费的总额。

（十）争议的解决办法

技术合同当事人应当在合同中约定合同履行中一旦出现争议或者纠纷的解决办法。技术合同争议，一般由当事人双方协商或者调解解决。合同中规定了仲裁条款或者事后达成仲裁协议的，可以按照合同约定，向仲裁机构申请仲裁。合同中没有约定仲裁条款，双方又没有达成仲裁协议的，可以向人民法院起诉。

（十一）名词和术语的解释

技术合同专业性很强，为避免对关键词和术语的理解发生歧义引起争议，可对定义不特定的词语和概念做特定的界定，以免引起误解或留下漏洞；也可以对长的表述约定简称，使合同更为简洁。

五、技术咨询合同当事人的权利义务和责任

（一）委托人的权利和义务

1. 委托人的权利

技术咨询合同中，委托人权利包括：①委托人有接受受托人符合合同约定条件的科研项

目或者技术项目的权利；②受托人在接到委托人提供的技术资料和数据之日起两个月内，不进行调查论证的，委托人有权解除合同；③受托人提供的咨询报告和意见，在合同中没有约定保密条件的，委托人有引用、发表和向第三者提供的权利。

2. 委托人的义务

技术咨询合同中，委托人义务包括：①说明咨询的问题，并按照合同的约定向受托人提供有关技术背景资料及有关材料、数据；②为受托人进行调查论证提供必要的工作条件，补充有关技术资料的数据，必要时还应依合同约定为受托人做现场调查、测试、分析等工作提供方便；③按期接受受托人的工作成果，并支付约定的报酬；④在接到受托人关于所提供的技术资料和数据存在错误和缺陷的通知后，委托人有进行补充、修改，保证咨询报告和意见符合合同约定条件的义务；⑤按照合同约定的保密范围和期限，承担保密的义务。《全国法院知识产权审判工作会议关于审理技术合同纠纷案件若干问题的纪要》第72条指出："技术咨询合同委托人提供的技术资料和数据或者受托人提出的咨询报告和意见，当事人没有约定保密义务的，在不侵害对方当事人对此享有的合法权益的前提下，双方都有引用发表和向第三人提供的权利。"

（二）受托人的权利和义务

1. 受托人的权利

在技术咨询合同中，受托人的权利包括：①有权接受委托人按照合同约定支付的价款或报酬。②受托人发现委托人提供的技术资料数据有明显错误和缺陷的，有权及时通知委托人。《全国法院知识产权审判工作会议关于审理技术合同纠纷案件若干问题的纪要》第73条指出："技术咨询合同受托人发现委托人提供的资料、数据等有明显错误和缺陷的，应当及时通知委托人。委托人应当及时答复并在约定的期限内予以补正。受托人发现前款所述问题不及时通知委托人的，视为其认可委托人提供的技术资料、数据等符合约定的条件。"③委托人提供的技术资料和意见，在合同中没有约定保密期限的，受托人有引用、发表和向第三者提供的权利。④委托人逾期两个月不提供或不补充有关技术资料数据和工作条件，导致受托人无法开展工作的，受托人有权解除合同。

2. 受托人的义务

在技术咨询合同中，受托人的义务包括：①利用自身的技术知识，按照合同约定，按期完成咨询报告或者解答委托人提出的问题；②提出的咨询报告必须达到合同约定的要求；③承担工作过程中的费用，《全国法院知识产权审判工作会议关于审理技术合同纠纷案件若干问题的纪要》第71条指出："除当事人另有约定的以外，技术咨询合同受托人进行调查研究、分析论证、试验测定等所需费用，由受托人自己负担"；④按照合同约定的保密范围和期限，承担保密义务。

（三）违反技术咨询合同的责任

1. 委托人违反合同的责任

（1）委托人未按合同约定提供背景材料、技术资料和数据，造成合同履行迟延和中止，影响工作进度和质量的，受托人不承担责任，委托人应如数向受托人支付报酬，由此造成受托人旷日待工、蒙受损失的，受托人依据合同相关法律的规定，有权要求委托人及时采取补救措施和赔偿损失。

（2）委托人应对其提交的技术背景材料、技术资料和数据负责，如果委托人所提供的数据、资料有严重缺陷，影响工作进度和质量的，应当如数支付报酬，给受托人造成损失的、应当支付违约金或赔偿损失。对于委托人提供的资料和数据中的明显错误，受托人有权要求委托人补充、修改，如委托人拒绝修改或补充，导致受托人所作的咨询报告和意见存在缺陷的，受托人不承担责任。

（3）委托人未按期支付报酬的，应当补交报酬，并支付违约金或赔偿损失。

（4）委托人未按期接受受托人的工作成果，受托人因此而造成的损失由委托人承担。

（5）未按合同约定履行保密义务的，应支付违约金或赔偿损失。

2. 受托人违反合同的责任

（1）受托人不提交咨询报告和意见，不仅不得收取报酬，而且应支付违约金或赔偿损失，即合同约定违约金的，支付违约金；合同没有约定违约金的，应赔偿由此给委托人造成的损失。

（2）受托人在合同约定提交咨询报告和意见的期限内，未能完成工作成果造成迟延交付，应承担迟延履行合同的责任，向委托人支付违约金。但咨询报告和意见符合合同约定条件的，委托人仍应支付报酬。如果受托人迟延两个月以上仍未提交咨询报告和意见的，视为受托人未提交咨询报告和意见。

（3）受托人在接到委托人提供的背景材料、技术资料和数据后不进行分析、论证、评价等履行合同的工作时，委托人有权要求其履行并采取适当补救措施，包括加快进度，弥补迟延履行损失等。受托人在接到委托人提供的有关资料和数据之日起两个月内，不进行调查论证的，委托人有权单方解除合同，受托人应当返还已收取的报酬并承担因合同解除使委托人所受到的损失。

（4）受托人所提交的咨询报告和意见，经依合同约定组织的专家评估或成果鉴定，认为不符合合同约定的验收条件的，受托人应承担相应的民事责任；对于咨询报告和意见的基本部分或主要部分符合合同要求，但也存在明显缺陷的，可责令受托人采取补救措施，已收取全部报酬的，应返还部分报酬。受托人进行追加调研工作的费用自理。咨询报告虽然有一定学术价值和决策参考价值，但其基本部分或者主要部分达不到合同约定的条件，受托人尚未收取报酬的，应当免收报酬；已经收取报酬的，应当如数返还。但是，如果受托人有能力根据鉴定和评价意见经过追加或重新进行调查研究或咨询工作，委托人同意受托人要求的，有关报酬的支付可由当事人另行约定。咨询报告和意见学术水平低劣没有参考价值，甚至其分析、评价、论证、调查、预测的结论完全错误，不能成立的，则受托人不仅应当免收报酬，还应当支付违约金或赔偿委托人的损失。

（5）受托人违反合同约定保密义务的，应当支付违约金或赔偿损失。

六、技术服务合同当事人的权利义务与责任

（一）委托人的权利与义务

1. 委托人的权利

在技术服务合同中，委托人的权利包括：①有权按合同约定的期限接受受托人完成的全部工作成果；②有权要求受托人传授合同约定的服务项目解决的技术问题的知识、经验、方法；③受托人逾期两个月不交付工作成果，有权解除合同、拒付报酬、追回提供的资料、数据、文件和索要违约金或者赔偿因此而造成的损失。

2. 委托人的义务

在技术服务合同中，委托人的义务包括：①按照合同的约定为受托人提供工作条件，完成合同约定的配合事项。一般来说，委托人配合事项至少应当包括以下各项内容：技术问题的内容、目标；有关的数据、图纸和其他资料；已经进行的试验和努力；设备的特征、性能等资料；人员的组织、安排；有关技术调查的安排；样品、样机；试验、测试场地；必要的材料、经费；有关的计划和安排的资料等。②对受托人提出的有关资料、数据、样品、材料及场地等的问题，应按合同约定期限及时答复。③按期接受受托人的工作成果，支付约定的报酬。合同当事人应当在合同中约定服务成果的内容、要求、提交方式和时间，委托人应按照合同约定时间和要求验收工作成果，向受托人支付约定的报酬。

（二）受托人的权利义务

1. 受托人的权利

在技术服务合同中，受托人的权利包括：①有权接受委托人提供的技术资料、技术数据、相关材料及其他有助于技术服务顺利开展的其他工作条件；②有权按合同约定支付报酬的方式、时间，地点接受委托人支付的报酬；③在委托人逾期两个月不接受技术服务工作成果时解除合同，并要求委托人支付违约金或者赔偿损失；④在委托人逾期六个月不接受工作成果时，有权处分工作成果，并从处分的收益中扣除应得的报酬和委托人应支付的费用（违约金、保管费、损失费等）。

2. 受托人的义务

在技术服务合同中，受托人的义务主要是按照合同约定完成服务项目，解决技术问题，保证工作质量，并传授解决技术问题的知识。具体包括：①依合同约定的期限、质量和数量完成技术辅助工作；②未经委托人同意，不得擅自改动合同中注明的技术指标和要求；③在合同中有保密条款时，不得将有关技术资料、数据、样品或其他工作成果擅自引用、发表或提供给第三人；④发现委托人提供的技术资料、数据、样品、材料或工作条件不符合合同约定时，应在约定期限内通知委托人改进或者更换；⑤应对委托人交给的技术资料、样品等妥善保管，在合同履行过程中如发现继续工作对材料、样品等有损害危险时，应中止工作并及时通知委托人；⑥技术服务过程的费用通常由受托人自己负担，《全国法院知识产权审判工作会议关于审理技术合同纠纷案件若干问题的纪要》第75条指出："除当事人另有约定的以外，技术服务合同受托人完成服务项目，解决技术问题所需费用，由受托人自己负担"。

（三）违反技术服务合同的责任

1. 委托人的违约责任

（1）委托人不履行合同义务或者履行合同义务不符合约定，包括未按合同约定向委托人提供工作条件、完成配合事项；提供工作条件但完成配合事项时不符合合同约定的，如未提供有关技术资料、数据、样品等；提供的技术资料、数据、样品存在严重缺陷等。如果因为委托人的上述行为，影响了工作进度和质量，就应当承担违约责任。按合同相关法律规定，这种情况下已经支付给受托人的报酬不得追，未支付的报酬应当支付。

（2）委托人不接受或者逾期接受工作成果，除了应按照合同相关法律规定支付报酬外，还应当以支付违约金的形式承担违约责任，受托人还可要求委托人支付保管费。受托人也可以按照合同相关法律的规定，将工作成果提存或拍卖，变卖后提存价款。

2. 受托人的违约责任

（1）受托人未按照合同约定完成服务工作的，包括在约定的期间内未做完该项技术工作，或者虽已完成工作但不符合约定的质量要求。按合同相关法律规定，不论何种情况，受托人都应当按照约定承担违约责任，如免收报酬或者减少报酬，支付违约金，或者赔偿损失等。

（2）受托人发现委托人提供的资料、数据、样品材料、场地等工作条件不符合约定而又没有及时通知委托人的，视为其认可委托人提供的技术资料、数据等工作条件符合约定的条件，并由受托人承担相应的责任。

（3）受托人在履约期间，发现继续工作对材料、样品或者设备等有损坏危险时未中止工作或者不及时通知委托人并且未采取适当措施的，对因此发生的危险后果由受托人承担相应的责任。

本章综合案例

案例 1　某建筑物墙壁裂缝引发的责任

甲建设单位新建一市政构筑物，与乙设计院和丙工程公司分别订立了设计合同和施工合同。工程按期竣工，但不久新建的市政构筑物一侧墙壁出现裂缝塌落。甲建设单位为此找到丙工程公司，要求该公司承担责任。丙工程公司认为其严格按施工合同履行了义务，不应承担责任。后经勘验，墙壁裂缝是由于地基不均匀沉降所引起。甲建设单位于是又找到设计院，认为设计院结构设计图纸出现差错，造成墙壁的裂缝，设计院应承担事故责任。设计院则认为其设计图纸所依据的地质资料是甲建设单位自己提供的不同意承担责任。于是甲建设单位状告丙工程公司和乙设计院，要求该两家单位承担相应责任。法院审理后查明，甲建设单位提供的地质资料不是新建市政构筑物的地质资料，却是相邻地块的有关资料，对于该情况，事故发生前乙设计院一无所知。判决乙设计院承担一定的民事责任。

评析：

本案涉及两个合同关系，其中施工合同的主体是甲建设单位和丙工程公司，设计合同的主体是甲建设单位和乙设计院。根据查明的事实，导致市政构筑物墙壁出现裂缝并塌落的事故的原因是地基不均匀沉降，与施工无关，所以丙工程公司不应承担责任。但是，乙设计院认为错误设计图纸的地质资料系由甲建设单位提供故不承担责任的辩称不成立。合同相关法律规定：“勘察、设计的质量不符合要求或者未按照期限提交勘察、设计文件拖延工期，造成发包人损失，勘察人、设计人应当继续完善勘察、设计，减收或者免收勘察、设计费并赔偿损失。”本案按照设计合同，甲建设单位应当提供准确的地质资料，但工程设计的质量好坏直接影响到工程的施工质量以及整个工程质量的好坏，设计院应当对本单位完成的设计图纸的质量负责，对于有关的设计文件应当符合能够真实地反映工程地质、水文地质状况，评价准确，数据可靠的要求。本案设计院在整个设计过程中未对甲建设单位提供的地质资料进行认真审查，造成设计差错，应当承担相应的违约责任，而甲建设单位提供错误的地质资料，应承担主要责任。

案例2　某工程设计图纸著作权侵害案

北京某房地产开发公司（下称开发公司）欲开发建设某大厦，经开发公司与南京某建筑设计公司（下称设计公司）协商，1999年3月双方签订了委托设计合同书，设计费用为人民币105万元。此外，设计公司完成该大厦的总体设计和施工设计后，还应当向开发公司制作该大厦200:1的模型一件，制作费用为人民币15万元。合同没有就设计作品的著作权的归属做明确的规定。合同签订后，设计公司依照合同规定完成了相关设计并制作了模型一件。开发公司在支付了设计费人民币23万元后以资金没有到位，且以该设计不能令开发公司满意为由要求解除合同，并退还了设计公司相关的图纸及其说明。

2000年3月，设计公司发现开发公司建设的某大厦已经完成土建施工，而且其销售现场摆的大厦模型与设计公司的模型基本一样。经调查了解，开发公司在退还设计公司的图纸时做了备份。后该设计工作由北京某设计公司在设计公司设计的基础上完成了全部设计，模型也由开发公司委托北京某模型公司按照设计公司的模型重新制作。

2000年6月，设计公司在掌握了以上证据后，即委托律师向开发公司及北京某设计公司、某模型公司提出索赔要求。经律师调解，开发公司、北京某设计公司及某模型公司共计向设计公司支付了赔偿费用人民币75万元后，本案终结。

评析：

本案是实践中典型的侵害工程设计图纸及其说明、工程模型著作权的案件。依照《中华人民共和国著作权法》第3条之规定，工程设计、产品设计图纸及其说明是受著作权法保护的作品。该作品的著作权由创作该作品的公民，法人或者非法人单位享有。作品的著作权人依法享有发表作品的权利，在作品上署名的权利，修改作品的权利，保护作品完整的权利，使用该作品或者许可他人使用该作品并获得报酬的权利。未经著作权人同意使用其作品和未支付报酬使用其作品的行为均是侵害著作权的违法行为，依法应当承担侵权民事责任。

本案中，开发公司委托设计公司完成某大厦的工程设计，依照《著作权法》第17条之规定：受委托创作的作品，著作权的归属由委托人和受托人通过合同约定；合同未做明确约定或者没有订立合同的，著作权属于受托人。因此如果开发公司委托设计公司完成设计时已经明确约定设计作品的著作权的归属，则按照合同的规定确定设计作品的著作权的归属。就本案而言，开发公司与设计公司没有在合同中约定著作权的归属，因此某大厦工程设计的著作权应当属于设计公司。

如果开发公司与设计公司继续履行原委托设计合同的规定，则开发公司依照该合同的规定享有使用该工程设计图纸的权利是明确的。但本案中，开发公司与设计公司解除了设计合同，则开发公司不能依照设计合同的规定使用该产品；开发公司欲使用该作品，必须经设计公司的同意或者许可。

开发公司未经设计公司同意使用设计公司的作品——工程设计图纸，则是侵害设计公作权的行为；北京某设计公司没有取得原著作权人即设计公司的同意，擅自使用和修计公司的工程图纸的行为也侵害了设计公司的著作权；北京某模型公司未经原著作权人——设计公司同意擅自复制设计公司模型的行为同样是侵害设计公司著作权的行为，他们均应当承担侵害著作权的民事责任。

案例 3 某技术咨询合同案件

2013 年 6 月 19 日，某钢铁厂（委托人）为了客观地掌握本厂生产的螺纹钢产品的设计、质量、销售渠道、制造及使用情况，与某研究机构（受托人）订立了一份市场调查分析合同。合同约定：

（1）受托人接受委托人的委托，对同年 1 月 1 日以来使用委托人生产的螺纹钢的用户访问调查，调查内容包括：委托人当年生产的螺纹钢技术状况、社会经济效益、产品质量、价格、售后维修及该产品与国外同类产品在上述方面的对比。受托人须对调查结果逐一分析论证后，撰写一份包括上述内容的调查报告提交委托人。

（2）受托人应在 4 个月内完成上述咨询项目，在同年 10 月 20 日前向委托人提交调查报告，调查、回访螺纹钢用户的方式包括上门走访用户和发征求意见两种本市和本省的用户采用上门走访的方式调查，外埠外国用户采用发征求意见的方式调查，接受调查的用户不得低于全部用户的 90%。

（3）委托人在合同签订后 1 个月内向受托人提供当年 1 月 1 日以来各种型号的螺纹钢用户名称、地址、售出时间等背景材料。在履行该咨询服务合同期间，受托人不得再与第三人签订有与上述内容重复的技术咨询合同。

（4）合同双方负有保密的义务。受托人不得将产品销售情况、用户名单、产品质量等查结果向第二人或社会公布；委托人也不得将受托人的调查方式，受托人人员情况向第二人或社会公开。

（5）委托人支付受托人 10 万元的技术咨询费，分二次付清，合同签订后 10 日内付 4 万元，调查报告验收后再支付 6 万元。委托人不得拒绝接受调查报告，也不得无故不按合同支付费用。

（6）如委托人不及时提供用户名单、地址、技术资料等材料，导致受托人无法开展工作的由委托人承担违约责任，委托人除应付给咨询费外还应另行支付违约金 2 万元受托人没有完成合同规定的调查项目，或泄露调查报告内容给委托人造成损失的，受托人不得再要求委托人支付 6 万元的第二笔咨询费，并应按实际经济损失向委托人赔偿。

（7）对合同内容双方理解不一由双方协商解决，协商不成，向委托人所在地的人民法院起诉。通过诉讼程序解决纠纷合同签订后，委托人按合同规定向受托人支付了第一笔调查费 4 万元，受托人即开始按照合同要求开展调查工作，审查有关材料后受托人发现委托人未提供当年 1 月 1 日以来国际市场上有关各种型号螺纹钢的价格表，由于没有该价格表，故无法就委托人的产品与国际市场上同期、同类产品进行对比。受托人要求委托人提供国际市场上螺纹钢的价格参数，事隔一个半月后委托人表示无法找到当年 1 月 1 日以来的国际市场上螺纹钢详细价目表，要求受托人提供这一数据，如受托人无法提供则取消这一调查项目，双方表示同意。在这一个半月时间中，受托人没有开展实质性调查工作。

同年 12 月 2 日，受托人向委托人提交了自当年 1 月 1 日以来委托人生产的螺纹钢产品跟踪调查的综合报告，该报告基本上包括了合同规定的内容，只是缺少与同期国际市场该类产品对比情况。受托人认为，委托人没有按合同规定提供这方面数据，而且从社会公开的报纸、杂志上也找不到这方面详细的价格数字。根据双方事后达成的协议，取消了这调查项目。受托人还提出委托人按合同规定应当支付 10 万元是制作调查报告的报酬并不应当包括在省内出差上门走访用户的出差费用，这笔出差费用共计20365元应由委托人凭单据报销。委托人接受报告后认为，受托人制作综合报告的时间超过合同规定的期限，而且调查项目也减少了，应当适当减少报酬。委托人亦不同意受托人提出的报销出差费要求，认为这部分费用应当算在调查费成本中，委托人除已支付的4万元外，同意再付给受托人2.15万元。受托人表示不能接受双方为此发生争执。在争执期间，受托人一工作人员擅自将委托人的部分客户名单及销售渠道告知第三人（另一钢铁企业）。该工作人员从第三人处领取信息费1.5万元。委托人得知这一情况后，诉至合同约定管辖的人民法院，要求受托人赔偿由此造成的损失。

评析：

一审人民法院受理此案后，经审理认为：原、被告所签订的委托调查合同属于技术询合同，合同内容基本清楚、明确，具有法律约束力，应当认定合法、有效。在履行合同过程中，委托人没有按规定期限提供自当年月1日以来国际市场上螺纹钢的销售价格表，致使受托人无法按期开展工作，委托人应当承担迟延履行责任，委托人应当按合同定在受托人提交报告后支付第二笔费用6万元；受托人所提要求委托人报销其走访用户的出差费用、不予支持；受托人工作人员擅自泄露委托人的销售渠道及用户名单属于违反合同规定泄露委托人商业秘密的侵权行为，受托人应当承担责任，赔偿损失经人民法院调解，原被告自愿达成协议，委托人一次性再支付给受托人1.5万元咨询费，其他责任互不追究。

复习思考题

1．勘察合同中勘察方的主要义务是什么？
2．设计合同中设计方的主要义务是什么？
3．物资采购合同与大型设备采购合同的主要区别是什么？
4．简述实行建设工程施工分包的条件和范围。
5．简述技术咨询合同和技术服务合同的适用范围。
6．技术咨询合同当事人的权利和义务是什么？

第七章 国际工程合同条件[1]

【引导案例】 某国际工程项目合同管理

我国某工程联合体在承建非洲某公路项目时，由于管理不当，造成工程严重拖期，亏损严重，同时也影响了中国承包商的声誉。在项目实施的四年多时间里，中方遇到了极大的困难，尽管投入了大量的人力、物力，但由于种种原因，合同于2005年7月到期后，实物工程量只完成了35%。2005年8月，项目业主和监理工程师不顾中方的反对，单方面启动了延期罚款，金额每天高达5000美元。为了防止国有资产的进一步流失，维护国家和企业的利益，我方承包商在我国驻该国大使馆和经商处的指导和支持下，积极开展外交活动。

2006年2月，业主致函我方承包商同意延长3年工期，不再进行工期罚款，条件是我方承包商必须出具由当地银行开具的约1145万美元的无条件履约保函。由于保函金额过大，又无任何合同依据，且业主未对涉及工程实施的重大问题做出回复，为了保证公司资金安全，维护我方利益，中方不同意出具该保函，而用中国银行出具的400万美元的保函来代替。但是，由于政府对该项目的干预未得到项目业主的认可，2006年3月，业主在监理工程师和律师的怂恿下，不顾政府高层的调解，无视我方对继续实施本合同所做出的种种努力，以我方企业不能提供其要求的1145万美元履约保函为由，致函终止了与中方公司的合同。

【评析】

该项目是一个典型的国际工程项目。在项目执行过程中，由于我方承包商内部管理不善，导致工程严重拖期，对项目质量也产生了一定的影响。由于双方在出具履约保函问题上产生了分歧，未能及时解决，导致了对方终止了与中方公司的合同。

第一节 常用的国际工程合同条件简介

合同条件既是投标者投标报价的基础，更是在签订合同之后合同双方履行合同最重要的依据。市场经济发达国家和地区使用的建设工程合同一般都有标准格式，即适用于本国本地区的合同文本，如国际咨询工程师联合会编写的“ FIDIC 土木工程施工合同条件”，美国建筑学会制定发布的“AIA 系列合同条件”，英国土木工程师学会编制的“ICE 合同条件”等。

一、FIDIC 合同条件

（一）FIDIC 组织简介

FIDIC 是国际咨询工程师联合会（Federation International Des Ingenieurs Conseil）的法文缩写，是一个国际性的非官方组织。它于1913年由欧洲几个国家独立的咨询工程师协会创立，

[1] 李启明．土木工程合同管理．南京：东南大学出版社，2015.

现在 FIDIC 的成员来自全球 60 多个国家和地区，中国在 1996 年正式加入。

FIDIC 是国际工程咨询业的权威性行业组织，与世界银行等国际组织有着密切的联系。FIDIC 的各种文献和出版物如各种合同、协议标准范本、各项工作指南以及工作惯例建议等，得到了世界各有关组织的广泛认可和实施，是工程咨询行业的重要指导性文献。这些文件不仅 FIDIC 成员采用，世界银行、亚洲开发银行、非洲开发银行的招标样本也常常采用。

（二）FIDIC 合同条件的特点

（1）国际性、通用性和权威性。FIDIC 编制的各种合同条件是在总结各方面的经验、教训的基础上制定的，并且不断地吸取各方意见加以修改完善，是国际上一个高水平的通用性文件。我国有关部委编制的合同条件或协议书范围也都把相应的 FIDIC 合同条件作为重要的参考文本。一些国际金融组织的贷款项目，也在项目采购和实施过程中采用 FIDIC 合同条件。

（2）公正合理、职责分明。FIDIC 合同条件的各项规定具体体现了雇主、承包商的义务、职责和权利以及咨询工程师的职责和权限。

（3）程序严谨、易于操作。FIDIC 合同条件对处理各种问题的程序都有严谨的规定，特别强调了处理和解决问题的及时性，以避免由于任何一方拖延而产生新的问题；另外还特别强调各种书面文件及证据的重要性。

（4）通用合同条件和专业合同条件的有机结合。FIDIC 合同条件一般都分为两个部分，第一部分是通用合同条件，第二部分是专用合同条件。

通用合同条件是指对某一类工程项目都通用的条件，如 1999 年 FIDIC 的“施工合同条件”对于各种由承包商按照雇主提供的设计进行工程施工的项目均通用。

专用合同条件则是针对一个具体的项目，考虑到国家和地区法律、法规的不同，项目特点和不同雇主对项目实施的不同要求，而对通用合同条件进行的具体化修改和补充。凡专用合同条件和通用合同条件的不同之处，均以专用合同条件为准。专用条件的合同条款号与通用合同条件一般相同。对于通用条件中没能包括的内容，还可以在专用合同条件中另行增加。

（三）FIDIC 合同条件的运用

（1）国际金融组织贷款和一些国际项目直接采用。在世界各地，凡是世界银行、亚洲开发银行、非洲开发银行贷款的工程项目以及一些国家的工程项目招标文件，都全文采用 FIDIC 合同文件。在我国，凡亚洲开发银行贷款施工类型的项目，全文采用 FIDIC 土木工程施工合同条件；一些世界银行贷款项目也采用 FIDIC 合同条件，如我国的小浪底水利枢纽工程。

（2）对比分析采用。许多国家都有自己编制的合同条件，但这些合同条件的条目、内容和 FIDIC 合同条件大同小异，只是在处理问题的程序规定以及风险分担等方面有所不同。FIDIC 合同条件在处理雇主和承包商的风险分担和权利义务时是比较公正的，各项程序也是比较严谨完善的，因而它可以作为一把尺子，用来与项目管理中遇到的其他合同条件逐条对比、分析和研究，发现风险因素，以便制订防范或利用风险的措施或发现索赔的机会。

（3）合同谈判时采用。FIDIC 合同条件是国际上的权威性文件，在招标过程中，如承包商感到招标文件有规定明显不合理或不完善，可以用 FIDIC 合同条件作为“国际惯例”，在合同谈判时要求对方修改或补充某些条款。

（4）局部选择采用。在咨询工程师协助雇主编制招标文件或总承包商编制分包项目招标文件时，可以局部选择 FIDIC 合同条件中的某些条款、思路、程序或规定，也可以在项目实施过程中借助某些思路或程序去处理遇到的实际问题。

（四）FIDIC合同文件的发展

1957年，FIDIC与国际房屋建筑和公共工程联合会［现为欧洲国际建筑联合会（FIEC）］在英国咨询工程师联合会（ACE）颁布的《土木工程合同文件格式》的基础上出版了土木工程施工合同条件（国际）》（俗称“红皮书”），常称为FIDIC条件。该条件分为两部分，第一部分是通用合同条件，第二部分为专用合同条件。

1963年，首次出版了适用于雇主和承包商的机械与设备供应和安装的《电气与机械工程标准合同条件格式》，即黄皮书。

1969年，红皮书出版了第2版。这版增加了第三部分，涉及疏浚和填筑工程专用条件。

1977年，FIDIC和欧洲国际建筑联合会（FIEC）联合编写红皮书的第3版。

1980年，黄皮书出版了第2版。

1987年9月，红皮书出版了第4版，将第二部分“专用合同条件”扩大了，单独成册出版，但其条款编号与第一部分一一对应，使两部分合在一起共同构成确定合同双方权利和义务的合同条件。第二部分必须根据合同的具体情况起草。为了方便第二部分的编写，其编有解释性说明以及条款的例子，为合同双方提供了必要且可供选择的条文。

1995年，出版了橘皮书《设计一建造和交钥匙合同条件》。

以上的红皮书《土木工程施工合同（国际）》、黄皮书《电气与机械工程标准合同条件格式》、橘皮书《设计一建造和交钥匙合同条件》和《土木工程施工合同一分合同条件》、蓝皮书（《招标程序》）、白皮书（《顾客/咨询工程师模式服务协议》《联合承包协议》《咨询服务分包协议》）共同构成FIDIC“彩虹族”系列合同文件。

（五）1999年第1版FIDIC合同条件

为了适应国际工程业和国际经济的不断发展，FIDIC 对其合同条件也在不断进行修改和调整，以期更能反映国际工程实践，更具有代表性和普遍意义，更加严谨、完善，更具权威性和可操作性。

（1）施工合同条件（Conditions Of Contract for Construction）。施工合同条件简称新红皮书，是1987年版红皮书《土木工程施工合同条件》的最新修订版。该合同条件被推荐用于雇主设计的或其代表工程师设计的房屋建筑或土木工程项目。在这种合同形式下，承包商一般都按照雇主提供的设计施工，但工程中的某些土木、机械、电力和建造工程也可能由承包商设计。

（2）生产设备和设计—建造合同条件（Conditions of Contract for Plant and Design-Build）。该条件简称新黄皮书，是1987年版黄皮书《电气与机械工程合同条件》的最新修订版，主要适用于电气或机械设备的供货及建筑或工程的设计与施工，其特点是具有设计—建造资质的承包商按照雇主的要求设计并建造该项目，可能包括土木、机械、电气或构筑物的任何组合。由于设计是承包商的职责，采用这种模式时承包商则有可能以牺牲质量来降低成本。因此雇主应考虑雇佣专业技术顾问来保证其要求在招标文件中得以体现。

（3）设计采购施工（EPC）/交钥匙工程合同条件（Conditions of Contract for EPC/Turnkey Projects）。该条件简称新橘皮书或银皮书，是1995年版橘皮书《设计—建造和交钥匙工程合同条件》的最新修订版，主要适用于以交钥匙方式提供的生产线、发电厂或类似设施，基础设施项目或其他类型的开发项目。采用这种采购方式的项目的最终价格和要求的工期有更大程度的确定性，由承包商承担项目的设计和施工并提供配备完善的全部设施，雇主介入较少。

为达到上述目的，只有采用总价合同并要求承包商承担更大的风险，此外，雇主还希望项目以纯两方的方式展开，即不雇佣“工程师”指导施工和负责合同管理。

（4）合同的简明格式（Short Form of Contract)。合同的简明格式适用于合同价值相对较低的房屋建筑或土木工程项目。根据工程的类型和具体条件的不同，此合同格式也可用于价值较高的合同，特别适用于简单的、重复性的或工期较短的工程。一般情况下由承包商按照雇主方提供的设计进行施工，但也适用于部分或全部承包商设计的土木、机械、电气或构筑物合同。

（六）1999版FIDIC合同条件的特点

（1）在编排格式上统一化。FIDIC早期版本的“土木工程施工合同条件”脱胎于英国的ICE合同条件，因此直到第4版，其许多条款的顺序、标题、内容甚至编号都与ICE合同条件雷同。1999版FIDIC合同条件跳出了这个框框，“施工合同条件”“生产设备和设计—建造合同条件”“EPC合同条件”都采用了FIDIC 1995年出版的“设计—建造与交钥匙工程合同条件”的基本模式：通用合同条件部分均分为20条，条款的标题以及部分条款内容能一致的都尽可能一致；定义均分6大类编排，条理清晰，能一致的定义内容也尽量一致。这就使得合同条件作为一个整体更为标准化、系统化，也更加便于使用者学习、理解、记忆和运用。FIDIC新版本合同条件均标明1999年第1版，以示与过去版本的区别。

（2）条款使用的项目种类更加广泛。这4种合同条件的使用范围大大拓宽，如“施工合同条件”不仅用于土木工程施工，还可运用于机械、电气等多类工程的施工；“生产设备和设计—建造合同条件”“EPC交钥匙合同条件”可用于“设计—建造”或“EPC（设计—采购—施工）交钥匙”等总承包类型的工程项目；而“简明合同格式”则可用于各类中小型工程。这样，这4种合同条件就可适用于目前国际上较通用的大多数类型的项目采购管理模式。

（3）条件的内容做了较大的改进和补充。“施工合同条件”与“土木工程施工合同条件”比较，完全采用“土木工程施工合同条件”内容的只有33款，对条款的内容做了补充或较大改动的有68款，而新编写的则有62款。又如“施工合同条件”对关键词的定义增加到58个，其中有30个是“土木工程施工合同条件”没有定义的。

（4）在编写思想上也有了一些变化。以前的版本将并非每个用户都要用到的内容都编入了专用合同条件，而新版本则尽可能地在通用合同条件中做出比较全面、细致的规定，如关于预付款、调价公式、有关劳务的某些具体规定均被写入了通用合同条件。

（5）条款的规定更为严格明确。新版本对雇主、承包商双方的职责、义务以及工程师的职权都做了更为严格和明确的规定，提出了更高的要求。

（6）表述语言更简明，易读易懂。新版本合同条件在语言上比以前的老版本简明，其英文版中很少出现以前那些陈旧拗口的英语用词，句子的结构也相对简单清楚，易读、易懂。

二、英国土木工程合同条件

（一）ICE合同条件

“ICE”是英国土木工程师学会（The Institution of Civil Engineers）的简称。该学会是设于英国的国际性组织，其成员有1/5分布在英国以外的140多个国家和地区。ICE在土木工程建设合同方面共有高度的权威性，FIDIC土木施工合同条件的最早版本即来源于ICE合同条件，因此二者有许多相似之处。但是总的来说，FIDIC所编写的合同条件是亲承包商的，而ICE合同条件是亲雇主的。

ICE 合同条件属于单价合同形式，以承包商实际完成的工程量和投标书中的单价来控制工程项目的造价。1991 年 1 月第 6 版的《ICE 合同条件（土木工程施工）》共计 71 条 109 款，主要内容包括：工程师及工程师代表；转让与分包；合同文件；承包商的一般义务；保险；工艺与材料质量的检查；开工、延期与暂停；变更、增加与删除；材料及承包商设备的所有权；计量；证书与支付；争端的解决；特殊用途条款；投标书格式。此外 ICE 合同条件的最后还附有投标书格式、投标书格式附加、协议书格式、履约保证等文件。

ICE 施工合同条件与 FIDIC 施工合同条件一样属于固定单价合同，也是以实际完成的工程量和投标书中的单价来控制工程项目的总造价，但和 FIDIC 相比又具有许多自身特点，具体如下：

（1）ICE 施工合同条件对合同履行过程中常遇到的问题有非常严格和全面的规定，它没有独立的专用条款部分，而是在合同的第 72 条中对项目的特殊要求进行约定，相当于 FIDIC 的专用条款。

（2）ICE 施工合同条件的第 69 条和第 70 条对税收做了专门的规定。

（3）对工程师的权利进行了限制，要求工程师向承包商发布变更指令、延长工期、加速施工、竣工证书等指示前必须征得业主的同意。

（二）JCT 合同条件

1. JCT 简介

JCT（Joint Contracts Tribunal，联合合同委员会）于 1931 年在英国成立（其前身是英国皇家建筑师协会 RIBA），并于 1998 年成为一家在英国注册的有限公司。该公司共有 8 个成员机构，由每个成员机构推荐一名人员构成公司董事会。迄今为止，JCT 已经制定了多种为全世界建筑业普遍使用的标准合同文本、业界指引及其他标准文本。

JCT 合同由一个庞大的合同文件体系组成，针对房屋建筑的不同规模、性质、建造条件等提供不同的标准条款。最基本的 JCT 合同第 4 版 JCT80 于 1980 年修订出版，第 5 版 JCT91 于 1991 年修订出版。JCT80 和 JCT91 合同适用于总价合同，当工程实施过程中某项工作的实际工程量变化较大时，可以相应地调整合同总价。JCT80 和 JCT91 合同在项目管理模式方面适用于传统模式。

为适应项目管理模式的发展，1981 年出版了《承包商包括设计的 JCT 合同标准格式》（JCT-CD81），适用于设计—建造管理模式。JCT-CD81 合同条款适用于总价合同。承包商向雇主做出最大成本保证（GMP），低于 GMP 的工程节省费用由雇主与承包商分享。1987 年 JCT 出版的管理承包标准格式 JCT-MC87 适用于管理承包模式，相当于美国的风险型承包管理（CM）模式，一般用于大型复杂项目，要求独立设计，工期较紧。JCT-MC87 不适用于总价合同，付给管理承包商的费用为基本费与管理承包费之和，类似于成补偿方式计价。使用 JCT-MC87 合同时，整个工程项目分解为许多独立的工作包，每个工作包通过专业承包商分别竞争，非常有利于降低项目总成本。

JCT 合同文本与我国颁布的《建设工程施工合同（示范本）》在工程延期方面的规定相比较，可以发现：对于发包人未能按专用条款约定提供图纸及开工条件的，JCT 合同规定了建筑师的相应职责；发包人未能按约定日期支付工程预付款致使施工不能正常进行的，JCT 合同未作具体规定。而这些条款在我国的示范文本中均有比较明确的约定；在工程师未按合同约定提供所需指令、工程设计变更或工程量增加以及不可抗力等方面，JCT 合同亦皆有相应规定。

我国合同法第 278 条关于隐蔽工程、第 283 条关于承包商权利中的一些内容，以及我国建筑法中关于施工许可证、违法时被责令改正等规定，JCT 合同皆没有说明。

2. 使用 JCT 合同文本的局限性及优点

JCT 合同文本要在中国使用确实有一定的局限性，主要表现在：英国合同法属于普通法系，而我国合同法更接近于大陆法系，这对于建设工程合同的签订与实施会产生一定的影响，从中也折射出两种法律文化方面的差异；JCT 合同文本中建筑师地位独特，与传统上的建筑师可从事工程项目管理业务有关，而在中国，建筑师通常只限于做设计工作；JCT 合同文本主要用于建筑师处于重要地位的房屋建筑工程，而对于结构工程师和设备工程师处于主要地位的其他土木工程，则需要做适当的修改或调整。

在英国，某项工程采用 JCT 合同文本后，双方无须再就通用条款进行谈判，只需对专用条款进行商谈，大大提高了工作效率；同时在管理合同时，何方违反合同通常比较容易确定，便于及时处理违约问题。这对于标的物巨大、工程时间较长、参与方众多并且运作复杂的建筑业来说非常重要。JCT 合同文本最初在英国及英联邦地区使用，由于其历史悠久，相对成熟，应用的国家和地区越来越多，目前已成为全世界著名的建筑业合同文本之一。

3. JCT 合同文本对于中国建设工程合同体系的影响

JCT 合同文本已在中国的上海、北京、广州、重庆、武汉等地的许多项目中采用。我国虽然有了合同法和建筑法，但是，我国的建设工程合同文本还有待完善，这对于中国建筑企业参与国际竞争会产生不利。加入 WTO 以来，我国工程项目的承发包模式已逐渐与国际接轨，呈现出了多样化发展趋势。新型承发包模式需要相应的合同条件，而我国仅有适合施工承包的合同条件，其他诸如项目总承包或者说交钥匙工程承包等承发包模式则没有相应的合同条件。JCT 合同条件体系内容十分丰富，对我国建设工程合同体系的完善具有一定的借鉴作用。

（三）NEC 合同条件

英国土木工程师学会（ICE）发行的 NEC（The New Engineering Contract，新工程合同条件）第 1 版于 1993 年 3 月正式出版，1995 年 11 月出版了第 2 版。它以弹性、清晰、浅显为特点，适用于各类型工程。该合同条件在英国及其英联邦成员国等世界各地得到了广泛的应用。此合同条件的特色是由不同的功能，做成分册的合同，例如带有工程量清单的标价合同、带有工程量清单的目标合同、成本偿付合同、管理合同等。NEC 基本核心条款的黑色为封面，工程施工分包合同采用紫色封面，说明书用棕色封面。特点是补偿、风险配置及争议处理均力求公平，且往往由双方共同决定，并加上预警制度。NEC 合同条件也舍弃 FIDIC“工程师”的名称，以“项目经理”代替，以免造成名称上的混淆。

NEC 合同条件分册如下：

（1）《工程施工合同》（The Engineering and Construction Contract，ECC）黑色，适用于所有领域的工程项目。其 6 个主要选项如下：①带有分项工程表的标价合同；②带有工程量清单的标价合同；③带有分项工程表的目标合同；④带有工程量清单的目标合同；⑤成本偿付合同；⑥管理合同。

（2）《工程施工分包合同》（The Engineering and Construction Subcontract，ECS）紫色，与 ECC 配套使用，根据主合同，部分工作和责任转移至承包商。

（3）《专业性服务合同》（Professional Services Contract，PSC）橘色，适用于项目聘用的专业工程师、项目经理、设计师、监理工程师等专业技术人才。

（4）《裁决合同》（Adjudicators Contract，AJC）淡绿色，雇主聘用裁决人的合同。

（5）《工程施工合同简明格式》（Engineering and Construction Shot Contract，ECSC）绿色，适用于工程结构简单、风险较低，对项目管理要求不苛刻的项目。

三、欧洲发展基金会 EDF 合同条件

欧洲发展基金会是一个向非洲、加勒比海和太平洋地区国家集团（简称非加太集团）77 个成员国和欧洲联盟 15 个国家提供援助以促进非加太国家发展的机构，始于 1957 年《罗马条约》中的海外国家和领地发展基金，后经过 2 个《雅温得协定》、4 个《洛美协定》和《科托努协定》，到现在为止，总共有 9 期欧洲发展基金（其中第四个《洛美协定》包括两期欧洲发展基金 EDF7 和 EDF8），每一期欧洲发展基金的期限为 5 年（EDF9 为 2000～2005 年），并且用财政议定书的形式加以明确规定。

欧洲发展基金援助的领域包括教育、基础设施建设、促进生产发展与产品多样化以及人道主义援助。另外，欧洲发展基金也重点援助一些与农村发展和工业化有关的项目，它还把消灭贫穷、反对性别歧视和保护环境方面的一些长期性项目纳入其援助范围。

欧洲发展基金会制定了 EDF 合同条件，但应用范围窄，主要用于 ACP（非洲、加勒比海与太平洋）国家。在编制新版 EDF 合同条件时，选择了 FIDIC-1987 年第 4 版合同条件作为基础。

四、美国 AIA 系列合同条件

（一）AIA 简介

AIA 是美国建筑师学会（The American Institute of Architects）的简称。AIA 出版的系列合同文件在美国建筑业界及国际工程承包界，特别在美洲地区具有较高权威性，应用广泛。

AIA 的一个重要成就是制定并发布了一系列的标准化合同文件。1888 年为适应美国建筑业的发展需要，AIA 拟订了一份雇主和承包商之间的协议书，简称“规范性合同”。1911 年 AIA 首次出版了“建筑施工一般条件”（General Conditions for Construction），经过多年的发展，AIA 合同文件形成了一个包括 80 多个独立文件在内的复杂体系。目前最新版的 AIA 合同条件是 1997 年发布的第 14 版。

AIA 文件力图采取中立的立场，均衡项目参与各方的利益，合理分配风险，不偏袒包括建筑师在内的任何一方。

（二）AIA 系列合同文件

AIA 系列合同文件分为 A、B、C、D、G、NET 6 个系列，其中 A 系列是用于雇主与总承包商的标准合同文件，不仅包括合同条件，还包括承包商资格申报表，保证标准格式等。B 系列主要用于雇主和建筑师之间的标准合同文件，其中包括专门用于建筑设计、室内装修工程等特定情况的标准合同文件。C 系列主要用于建筑师与专业咨询机构之间的标准合同文件。D 系列是建筑师行业内部使用的文件。G 系列是建筑师企业及项目管理中使用的文件。NET 是用于国际工程项目的合同条件（为 B 系列的一部分）。

除了合同直接相关的标准文件以外，AIA 还出版其他与工程相关的辅助性标准文件。这些文件涉及工程项目建设的各个方面，例如招标投标、资质声明、担保与保证等。

（三）AIA 合同文件的组合与使用

AIA 合同文件以根据工程建设的实际情况与需要配合使用，形成不同的组合。最为主要的影响因素是工程建设管理模式及合同计价方式。每个组合中最为基本的文件是所谓的“核心文件”，即“施工合同一般条件”。每个版本的一般条件均有与其配合使用的“协议书格式”。AIA 为包括 CM 方式在内的各种工程建设管理模式专门制定了各种协议书格式，不同的合同计价方式也影响到协议书格式的选用。AIA 不仅为雇主与承包商之间的合同制定了协议书标准格式，还为项目中其他各方之间的关系制定了协议书标准格式，例如 B 系列中的雇主与建筑师协议书标准格式。

AIA 合同文件的计价方式主要有总价、成本补偿及最高限定价格法。AIA 系列合同文件的核心是“一般条件”（A201）。采用不同的工程项目管理模式及不同的计价方式时，只需选用不同的“协议书格式”与“一般条件”即可。如 AIA 文件 A101 与 A201 一同使用，构成完整的法律性文件，适用于大部分以固定总价方式支付的工程项目；再如 AIA 文件 A11 和 A201 一同使用，构成完整的法律性文件，适用于大部分以成本补偿方式支付的工程项目。

AIA 文件 A201 作为施工合同的实质内容，规定了雇主、承包商之间的权利、义务及建筑师的职责和权限。该文件通常与其他 AIA 文件共同使用，被称为“基本文件”。

（四）日本建筑工程标准合同条件

建设业是二战以后日本发展最快的产业部门之一，也是日本国民经济的支柱产业之一。泡沫经济破灭后，日本政府和民间对建筑业投资减少，建筑市场的规模呈缩小态势，行业内竞争日趋激烈，处于优胜劣汰的大转换期。近 20 年来，美国等国家不断地向日本施压要求其开放建筑市场，但是由于存在固有的、特定的封闭性和行业习惯做法，尽管在法律上似乎没有歧视性政策，国外建筑企业仍很难真正进入日本市场。

日本建筑工程标准合同条件由日本中央建设业审议会于1950年2月制定，后经多次修订。此合同条件适用于日本国内的政府工程及民用工程，日本施工企业在国外承包工程时，主要是依据 FIDIC 合同条件或工程所在国发包方提出的合同条件。

第二节 FIDIC 施工合同条件

一、施工合同条件的文本结构

新版的 FIDIC 施工合同条件的内容由两部分构成，第一部分为通用条款，第二部分为专用条款以及一套标准格式。通用条款包括了 20 条 160 款，每条条款下又分有若干子款。

FIDIC 施工合同条件第二部分专用条款共包括 20 条。在通常情况下，专用条款部分大都由项目的招标委员会根据项目所在国的具体情况，并结合项目自身的特性，对照 FIDIC 施工合同条件第一部分的通用条款进行具体的编写，如将通用条款中不适合具体工程的条款删去，同时换上适合本项目的具体内容；将通用条款中表述得不够具体、细致的地方在专用条款的对应条款中进行补充和完善；若完全采用通用条款的规定，则该条专用条款只列条款号，内容为空。

（一）合同文件

通用条件的条款规定，构成对雇主和承包商有约束力的合同文件包括以下几方面的内容。

（1）合同协议书。雇主发出中标函的 28 日内，接到承包商提交的有效履约保证后，双方签署的法律性标准化格式文件。

（2）中标函。雇主签署的对投标书的正式接受函，包含作为备忘录记载的合同签订前谈判时可能达成一致并共同签署的补遗文件。

（3）投标函。承包商填写并签字的法律性投标函和投标函附录，包括报价和招标文件及合同条款的确认文件。

（4）专用条件。结合工程所在国、工程所在地和工程本身的情况，对通用条款的说明、修正、增补和删减，即为专用条款。所以通用条款和专用条款组成为一个适合某一特定国家和特定工程的完整合同条件。专用条款与通用条款的条号是一致的，专用条款解释通用条款。

（5）通用条件。通用条件是指对某一类工程项目都通用。

（6）规范。规范是合同一个重要的组成部分，它的功能是对雇主招标的项目从技术方面进行详细的描述，提出执行过程中的技术标准、程序等。

（7）图纸。一般情况下所附图纸达到工程初步设计深度即可满足招标工作的要求，为投标人提供和了解工程规模、建设条件、编制施工说明、可核定工程量、具有完整和准确的投标报价条件。

（8）资料表以及其他构成合同一部分的文件。①资料表由承包商填写并随投标函一起提交的文件，包括工程量表、数据、列表及费率/单价表等；②构成合同一部分的其他文件——在合同协议书或中标函中列明范围的文件（包括合同履行过程中构成双方有约束力的文件）。

应当注意的是，组成合同的各个文件之间是可以相互解释的，在解释合同时即按照上面的顺序，确定合同文件的优先次序。同时，若在文件之间出现模糊不清或发现不一致的情况，工程师应该给予必要的澄清或指示。

（二）合同双方和人员

合同各方与当事人包括如下所列人员：

（1）雇主（Employer）。指在投标函附录中指定为雇主的当事人或此当事人的合法继承人。合同中规定属于雇主方的人员包括：①工程师；②工程师的助理人员；③工程师和雇主的雇员，包括职员和工人；④工程师和雇主聘请的其他工作人员，工程师和雇主应将这些人的基本情况告知承包商。

从此定义来看，FIDIC 首次明确将工程师列为雇主人员，从而改变了工程师这一角色的“独立性”，淡化了其“公正无偏”的性质。

（2）承包商（Contractor）。指在雇主收到的投标函中指明为承包商的当事人及其合法继承人。承包商的人员包括承包商的代表以及为承包商在现场工作的一切人员。除非合同中已写明了承包商代表的姓名，否则承包商在开工日期前，将其拟任命为承包商代表的人员姓名和详细资料提交工程师，以取得同意。承包商代表应将其全部时间协助承包商履行合同。如果承包商代表在工程施工期间要暂时离开现场，应事先征得工程师的同意，任命合适的替代人员，并通知工程师。

（3）工程师（ Engineer）。指雇主为合同之目的指定作为工程师工作并在投标函附录中指明的人员。工程师按照合同履行职责，同时行使合同中明确规定的或必然隐含赋予他的权利，但工程师无权修改合同。

1）工程师由雇主任命，与雇主签订咨询服务协议。如果雇主要撤换工程师，必须提前42d 发出通知以征得承包商的同意，同时承包商对雇主拟聘用的工程师人选持有反对权。

2）工程师应履行合同中规定的职责，行使在合同中明文规定或必然隐含的权力。如要求工程师在行使某种权力之前需获得雇主的批准，必须在合同专用条件中规定。如果没有承包商的同意，雇主对工程师的权力不能进一步加以限制。应注意：①工程师无权修改合同；②工程师无权解除任何一方依照合同具有的任何职责、义务或责任；③工程进行过程中，承包商的图纸、施工完毕的工程、付款的要求等诸多事宜都需经工程师的审查和批准，但经工程师批准、审查、同意、检查、指示、建议、检验的任何事项如果出现了问题，承包商仍需依照合同负完全责任。

3）工程师的授权。工程师职责中大量的常规性工作（不包括对合同事宜作出商定或决定）都是由工程师授权其助理完成的。工程师的助理包括一位驻地工程师（Resident Engineer）和若干名独立检验员（Independent Inspectors）。在被授权的范围内，他们可向承包商发出指示，且其批准、审查、开具证书等行为具有和工程师等同的效力。但对于任何工作、工程设备和材料，如果工程师助理未提出否定意见并不能构成批准，工程师仍可拒收；承包商对工程师助理作出的决定若有质疑，也可提交工程师，由工程师确认、否定或更改。

4）工程师的指示。工程师可按照合同的规定，随时向承包商发布提示；承包商仅接受工程师和其授权的助理的指示，并且必须严格按其指示办事；指示均应为书面形式。如果工程师或工程师助理发出口头指示，应在口头指示发出之后两个工作日内从承包商处收到对该指示的书面确认，如在接到此确认后两个工作日内未颁发书面的拒绝以及（或）表示，则此确认构成工程师或他授权的助理的书面指示。

5）工程师合同角色的变化。FIDIC 编制的 1987 年第 4 版施工合同条件中，工程师不是合同的一方，但要求工程师在处理合同问题时，行为应公正、没有偏见，强调工程师为相对独立的第三方。由于工程师受雇于雇主，在执行合同过程中很难做到上述要求，这是第 4 版施工合同条件没有解决的问题。

FIDIC 编制的 1999 年第 1 版施工合同条件中，不再强调工程师为相对独立的第三方，而是指明工程师是雇主人员，但其前提是由合同当事人共同推荐组成争端裁决委员会（DAB）。当工程师的决定有一方不同意时，提交到 DAB 处理。这是一个重大变化，也是一个进步。对工程师的选聘、作用、地位、工作方式和方法、权利和义务等与第 4 版无实质性差别。

（4）一般分包商（Subcontractor）。指合同中指明为分包商的所有人员，或为部分工程指定为分包商的人员及这些人员的合法继承人。承包商不得将整个工程分包出去。承包商应对任何分包商、其代理人或雇员的行为或违约如同承包商自己的行为或违约一样地负责，除非专用条件中另有如下规定：①承包商在选择材料供应商或向合同中已指名的分包商进行分包时，无须取得同意；②对其他建议的分包商应取得工程师的事先同意；③承包商应至少提前 28d 将各分包商承担工作的拟定开工日期和该工作在现场的拟定开工日期通知工程师；④每个分包合同应包括根据合同的规定分包合同终止时，雇主有权要求将分包合同转让给雇主的规定。

（5）指定分包商。指定分包商是由雇主（或工程师）指定、选定，完成某项特定工作内容并与承包商签订分包合同的特殊分包商。合同条款规定，雇主有权将部分工程项目的施工任务或涉及提供材料、设备、服务等工作内容发包给指定分包商实施。

由于许多项目施工的工作内容有较强的专业技术要求，一般承包单位不具备相应的能力，但如果以一个单独的合同对待，又限于现场的施工条件或合同管理的复杂性，工程师无法合理地进行协调管理，为避免各独立合同之间的干扰，雇主往往只能将这部分工作发包给指定分包商实施。又由于指定分包商是与承包商签订分包合同，因而在合同关系和管理关系方面与一般分包商处于同等地位，对其施工过程中的监督、协调工作纳入承包商的管理之中。指定分包工作内容可能包括部分工程的施工，供应工程所需的货物、材料、设备、设计、技术服务等。

虽然指定分包商与一般分包商处于相同的合同地位，但二者并不完全一致，主要差异体现在以下几个方面。

1）选择分包单位的权利不同。承担指定分包工作任务的单位由雇主或工程师选定，而一般分包商则由承包商选择。

2）分包合同的工作内容不同。指定分包工作属于承包商无力完成，不属于合同约定应由承包商必须完成范围之内的工作，即承包商投标报价时没有摊入间接费、管理费、利润、税金的工作，因此不损害承包商的合法权益。而一般分包商的工作则为承包商承包工作范围的一部分。

3）工程款的支付开支项目不同。为了不损害承包商的利益，给指定分包商的付款应从暂列金额内开支。而对一般分包商的付款，则从工程量清单中相应工作内容项内支付。由于雇主选定的指定分包商要与承包商签订分包合同，并需指派专职人员负责施工过程中的监督、协调、管理工作，因此也应在分包合同内具体约定双方的权利和义务，明确收取分包管理费的标准和方法。如果施工中需要指定分包商，在招标文件中应给予较详细的说明，承包商在投标书中填写收取分包合同价的某一百分比作为协调管理费。该费用包括现场管理费、公司管理费和利润。

4）雇主对分包商利益的保护不同。尽管指定分包商与承包商签订分包合同后，按照权利义务关系，他直接对承包商负责，但由于指定分包商终究是雇主选定的，而且其工程款的支付从暂列金额内开支，因此，在合同条件内列有保护指定分包商的条款。通用条件规定，承包商在每个月末报送工程进度款支付报表时，工程师有权要求他出示以前已按指定分包合同向指定分包商付款的证明。如果承包商没有合法理由而扣押了指定分包商上个月应得工程款的话，雇主有权按工程师出具的证明从本月应得款内扣除这笔金额直接付给指定分包商。对于一般分包商则无此类规定，雇主和工程师不介入一般分包合同履行的监督。

5）承包商对分包商违约行为承担责任的范围不同。除非由于承包商向指定分包商发布了错误的指示要承担责任外，对指定分包商的任何违约行为给雇主或第三者造成损害而导致索赔或诉讼的，承包商不承担责任。如果一般分包商有违约行为，雇主将其视为承包商的违约行为，按照主合同的规定追究承包商的责任。

（三）合同的时间概念

（1）基准日期。指递交投标书截止日期前28日的日期。中标合同金额是承包商自己确定的充分价格。即使后来的情况表明报价并不充分，承包商也要自担风险，除非该不充分源于基准日后情况的改变，或是一个有经验的承包商在基准日前不能预见的物质条件。规定这个定义的意义主要有以下两点：

1）据以确定投标报价所使用的货币与结算使用货币之间的汇率。

2）确定因工程所在国法律法规变化带来风险的分担界限。基准日期之后因工程所在国法律发生变化给承包商带来损失，承包商可主张索赔。

（2）开工日期。除非专用条款另有约定，开工日期是指工程师按照有关开工的条款通知承包商开工的日期。

（3）合同工期。合同工期是所签合同注明的完成全部工程或分部移交工程的时间，加上合同履行过程中因非承包商原因导致的变更和索赔事件发生后，经工程师批准顺延的工期。

（4）施工期。从工程师按合同约定发布的“开工令”中指明的自开工之日起，至工程移交证书注明的竣工日止的日历天数。

（5）竣工时间。指从开工日期开始到完成工程的一个时间段，不是指一个时间点。在我国工程界习惯将之称为“合同工期”。

（6）缺陷通知期。即国内施工文本所指的工程质量保修期。但是如前所述，缺陷通知期和质量保修期又有所不同，主要体现在期限长短有很大差异以及在保修期内雇主对于工程缺陷向承包商主张权利的途径不同。缺陷通知期指自工程师接收证书中写明的竣工日开始，至工程师颁发履约证书为止的日历天数。尽管工程移交前进行了竣工检验，但只是证明承包商的施工工艺达到了合同规定的标准，设置缺陷通知期是为了考验工程在动态运行条件下是否达到了合同中技术规范的要求。因此，从开工之日起至颁发履约证书日止，承包商要对工程的施工质量负责。合同工程的缺陷通知期及分阶段移交工程的缺陷通知期，应在专用条款内具体约定。次要部位工程通常为半年；主要工程及设备大多为一年；个别重要设备也可以约定为一年半。当承包商在缺陷通知期内未能按照雇主的要求补修工程缺陷时，雇主有权延长该通知期，但延长的期限最长不得超过两年。

（7）合同有效期。自合同签订日起至承包商提交给雇主的“结清单”生效日止，施工承包合同对雇主和承包商均具有法律约束力。颁发履约证书只是表示承包商的施工义务终止，合同约定的权利义务并未完全结束，还剩有管理和结算等事宜。结清单生效指雇主已按工程师签发的最终支付证书中的金额付款，并退还承包商的履约保函。结清单一经生效，承包商在合同内享有的索赔权利也自行终止。

（四）款项与付款

（1）接受的合同款额。指雇主在“中标函”中对实施、完成和修复工程缺陷所接受的金额，来源于承包商的投标报价。这实际上就是中标的投标人的投标价格或经双方确定修改的价格。这一金额实际上只是一个名义合同价格，而实际的合同价格只能在合同结束时才能确定。

（2）合同价格。指按照合同各条款的约定，承包商完成建造和保修任务后对所有合格工程有权获得的全部工程款。这是一个“动态”价格，是工程结束时发生的实际价格即工程全部完成后的竣工结算价，而这一价格的确定是经过工程实施过程中的累计计价得到的。

（3）费用。指承包商在现场内或现场外正当发生的所有开支，包括管理费和类似支出，但不包括利润。

（4）暂定金额。在招标文件中规定的作为雇主的备用金的一笔固定金额。投标人必须在自己的投标报价中加上此笔金额。中标的合同金额包含暂定金额。暂定金额只有在工程师的指示下才能使用。工程师可做如下要求：①承包商自行实施工作，按变更进行估价和支付；②承包商从指定分包商或他人处购买工程设备、材料或服务，这时要支付给承包商实际支出的款额加上管理费和利润。

虽然此类费用常出现在合同中，但根据实际情况，合同中也可以没有此类费用。雇主在合同中包含的暂定金额是为以下情形准备的：①工程实施过程中可能发生雇主负责的应急费用或不可预见费用，如计日工费用；②在招标阶段，雇主方还不能决定某项工作是否包含在合同中；③在招标阶段，对工程的某些部分，雇主还不可能确定到使投标者能够报出固定单价的深度；④对于某些工作，雇主希望以指定分包商的方式来实施。

暂定金额的额度一般用固定数值来表示，有时也用投标价格的百分数来表示，一般由雇主方在招标文件中确定，并在工程量表中体现出来。

二、权利与义务的条款

权利与义务条款包括承包商、雇主和工程师三者的权利和义务。

（一）承包商的权利和义务

承包商的权利包括：有权得到提前竣工奖励；收款权；索赔权；因工程变更超过合同规定限值而享有补偿权；暂停施工或延缓工程进度；停工或终止受雇；不承担雇主的风险；反对或拒不接受指定的分包商；特定情况下合同转让与工程分包；特定情况下有权要求延长工期；特定情况下有权要求补偿损失；有权要求进行合同价格调整；有权要求工程师书面确认口头指示；有权反对雇主随意更换监理工程师。

承包商的义务包括：遵守合同文件规定，保质保量、按时完成工程任务，并负责保修期内的各种维修；提交各种要求的担保；遵守各项投标规定；提交工程进度计划；提交现金流量估算；负责工地的安全和材料的看管；对由其完成的设计图纸中的任何错误和遗漏负责；遵守有关法规；为其他承包商提供机会和方便；保持现场整洁；保证施工人员的安全和健康；执行工程师的指令；向雇主偿付应付款项；承担第三国的风险；为雇主保守机密；按时缴纳税金；按时投保各种强制险；按时参加各种检查和验收。

（二）雇主的权利和义务

雇主的权利包括：有权指定分包商；有权决定工程暂停或复工；在承包商违约时，雇主有权接管工程或没收各种保函、保证金；有权决定在一定的幅度内增减工程量；有权拒绝承包商分包或转让工程（应有充足理由）。

雇主的义务包括：向承包商提供完整、准确、可靠的信息资料和图纸，并对这些资料的准确性负完全的责任；承担由雇主风险所产生的损失或损坏；确保承包商免于承担属于承包商义务以外情况的一切索赔、诉讼、损害赔偿费、诉讼费、指控费及其他费用；在多家独立的承包商受雇于同一工程或属于分阶段移交的工程情况下，雇主负责办理保险；按时支付承包商应得的款项，包括预付款；为承包商办理各种许可，如现场占用许可、道路通行许可、材料设备进口许可、劳务进口许可等；承担工程竣工移交后的任何调查费用；支付超过一定限度的工程变更所导致的增加部分费用；承担因后继法规所导致的工程费用增加额。

（三）工程师的权利和义务

工程师虽然不是工程承包合同的当事人，但他受雇于雇主，为雇主代为管理工程建设，行使雇主或FIDIC条款赋予他的权利，也承担相应义务。

工程师可以行使合同规定的或合同中必然隐含的权力，主要有：有权拒绝承包商的代表；有权要求承包商撤走不称职人员；有权决定工程量的增减及相关费用，有权决定增加工程成本或延长工期，有权确定费率；有权下达开工令、停工令、复工令（因雇主违约而导致承包商停工情况除外）；有权对工程的各个阶段进行检查，包括已掩埋覆盖的隐蔽工程；如果发现施工不合格，工程师有权要求承包商如期修复缺陷或拒绝验收工程；承包商的设备、材料必须经工程师检查，工程师有权拒绝接受不符合规定的材料和设备；在紧急情况下，工程师有权要求承包商采取紧急措施；审核批准承包商的工程报表，开具付款证书；当雇主与承包商发生争端时，工程师有权裁决，虽然其决定不是最终的。

工程师作为雇主聘用的工程技术负责人，除了必须履行其与雇主签订的服务协议书中规定的义务外，还必须履行其作为承包商的工程监理人而应尽的职责。FIDIC 条款针对工程师在建筑与安装施工合同中的职责规定了以下义务：必须根据服务协议书委托的权利进行工作；作为必须公正，处事公平合理，不能偏听偏信；应耐心听取雇主和承包商两方面的意见，基于事实作出决定；发出的指示应该是书面的，特殊情况下来不及发出书面指示时，可以发出口头指示，但随后以书面形式予以确认；应认真履行职责，根据承包商的要求及时对已完工程进行检查或验收，对承包商的工程报表及时进行审核；应及时审核承包商在履约期间所做的各种记录，特别是承包商提交的作为索赔依据的各种材料；应实事求是地确定工程费用的增减与工期的延长或压缩；如因技术问题需同分包商打交道，须征得总承包商同意，并将处理结果告知总承包商。

三、质量控制的条款

1. 实施方式

承包商应以合同中规定的方法，按照公认的良好惯例，以恰当、熟练和谨慎的方式，使用适当装备的设施以及安全的材料来制造工程设备、生产和制造材料及实施工程。

2. 样本

承包商要事先向工程师提交该材料的样本和有关资料，以获得同意。①制造商的材料标准样本和合同中规定的样本，由承包商自费提供；②工程师指示作为变更而增加的样本。

3. 检查和检验

（1）检查。①雇主的人员在一切合理时间内，有权进行以下活动：进入所有现场和获得天然材料的场所；在生产、制造和施工期间，对材料、工艺进行审核、检查、测量与检验，对工程永久设备的制造进度和材料的生产及制造进度进行审查。②承包商应向雇主人员提供进行上述工作的一切方便。③未经工程师的检查和批准，工程的任何部分不得覆盖、掩蔽或包装，否则工程师有权要求承包商打开这部分工程供检验并自费恢复原状。

（2）检验。①对于合同中有规定的检验（竣工后的检验除外），由承包商提供所需的一切用品和人员。检验的时间和地点由承包商和工程师商定。②工程师可以通过变更改变规定的检验的位置和详细内容，或指示承包商进行附加检验。③工程师参加检验应提前 24h 通知承包商，如果工程师未能如期前往（工程师另有指示除外），承包商可以自己进行检验，工程师应确认此检验结果。④承包商要及时向工程师提交具有证明的检验报告，规定的检验通过后，工程师应向承包商颁发检验证书。⑤如果按照工程师的指示对某项工作进行检验或由于工程师的延误导致承包商遭受工期、费用及合理的利润损失，承包商可以提出索赔。

如果工程师经检查或检验发现任何工程设备、材料或工艺有缺陷或不符合合同的其他规定，可以拒收。承包商应立即进行修复。工程师可要求对修复后的工程设备、材料和工艺按相同条款和条件再次进行检验，直到其合格为止。

4. 补救工作

不论以前是否进行检验或颁发了证书，工程师仍可以指示承包商进行以下工作：①把不符合合同规定的永久设备或材料从现场移走并进行替换；②把不符合合同规定的任何其他工程移走并重建。

工程师还可以随时指示承包商开展保证工程安全所急需的任何工作。若承包商未及时遵守上述指示，雇主可雇佣他人完成此工作并进行支付，有关金额要由承包商补偿给雇主。

5. 竣工验收

1999年第1版《FIDIC施工合同条件》虽然将“竣工试验”这一条款列在了工程进度控制的范畴内，但是从条款规定的具体内容上看，更应该划入质量控制的范畴。

（1）承包商的义务。承包商将竣工文件及操作和维修手册提交工程师以后，应提前21日将准备接受竣工检验的日期通知工程师。一般应在该日期后14日内由工程师指定日期进行竣工检验。若检验通过，则承包商应向工程师提交一份有关此检验结果的证明报告；若检验未能通过，工程师可拒收工程或该区段，并责令承包商修复缺陷，修复缺陷的费用和风险由承包商自负。工程师或承包商可要求进行重新检验。

（2）延误的检验。如果雇主无故延误竣工检验，则承包商可根据合同中有关条款进行索赔；如果承包商无故延误竣工检验，工程师可要求承包商在收到通知后21日内进行竣工检验。若承包商未能在21日内进行检验，则雇主可自行进行竣工检验，其风险和费用均由承包商承担，而此竣工检验应被视为是在承包商在场的情况下进行的，且其结果应被认为是准确的。

（3）未能通过竣工检验。如果按相同条款或条件进行重新检验仍未通过，则工程师有权：①指示进行重新检验；②如果不合格的工程基本无法达到原使用或盈利的目的，雇主可拒收此工程并从承包商处得到相应的补偿；③若雇主提出要求，也可以在减扣一定的合同价格之后颁发接收证书。

四、进度控制的条款

1. 开工

开工是合同履行过程中的里程碑事件。工程的开工日期由工程师签发开工通知确定，一般在承包商收到中标函后42日内，具体日期工程师应至少提前7日通知。也就是说，工程师最迟必须在承包商收到中标函后的第35日签发开工令。承包商在开工日期后应尽快开始实施工程，之后以恰当的速度施工，不得拖延。无论雇主还是承包商，都需要定时间准备开工，因此工程师在确定开工时应考虑双方的准备情况。

2. 竣工时间

竣工时间指雇主在合同中要求整个工程或某个区段完工的时间。竣工时间从开工日期算起。承包商应在此期间内通过竣工检验并完成合同中规定的所有工作。完成所有工作的含义是指：通过竣工检验；完成工程接收时要求的全部工作。

3. 进度计划

接到开工通知后的28日内，承包商应向工程师提交详细的进度计划，并应按此进度计划开展工作。当进度计划与实际进度及承包商履行的义务不符时，或工程师根据合同发出通知时，承包商要修改原进度计划并提交工程师。进度计划的内容包括：承包商计划实施工作的次序和各项工作的预期时间；每个指定分包商工作的各个阶段；合同中规定的检查和检验的次序和时间；承包商拟采用的方法和各主要阶段的概括性描述，以及对各个主要阶段所需的承包商的人员和承包商设备的数量的合理估算和说明。

承包商应按照以上的进度计划履行义务，如果在任何时候工程师通知承包商该进度计划不符合合同规定，或与实际进度及承包商说明的计划不一致，承包商应按本款规定向工程师提交一份修改的进度计划。

承包商编制进度计划时，应基于本款规定的原则，并在具体操作中关注以下几个因素。

（1）雇主向承包商移交现场可能规定的时间限制。

（2）雇主方是否规定了编制进度计划的使用软件。

（3）进度计划编制的方式和详细程度（如网络图、横道图等；要达到哪一级或层次）。

（4）在编制进度计划时，承包商最好采用“两头松，中间紧”的原则。

4. 进度报告

在工程施工期间，承包商应每月向工程师提交进度报告。此报告应随期中支付报表的申请一起提交。月进度报告的内容主要包括：进度图表和详细说明；照片；工程设备制造、加工的进度和其他情况；承包商的人员和设备数量；质量保证文件、材料检验结果；双方索赔通知；安全情况；实际进度与计划进度对比；暂停施工。

5. 竣工时间的延误和赶工期

（1）可以索赔工期的原因。如果因下述原因致使承包商不能按期竣工，承包商可索赔。①变更或合同范围内某些工程的工作量的实质性的变化；②承包商遵守了合同某条款的规定，且根据该条款他有权获得延长工期；③异常不利的气候条件；④传染病、法律变更或其他政府行为导致承包商不能获得充足的人员或货物，而且这种短缺是不可预见的；⑤雇主、雇主人员或雇主的其他承包商延误、干扰或阻碍了工程的正常进行。

（2）施工进度。如果并非上述原因而出现了进度过于缓慢，以致不可能按时竣工或实际进度落后于计划进度的情况，工程师可以要求承包商修改进度计划、加快施工并在竣工时间内完工。由此引起的风险和开支，包括由此导致雇主产生的附加费用（如监理工程师的报酬等），均由承包商承担。

（3）误期损害赔偿费。如果承包商未能在竣工时间内完成合同规定的义务，则工程师可要求承包商在规定时间内完工，雇主可向承包商收取误期损害赔偿费，且有权终止合同。这笔误期损害赔偿费是指投标函附录中注明的金额，即自相应的竣工时间起至接收证书注明的日期为止的每日支付，但全部应付款额不应超过投标函附录中规定的误期损失的最高限额。

应该注意的是，误期损害赔偿费是除了雇主根据合同提出终止履行以外的、承包商对其拖延完工所应支付的唯一款项，因此与一般意义上的“罚款”是完全不同的。雇主的预期损失是不能够被计算到误期损害赔偿费用当中的。

6. 工作暂停

承包商应根据工程师的指示，暂停部分或全部工程，并负责保护这部分工程。

（1）承包商的权利。如果工程师认为暂停并非由承包商的责任所致，则：①承包商有权索赔因暂停和（或）复工造成的工期和费用损失；②在工程设备的有关工作或工程设备及材料的运输已被暂停 28 日的情况下，如果承包商已经将这些工程设备或此材料记为雇主的财产，那么他有权按停工开始时的价值获得对还未运至现场的工程设备以及（或）材料的支付。

（2）持续的暂停。如果暂停已延续了 84 日，且承包商向工程师发函提出在 28 日内复工的要求也未被许可，如果工程师认为暂停并非由承包商的责任所致，那么承包商可以：①当暂停工程仅影响到工程的局部时，通知工程师把这部分工程视为删减的工程；②当暂停的工程影响到整个工程的进度时，承包商可要求雇主违约处理；③不采取上述措施，继续等待工程师的复工指示。

（3）复工。在接到继续工作的许可或指示后，承包商应和工程师一起检查受到暂停影响的工程、工程设备和材料。承包商应对上述工程、工程设备和材料在暂停期间发生的损失、缺陷和损坏进行恢复。

7. 雇主的接收

（1）对工程的接收。承包商可在他认为工程将完工并准备移交前14日内，向工程师申请颁发接收证书。工程师在收到上述申请后，如果对检验结果满意，则应发给承包商接收雇主的接收证书，在其中说明工程的竣工日期以及承包商仍需完成的扫尾工作；也可驳回申请，要求承包商完成一些补充和完善的工作后再行申请。如在28日期限内，既未颁发接收证书，也未驳回承包商申请，而工程或区段基本符合合同要求，应视为在28日期限的最后一天已颁发了接收证书。

如果竣工证书已经颁发且根据合同工程已经竣工，则雇主应接收工程，并对工程负全部保管责任，承包商应在收到接收证书之前或之后将地表恢复原状。

（2）对部分工程的接收。这里所说的“部分”指合同中已规定的区段中的一个部分，只要雇主同意，工程师就可对永久工程的任何部分颁发接收证书。

除非合同中另有规定或合同双方有协议，在工程师颁发包括某部分工程的接收证书之前，雇主不得使用该部分。否则，一经使用：①则可认为雇主接收了该部分工程，对该部分要承担照管责任；②如果承包商要求，工程师应为此部分颁发接收证书；③如果因此给承包商带来了费用，承包商有权索赔这笔费用及合理的利润。

若对工程或某区段中的一部分颁发了接收证书，则该工程或该区段剩余部分的误期损害赔偿费的日费率按相应比例减少，但最大限额不变。

（3）对竣工检验的干扰。若因为雇主的原因妨碍竣工检验已达14日以上，则认为在原定竣工检验之日雇主已接收了工程或区段，工程师应颁发接收证书。工程师应在14日前发出通知，要求承包商在缺陷通知期满前进行竣工检验。若因延误竣工检验导致承包商有所损失，则承包商可据此索赔损失的工期、费用和利润。

8. 缺陷通知期

（1）缺陷通知期的起止时间。从接收证书中注明的工程的竣工日期开始，工程进入缺陷通知期。投标函附录中规定了缺陷通知期的时间。

（2）承包商在缺陷通知期内的义务。在此期间内，承包商要完成接收证书中指明的扫尾工作，并按雇主的指示对工程中出现的各种缺陷进行修正、重建或补救。

（3）修补缺陷的费用。如果这些缺陷的产生是由于承包商负责的设计有问题，或由于工程设备、材料或工艺不符合合同要求，或由于承包商未能完全履行合同义务，则由承包商自担风险和费用；否则按变更处理，由工程师考虑向承包商追加支付。承包商在工程师要求下进行缺陷调查的费用亦按此原则处理。

（4）缺陷通知期的延长。如果在雇主接收后，整个工程或工程的主要部分由于缺陷或损坏不能达到原定的使用目的，雇主有权通过索赔要求延长工程或区段的缺陷通知期，但延长最多不得超过两年。

（5）未能补救缺陷。如果承包商未能在雇主规定的期限内完成应自费修补的缺陷，雇主可：①自行或雇用他人修复并由承包商支付费用；②要求适当减少支付给承包商的合同价格；③如果该缺陷使得全部工程或部分工程基本损失了盈利功能，则雇主可对此不能按期投入使用的部分工程终止合同，向承包商收回为此工程已支付的全部费用及融资费，以及拆除工程、清理现场等费用。

（6）进一步的检验。如果工程师认为承包商对缺陷或损坏的修补可能影响工程运行，可要求按原检验条件重新进行检验，由责任方承担检验的风险和费用及修补工程的费用。

五、成本控制的条款

（一）中标合同金额的充分性

承包商应将被认为已确信中标合同金额的正确性和充分性以及已中标合同金额建立在关于第4.10款（现场数据）中提到的所有有关事项的数据、解释、必要的资金、视察、检查和满意的基础上。

除非合同中另有规定，中标合同金额包括承包商根据合同应承担的全部义务，以及为正确地实施和完成工程并修补任何缺陷所需的全部有关事项的费用。

（二）雇主的资金安排

雇主应在收到承包商的请求后的28日内提出合理的证据，表明雇主已做好了资金安排，有能力按合同要求支付合同价格的条款。如果雇主打算对其资金安排做出实质性的变动，则要向承包商发出详细通知。如果在此28日内没有收到雇主的资金安排证明，承包商可以减缓施工进度。如果在发出通知后42日内仍未收到雇主的合理证明，承包商拥有暂停工作的权利。

（三）估价

对于每一项工作，用上述通过测量得到的工程量乘以相应的费率或价格即得到该项工作的估价。工程师根据所有各项工作的总和来决定合同价格。对于每项工作所适用的费率或价格，应该取合同中对该项工作所规定的值或对类似工作规定的值。

在以下两种情况时，应对费率或价格做出合理调整，若无可参照的费率或价格，则应在考虑有关事项的基础上，将实施工作的合理费用和合理利润相加以规定新的费率或价格。

（1）对于不是合同中的“固定费率”项目，且全部满足下列三个条件的工作：①其实际测量得到的工程量比工程量表或其他报表中规定的工程量增多或减少了10%以上；②该项工作工作量的变化与相应费率的乘积超过了中标合同金额的0.01%；③此工程量的变化直接造成该项工作每单位工程量成本的变动超过1%。

（2）此项工作是根据变更指示进行，合同中对此项工作未规定费率或价格，也没有适用的可参照的费率或价格，或者由于该项工作的性质不同、实施条件不同，合同中没有的费率。

由此可知，对于工作的估价主要分为三个层次：①正常情况下，估价依据测得的工程量和工程量表中的单价或价格得出；②如果某项工作的数量与工程量表中的数量出入太大，其单价或价格应予以调整；③如果是按变更命令实施的工作，在满足规定的条件下也应采用新单价或新价格。

（四）预付款

预付款是由雇主在项目启动阶段支付给承包商用于工程启动和动员的无息贷款。预付款金额在投标书附录中规定，一般为合同的10%～15%，雇主支付预付款的条件是承包商必须提交履约保函和预付款保函。

（1）预付款的支付。工程师为第一笔预付款签发支付证书的条件有如下几条：①收到承包商提交的期中支付申请；②已提交了履约保证；③已由雇主同意的银行按指定格式开出了无条件预付款保函。此保函一直有效，但其中担保金额随承包商的逐步偿还而持续递减。

（2）预付款的返还。预付款回收的原则是从开工后一定期限开始到工程竣工工期前的一定期限，从每月向承包商的支付款中扣回，不计利息。具体的回收方式有以下四种。

1）由开工后的某个月份（如第 4 个月）到竣工前的某个月份（如竣工前 3 个月），以其间月数除以预付款总额求出每月平均回收金额。一般工程合同额不大、工期不长的项目可采用此法。

2）由开工后累计支付额达到合同总价的某一百分数的下一个月份开始扣还，到竣工期前的某个月份扣完。这种方式不知道开始扣还日期，只能在工程实施过程中，当承包商的支付达到合同价的某一百分数时，计算由下一个月到规定的扣完月份之间的月数，每月平均扣还。

3）由开工后累计支付额达到合同总价的某一百分数的下一个月开始扣还，扣还额为每月期中支付证书总额（不包括预付款及保留金的扣还）的 25%，直到将预付款扣完为止。

4）由开工后累计支付额达到合同总价的某一百分数的下一个月开始扣还，一直扣到累计支付额达到合同总价的另一百分数（如 80%）扣完。用这种方法在开工时无法知道开始扣还和扣完的日期。

FIDIC 1999 年版“施工合同条件”采用第三种做法，即当期中证书的累计款额（不包括预付款和保留金的扣减与退还）超过中标合同款额与暂定金额差的 10%时，开始从期中支付证书扣还预付款，每次扣还数额为该次证书的 25%，扣还货币比例与支付预付款的货币比例相同，直到全部归还为止。

（五）履约担保

承包商应对严格履约（自费）取得履约担保，保证金额和币种应符合投标书附录中的规定。如投标书附录中没有提出保证金额，本款应不适用。

承包商应在收到中标函后 28 日内向雇主提交履约担保，并向工程师送一份副本。履约担保应由雇主批准的国家（或其他司法管辖区）内的实体提供，并采用专用条件所附格式或雇主批准的其他格式。

承包商应确保履约担保直到其完成工程的施工、竣工及修补完任何缺陷前持续有效和可执行。如果在履约担保的条款中规定了期满日期，而承包商在该期满日期前 28 日尚无权拿到履约证书，承包商应将履约担保的有效期延长至工程竣工和修补完任何缺陷为止。

除出现以下情况雇主根据合同规定有权获得金额外，雇主不应根据履约担保提出索赔。

（1）承包商未能按前一段所述的要求延长履约担保的有效期，这时雇主可以索赔履约担保的全部金额。

（2）承包商未能在商定或确定后 42 日内，将其同意的或按照规定确定的应付金额付给雇主。

（3）承包商未能在收到雇主要求纠正违约的通知后 42 日内进行纠正。

（4）雇主根据规定有权终止合同，而不管是否已发出终止通知。雇主应使承包商免受因雇主根据履约担保提出其本无权索赔范围的索赔引起的所有损偿费、损失和开支（包括法律费用和开支）的损害。雇主应在收到履约证书副本后 21 日内，将履约担保退还承包商。

（六）期中支付

（1）期中支付证书的申请。承包商在每个月末之后要向工程师提交一式六份报表，详细说明他认为自己到该月末有权得到的款额，同时提交证明文件，作为对期中支付证书的申请。此报表中应包括：①截止到该月末已实施的工程及完成的承包商的文件的估算合同价值（包括变更）；②由于法规变化和费用涨落应增加和减扣的款额；③作为保留金减扣的款额；④作为预付款的支付和偿还应增加和减扣的款额；⑤根据合同规定，作为永久工程的设备和材料的预付款应增加和减扣的款额；⑥根据合同或其他规定（包括对索赔的规定），应增加和减扣的款额；⑦对以前所有的支付证书中已经证明的扣除的款额。

（2）用于工程的工程设备与材料的预付款。当为永久工程配套的工程设备和材料已运至现场且符合合同具体规定时，当月的期中支付证书中应加入一笔预付款；当此类工程设备和材料已构成永久工程时，则应在期中支付证书中将此预付款扣除。预付款为该工程设备和材料的费用（包括将其运至现场的费用）的 80%。

（3）期中支付证书的颁发。①只有在雇主收到并批准了承包商提交的履约保证之后，工程师才能为任何付款开具支付证书，钱款才能得到支付。②在收到承包商的报表和证明文件后的 28 日内，工程师应向雇主签发期中支付证书，列出他认为应支付给承包商的金额，并提交详细证明材料。③在颁发工程的接收证书之前，若该月应付的净金额（扣除保留金和其他应扣款额之后）少于投标函附录中对支付证书的最低限额的规定，工程师可暂不开具支付证书，而将此金额累计至下月应付金额中。④若工程师认为承包商的工作或提供的货物不完全符合合同要求，可以从应付款项中扣留用于修理或替换的费用，直至修理或替换完毕，但不得因此而扣发期中支付证书。⑤工程师可在任何支付证书中对以前的证书进行修改。支付证书不代表工程师对工程的接受、批准、同意或满意。

（4）支付期限。①对于首次分期预付款，其支付期限为中标函颁发之日起 42 日之内，或雇主收到履约保证及预付款保函之日起的 21 日内，取二者中较晚者。②对于期中支付证书中开具的款额，其支付期限为：工程师收到报表及证明文件之日。③对于最终支付证书中开具的款额，其支付期限为：雇主收到最终支付证书之日起的 56 日之内。

（5）延误的付款。如果承包商未能在合同规定的期限内收到首期预付款、期中支付证书或最终支付证书中开具的款额，则承包商有权对雇主拖欠的款额每月按复利收取延误期的融资费。无论期中支付证书何时颁发，延误期都从合同中规定的支付日期算起。除非在专用条件中另有规定，此融资费应以年利率为支付货币所在国中央银行的贴现率加上 3%，以复利方式计算。

（七）保留金的扣留和支付

（1）保留金的扣留。保留金一般按投标函附录中规定的百分比从每月支付证书中扣除，一直扣到规定的保留金限额为止，一般为中标的合同金额的 5%。

（2）保留金退还程序。如果工程没有进行区段划分，则所有保留金分两次退还，签发接收证书后先退还一半，另一半在缺陷通知期结束后退还。如果涉及的工程区段已划分，则分三次退还，区段接收证书签发之后返还 40%，该区段缺陷通知期到期之后返还 40%，剩余 20%待最后的缺陷通知期结束后退还。但是，如果某区段的缺陷通知期是最迟的一个，那么该区段保留金归还应为：接收证书签发后返还 40%，缺陷通知期结束之后返还剩余的 60%。

（八）最终支付和结清单

在颁发履约证书后 56 日内，承包商应向工程师提交一式六份按其批准的格式编制的最终报表草案及证明文件，以详细说明根据合同所完成的所有工作的价值以及承包商认为根据合同或其他规定还应支付给他的其他款项（如索赔款等）。

如果承包商和工程师之间达成了一致，则承包商可向工程师提交正式的最终报表。提交最终报表时，承包商应提交一份书面结清单，以进一步证实最终报表的总额是根据合同应支付给他的全部款额和最终的结算额，并说明只有当承包商收到履约担保合同款余额时，结清单才生效。在收到最终报表和书面结清单之后的28日之内，工程师应向雇主签发最终支付证书，以说明雇主最终应支付给承包商的款额以及雇主和承包商之间所有应支付的和应得到的款额的差额（如有时）。另外在 FIDIC 施工合同条款中还有其他方面的条款，如合同中的规范管理条款、合同中的风险管理条款、合同终止的条款、违约惩罚与索赔条款、附件和补充条款等。

第三节 FIDIC 设计采购施工（EPC）/交钥匙项目合同条件

一、交钥匙工程合同条件简介

（一）EPC 合同条件产生的背景

传统的 FIDIC 合同条件，包括 FIDIC 的第 4 版《土木工程施工合同条件》（红皮书）和第 3 版《电气与机械工程合同条件》（黄皮书），都以其能在合同双方之间合理分摊风险而广泛应用于国际工程承包界，1999 年出版的《施工合同条件》（以下称“新红皮书”）和《生产设备与设计—建造合同条件》（新黄皮书）基本上继承了红皮书和黄皮书中的风险分摊原则，即让雇主方承担大部分外部风险，尤其是“一个有经验的承包商通常无法预测和防范的任何自然力的作用”等风险。

近年来，在国际工程市场中出现了一种新趋势。对于某些项目，尤其是私人投资的商业项目（如 BOT 项目），作为投资方的雇主在投资前十分关心工程的最终价格和最终工期，以便能够准确地预测在该项目上投资的经济可行性。因此，此类项目的雇主希望尽可能地少承担项目的风险，以避免在项目实施过程中追加过多的费用和给予承包商延长工期的权利。另外，一些政府项目的雇主，出于某些特殊原因，在采用以前的 FIDIC 合同条件时常常对其加以修改，将一些正常情况下本属于雇主的风险转嫁给承包商。这种将风险条件转移的做法导致两种结果：一是保证了雇主对项目的投资能固定下来以及项目按时竣工；二是由于承包商在这种情况下承担的风险大，因而在其投标报价中就会增加相当大的风险费，也就会使雇主支付的合同价格比正常情况下要高得多。但尽管如此，雇主仍愿意采用这种由承包商承担大部分风险的做法。对于承包商来说，虽然这种合同模式的风险较大，只要有足够的实力和管理水平就有机会获得较高的利润。在这种背景下，FIDIC 编制了标准的设计采购施工（EPC）合同条件，以适应国际工程承包市场的需求，为具体的实践活动提供指导。

（二）合同文本结构

银皮书《EPC/交钥匙项目合同条件》，同其第 1 版的内容基本相同。这是由于第 1 版在 1995 年出版发行时，合同条件编写委员会已有了彻底改写 FIDIC 诸合同条件文本的考虑，对合同条件的条款简化、语言通俗化有了基本的原则。银皮书的第 1 版的主题条款有 20 个，其名称同 1999 年新版完全相同，仅仅在两个主题条款的顺序上有无关紧要的调整。

银皮书的合同工程内容，包括承包商对工程项目进行设计、采购和施工等全部工作，向雇主提供一个配备完善的设施，雇主只需“转动钥匙（Turn the key）”就可以开始生产运行。也就是以交钥匙的方式向雇主提供工厂或动力、加工设施，或一个建成的土建基础设施工程。EPC/交钥匙项目合同条件（Condition of Contract for EPC/ Turnkey Projects），适用于在交钥匙基础上进行的工程项目的设计和施工。这类项目对最终价格和施工时间的确定性要求较高；同时承包商完全负责项目的设计和施工，雇主基本不参与工作。

合同条件也分通用条件和专用条件两部分。通用条件包括 20 条，分别讨论了一般规定、雇主、雇主的管理、承包商、设计、职工和劳工、设备、材料和工艺、开工、延误和暂停、竣工检验、雇主的接收、缺陷责任、竣工后的检验、变更和调整、合同价格和支付、雇主提出终止、承包商提出暂停和终止、风险和责任、保险、不可抗力、索赔、争端和仲裁。这 20 条包括 166 款，分别从合同文件管理、工期管理、费用和支付、质量管理、环保、风险分担以及索赔和争端的解决等方面对合同双方在实施项目过程中的职责、义务和权利作出全面的规定。其中雇主的管理、设计、职工和劳工、竣工检验、竣工后的检验各条与《施工条件合同》中的规定差异较大。

在 FIDIC 的标准 EPC 合同条件中没有出现类似新红皮书和新黄皮书中的“中标函”的文件。这大概是因为 EPC 合同条件的编制者考虑到 EPC 项目邀请招标较多，并且一般都很复杂。在评标后，雇主往往选择几个条件接近的投标人进行澄清和授标前的谈判，然后选择一位直接签订合同协议书。这是一种最简明的做法，虽然在实践中仍存在 EPC 项目的雇主签发“中标函”的情况。

（三）雇主的管理

银皮书同新黄皮书在主题条款上仅有一点差别，这就是第三条，新黄皮书为“工程师”，银皮书则是“雇主的管理（The Employer's Administration）”。这一差别的具体表现如下：

（1）银皮书合同方式在合同有关人员中不设置工程师（The Engineer），而由雇主自己进行管理。工程项目的设计工作由承包商负责完成，雇主不需要委托设计咨询公司（即工程师）进行设计。

（2）雇主对施工项目的管理，具体由其代表——雇主代表（The Employer’s Representative）负责。这位代表将被认为具有合同规定的雇主的权力。在极个别重要的事项上，由雇主亲自出面办理，如重大的工程变更和终止合同等。

（3）雇主代表有其助手人员，如驻地工程师、设备检验员、材料检验员等。雇主的这些人员具有工程师作出“决定（Determination）”的权力，如批准、检查、指示、通知和要求试验等。

关于解决合同争端的“争端裁决委员会（DAB）”，银皮书和新黄皮书中亦规定可以建立采用，但同新红皮书中对 DAB 的重视程度有所不同。新红皮书规定，对于重大的工程项目，DAB 应该由三人组成，而且必须是常设的（Permanent DAE），其成员应定期到工程项目上去实地考察；而银皮书和新黄皮书则规定可以采用一人的独任评判员（或三人评判员），而且可建立临时的 DAB，或称特设 DAB，即这个争端裁决委员会可因某一专项争端而设立，因此争端解决而取消。这样灵活机动地解决争端问题，可以节约人力财力，值得参照采纳。

二、合同管理的特点

（一）工作范围

承包商要负责实施的合同工作包括设计、施工、材料、设备订货和安装、设备调试、生产和管理人员的培训等，即在“交钥匙”时，要提供一个设施配备完整、可以投产运行的项目。这里的“设计”不但包括工程图纸的设计，还包括工程规划和整个设计过程的管理工作。因此，此合同条件通常适用承包商以交钥匙方式为雇主承建工厂、发电厂、石油开发项目以及基础设施项目等，并且这类项目的雇主一般做如下要求：

（1）合同价格和工期具有“高度的确定性”。因为固定不变的合同价格和工期对雇主来说至关重要。

（2）承包商要全面负责工程的设计和实施，从项目开始到结束，雇主很少参与项目的具体执行。所以这类EPC合同条件适合那些要求承包商承担大多数风险的项目。因此，一般来说，对于采用此类模式的项目应具备以下条件。

1）在投标阶段，雇主应给予投标人充分的资料和时间。使投标人能够详细审核“雇主的要求”，以详细地了解该文件规定的工程项目、范围、设计标准和其他技术要求，并去进行前期的规划设计、风险评估和估价等。

2）该工程包含的地下隐蔽工作不能太多，承包商无法在投标前进行勘查的工作区域不能太大。这是因为，这两类情况都使得承包商无法判定具体的工程量，因而无法给出比较准确的报价。

3）虽然雇主有权监督承包商的工作，但不能过分地干预承包商的工作或审批大多数的施工图纸。既然合同规定承包商负责全部设计，并负担全部责任，只要其设计和完成的工程符合“合同中预期的工程目的”，就认为承包商履行了合同中的义务。

4）合同中的期中支付款应由雇主方按照合同支付，而不再像新红皮书和新黄皮书那样先由雇主的工程师来审查工程量，再决定和签发支付证书。

（二）价格方式

EPC采取总价合同方式。只有在某些特定风险出现时，雇主才会花费超过合同价格的款额，如果雇主认为实际支付的最终合同价格的确定性（有时还包括工程竣工日期的确定性）十分重要，可以采取这种合同，不过其合同价格往往要高于采用传统的单价与子项包干混合式合同。

（三）管理方式

在EPC合同形式下，没有独立的“工程师”这一角色，有雇主的代表管理合同，代表着雇主的利益。与《施工合同条件》模式下的“工程师”相比，雇主的代表权力较小，有关延期和追加费用方面的问题一般由雇主决定；也不像要求“工程师”那样，在合同中明文规定要“公正无偏”地作出决定。

（四）风险管理

和《施工合同条件》相比，承包商要承担较大的风险，如不利或不可预见的地质条件的风险以及雇主在“雇主的要求”中说明的风险。因此在签订合同前，承包商一定要充分考虑相关情况，并将风险费计入合同价格中。不过仍有一部分特定的风险由雇主承担，如战争、不可抗力等。至于其他的风险应由雇主承担，合同双方最好在签订合同前进行协议。

在EPC合同条件中，雇主的风险有：

（1）战争、敌对行动（不论宣战与否）、入侵、外敌行动。

（2）工程所在国的叛乱、恐怖活动、革命、暴动、军事政变、篡夺政权或内战。

（3）暴乱、骚乱或混乱。完全局限于承包商的人员以及承包商和分包商雇用人员中间的事件除外。

（4）工程所在国的军火、爆炸性物质、离子辐射或放射性污染。由于承包商原因造成这种情况除外。

（5）以音速或超音速飞行的飞机或其他飞行装置产生的压力波。

而新红皮书和新黄皮书中，除了上述风险之外，雇主的风险还有以下三项：

（1）雇主使用或占用永久工程的任何部分，合同中另有规定的除外。

（2）因工程任何部分设计不当而造成的，而此类设计是由雇主的人员提供的，或由雇主所负责的其他人员提供的。

（3）一个有经验的承包商不可预见且无法合理防范的自然力的作用。

从上面的对比来看，雇主在EPC合同条件下承担的风险要比在新红皮书和黄皮书下承担得少，最明显的是减少了上面关于“外部自然力”一项。这就意味着，在EPC合同条件下承包商就要承担发生最频繁的“外部自然力的作用”这一风险，这无疑大大地增加了承包商在实施工程过程中的风险。

另外，从其他一些条款中也能看出，在EPC合同条件中，承包商的风险要比在新红皮书和黄皮书中多。EPC合同条件第4.10款［现场数据］中明确规定：“承包商应负责核查和解释（雇主提供的）此类数据。雇主对此类数据的准确性、充分性和完整性不负担任何责任”，而在新红皮书和新黄皮书的相应条款中规定的则比较有弹性：“承包商应负责解释此类数据。考虑到费用和时间，在可行的范围内，承包商应被认为已取得了可能对投标文件或工程产生影响或作用的有关风险、意外事故及其他情况的全部必要的资料”。EPC合同条件第4.12款［不可预见的困难］中规定：①承包商被认为已取得了可能对投标文件或工程产生影响或作用的有关风险、意外事故及其他情况的全部必要的资料；②在签订合同时，承包商应已经预见了为圆满完成工程今后发生的一切困难和费用；③不能因任何没有预见的困难和费用而进行合同价格的调整。而在新红皮书和新黄皮书的相应条款第4.12款［不可预见的外部条件］中规定：如果承包商在工程实施过程中遇到了一个有经验的承包商在提交投标书之前无法预见的不利条件，则它就有可能得到工期和费用方面的补偿。

三、工程质量管理

EPC合同条件在质量方面的规定与新黄皮书和新红皮书大致相同，主要有：①承包商应建立一套质量保证体系；②承包商应向雇主提供样品，供其检验；③雇主的人员可随时在现场和其他有关地点对原材料、设备、工艺等进行检查和试验；④实施竣工验收。

“竣工后检验”实际上是一种重复检验，并不是所有EPC合同条件中都必须规定。需要结合项目的实际情况而定。这种合同对工程质量的控制是通过对工程的检验来进行的，包括施工期间的检验、竣工检验和竣工后的检验。为了证实承包商提供的工程设备和仪器的性能及可靠性，“竣工检验”通常会持续相当长的一段时间，只有当竣工检验都顺利完成时，雇主才会接收工程。

如果雇主采用这种合同形式，则仅需在“雇主的要求”中原则性地提出对项目的基本要求。由投标人对一切有关情况和数据进行证实并进行必要的调查后，再结合自身经验提出最合适的详细设计方案。因此，投标人和雇主必须在投标过程中就一些技术和商务方面的问题进行谈判，谈判达成的协议构成签订合同的一部分。

签订合同后，只要其最终结果达到了雇主制订的标准，承包商就可自主地实施工程雇主对承包商的控制是有限的，一般情况下，雇主不应干涉承包商的工作。当然，雇主有权对工程进度、工程质量等进行检查监督，以保证工程满足“雇主的要求”。

四、支付管理

关于支付管理方面，EPC 合同条件也与新红皮书或新黄皮书类似，略有不同之处在于以下两个方面。

1. 关于工程预付款扣还

在新红皮书和新黄皮书中，关于承包商扣还预付款都规定了扣还的开始时间和扣还比例。例如，新红皮书规定预付款应通过付款证书中按百分比相减的方式付还，除非投标书附录中规定了其他百分比。

（1）扣减应从确定的期中付款（不包括预付款、扣减额和保留金的付还）累计额超过中标合同金额减去暂列金额后余额的 10%时的付款证书开始。

（2）扣减应按每次付款证书中金额（不包括预付款、扣减额和保留金的付还）25%的比率摊还，并按预付款的货币和比例计算，直到预付款还清时为止。

而在银皮书中，规定“预付款应通过在期中付款中按比例减少的方式返还”。扣减应该按照专用条件中规定的分期摊还比率计算，该比率应用于其他付款项（不包括预付款、减少额和保留金的付还），直到预付款还清为止。如果没有规定这一比率，则应按照付款总额除以减去暂列金额的合同协议书规定的合同价格得出的比率进行计算。

2. 关于调价公式

另外一个明显的不同是，在 EPC 合同条件的通用条件中没有加入新黄皮书或新红皮书通用条件中都有的调价公式，只是在专用条件中提到。这可能反映了一种倾向，即在 EPC 合同条件下，雇主允许承包商因费用的变化而调整的情况是不多见的。

五、进度控制

关于工期管理方面的规定，需要承包商提交进度计划和每月进度报告，与新黄皮书和新红皮书规定也基本相同，但对于承包商在何种条件下有权获得工期的延长则差异很大，新黄皮书和新红皮书规定在下列条件下承包商可以获得合理的工期延长。

（1）变更或工程量有实质性变化。

（2）发生了合同条件中提到的承包商有权延期的原因。

（3）异常不利的气候条件。

（4）由流行性疾病或政府行为造成的无法预见的人员或物资的短缺。

（5）由雇主、雇主的人员或现场雇主的其他承包商引起的延误。

EPC 合同条件规定，承包商仅在上述（1）（2）（5）三种情况下有索赔工期的权利。显然，在 EPC 合同条件下承包商索赔工期要比在新红皮书和新黄皮书下困难得多。

六、合同变更

施工合同条件应该与项目管理模式相适应。在 EPC 合同条件下，由于没有设置工程师这一角色，因此有权进行工程变更的主体是雇主。在颁布工程接收证书前的任何时间，雇主可通过发布指示或要求承包商提交建议书的方式提出变更。同时，为了鼓励承包商发挥专业优势和积极能动性，合同当中也规定了价值工程条款，但是与施工合同条件不同，EPC 合同条件中没有明确规定雇主与承包商利益分配的比例。

本章综合案例

案例 1 某国际机场南北联络桥设计与建造

某国际机场南北联络桥采用高桩梁板结构，梁、板采取预制与现浇相结合的方式，减少水上现浇工作量，降低工程造价，缩短工期。这是一个设计—施工合同，合同条款参照 FIDIC 合同条款编写，业主是某国际机场专营公司，在董事局主席领导下，聘请各方面专家组成管理班子，代表业主对工程的实施进行管理。总承包商是由 A、B、C 三家公司联合承包。A 公司负责工程的组织和设计—施工实施，B 公司负责与当地有关事务的联络和疏通。业主聘请英国石伟高工程顾问公司、葡国潘特克斯顾问公司及葡国本届斯特顾问公司联合组成 SPP 顾问公司，对工程实施监理。签约时合同金额 65568.8 万澳元，后调整为 7 亿澳元。合同签约日期为 1992 年 11 月 28 日，为起算工期时间，竣工时间为 1995 年 7 月 18 日。设计分包为 CHEC 第三航务工程勘察设计院（简称三航院），施工分包为 CHEC 第三航务工程局（上海）。执行中国港口工程技术规范和三航院编制的技术标准。联络桥工程分为南联络桥和北联络桥，南桥长 1615m，宽 44m，北桥长 700m，宽 44m 和 60m 两种，斜桥中心长 219.28m，宽 44m。全桥的结构型式选用高桩梁板结构，上部采用预制与现浇结合的钢筋混凝土梁板结构，下部采用高强预应力混凝土管桩和冲孔灌注桩的桩基基础。另外尚有部分钢管桩基础。

总承包商受机场专营公司委托对原联络桥的三个方案进行评估，由于方案共同存在着工期和造价方面的问题，均不满足业主的要求，因此做了一个修正的桥式方案即高桩梁板桥式方案，该方案仅供机场专营公司决策时参考。经专家论证，业主决定采用高桩梁板式方案，于 1992 年 11 月 28 日签约，以设计—施工总承包合同管理方式进行运作。承包商的优秀的设计方案，周密的施工组织，能够做到工期提前，成本最低，满足业主的要求而得标，取得了 7 亿当地币的合同额。工程设计和施工整个过程仅有 31 个月，设计任务完成，报经业主审批需要一段时间，而留给施工的时间更短。业主要求提前竣工，在计划工期 31 个月中压缩到 26 个月完工，因此工程量大，工期紧，施工强度高。

联络桥是将人工岛跑道区与航站区连接起来的海上桥梁，航站区位于半挖半填的地段，岩层分布不均，地质构造复杂，人工岛护岸为抛石堤结构，桥梁的基础就要坐落在这样复杂的地基上。设计者要针对不同的地基选用不同的桩基结构，充分满足承载力的要求，同时还要考虑到结构的耐久性，满足使用寿命和维修的要求，也要考虑施工的可能性和施工进度的要求。

施工中除受风浪影响外，施工相互干扰是一大难题。人工岛是施工重点，清淤、吹填砂、抛填砂、抛石等工程，每天有近 400 只船舶在施工作业，相互干扰是可想而知的。桩基施工质量检验时，业主委托的监测机构由于技术上的问题，三次检验结果与承包商的检验结果相差很大，被迫请第三家再做检验，结果与承包商一致，问题解决了，业主更相信承包商了，但是每次都将影响施工，无形增加了工期的压力。

但由于该方案设计得较好，出色地处理了设计与施工中的技术难题，得到了业主与专家的肯定，在结构受力和使用耐久性上做了妥善处理，既保证了使用要求，又延长了使用寿命，在施工中建立了质量保证体系，确保了工程质量。针对不同类型桩基，采取不同施工方案，根据设计要求，进行动测与静载对比试验，确定最后贯入度与承载力。由于采取了得力措施和手段，加快了施工进度，边施工边检验，发现问题及时纠正，不出废品，不返工，确保业主要求提前竣工的目标。

评析：

设计—施工合同不适用于下列情况：

（1）没有足够的时间和应有的资料使承包商去研究、核查拟建工程的设计、风险评估和工程建造费用的估算；

（2）建设项目中，承包商无法对地下或其他无法调查研究的区域，存在隐患；

（3）雇主要求严密监督或控制承包商的全部工作，要求审查大部分图纸；

（4）施工和设计的中期付款，业主要求须经其职员或中间人确定等。

该案例以设计带动了施工，施工搞得出色，又支持了设计，从而获得多项合同，赢得了较丰厚的利润，提高了公司的知名度，扩大了影响。此案例给我们一些启示：

1. 千方百计取得总承包权和设计权

在此案例中，业主开始时委托葡国GRID公司和上海交通工程承包总公司联合设计，实际上上海交通工程承包总公司就是A公司所属的第三航务工程勘察设计院。由于是自己人设计，各种情况都比较了解和深入，在争取拿到工程时就比较主动，经方方面面的不懈努力，最后签订了工程合同。

2. 竞争中应以绝招取胜

该案例中刚开始葡国公司对联络桥设计了三个方案，但三个方案都存在着施工期长、造价高的问题，均难以满足业主的要求，结合现场施工实际情况和施工干扰程度，考虑施工设备的效率和性能，向业主提交了一个修正的“桥式方案”，即高桩梁板式方案，供业主决策时参考，业主最终选用了这个方案，上部结构采用预制与现浇相结合的结构型式，施工工序简单，减少了现场大量的模板及水上作业工作量，适应中港系统施工机械，可以加快施工进度。

3. 处理好业主与咨询工程师的关系

该案例中，工程开始时，业主和监理工程师对承包商的了解非常有限，特别是开工初期，由于种种原因，工期滞后两个月，监理工程师向业主报告有不能在合同工期内完工的危险，一度使工程处于困难时期，压力较大。承包商悟出了一个道理：埋头拼搏，把工程搞上去，用实际行动转变业主和监理工程师的看法，通过四个月的时间，采取加快施工，实行奖惩办法等，提前十天完成了吹填计划。以后又抓住工程重点，提出了第二、第三战役的目标，工程由被动转为主动，并以一路超前的成绩交卷。

案例2 某国现代化糖厂工程

在位于南美洲某国的一项总承包工程（以下简称“案例工程”）中，承包商负责为业主设计、采购和建造一座日产840吨原糖的现代化糖厂。项目中标合同金额为1.1亿美元。业主聘请了一家国外咨询公司担任工程师，代表其策划和管理工程。

（一）工程招投标

工程师在招标文件中设计了一份工程量清单，并在清单中列出了现场土建和安装工程每项作业的预估工程量，要求投标人据此进行报价。同时，招标文件中还给出了各种设计技术参数和一份由当地公司编制的工程现场地质勘察报告，并特别注明承包商自行负责该地质勘察报告的解释和准确性。

在发标后，工程师在一份标书澄清函中进一步澄清上述工程量清单和相应的施工规范是依据其在南非一个类似糖厂工程的工程量清单改编而成，而非案例工程的土建和安装设计图纸。工程师还特别指出“清单中的工程量仅为预估值，付款以实际工程量为基础，实际工程量由承包商测量经工程师认可，并以工程量清单中的价格或以工程师根据合同条款定价来进行估价。”

（二）工程合同

中标后，承包商又与工程师进行了艰苦的合同谈判，将包括工程量清单、地质勘察报告、施工规范在内的大部分招、投标文件内容直接编入合同，并最终签订了由以下四种分内容组成的总承包合同：

第一部分：合同条件（Conditions of Contract），该条件以国际咨询工程师联合会（FIDIC）1999 年出版的《生产设备和设计—建造合同条件》（简称“FIDIC 黄皮书”）为通用条件，辅以由工程师起草、经合同双方谈判修改的特殊条件。涉及工程量变化的条款修改内容为：①设置第 21 款［测量和估价］：内容套用与 FIDIC 黄皮书同系列的《施工合同条件》（文中简称“FIDIC 红皮书”）第 12 款［测量和估价］的规定，但删除了 FIDIC 红皮书第 12.3 款［估价］中的（a）项关于工程量变化超过 10%需要制定新单价的内容；②修改第 13.1 款［变更权］：在保持 FIDIC 黄皮书第 13.1 款［变更权］的规定，以适用于案例工程的设备和服务（包括培训、技服和试车）部分以外，将 FIDIC 红皮书第 13.1 款［变更权］的规定，全部引入特殊条件，专门适用于土建和安装工程的变更；特别指明除非是由于变更令引起，清单中工程量的变化不需发出任何指令；③删除了第 13.6 款［计日工作］。

通过上述条款设置，工程师认为已经完全保护了业主在土建和安装工程上的利益，即：无论工程量如何变化，现场是否新增土建和安装工作，工程师都可以在不构成变更的情况下要求承包商按照其确定的单价实施新增工程或继续完成工程量变化后的剩余工作。工程师不仅在变更上占有绝对的主动权，而且使承包商在确定单价上没有任何发言权。

第二部分：资料表（Schedules），该部分内容是对合同条件中未详述事项的重要补充，包括工程量清单、运输资料表、竣工试验资料表、竣工后试验资料表、保证值资料表、考核未达标损害赔偿资料表和付款资料表等七个资料表。

第三部分：业主要求（Employer’s Requirements），该部分内容包括工程范围、设计参数和设计标准、工艺设备描述等技术文件，也包括施工规范和地质勘察报告。

第四部分：承包商文件（Contractor’s Submissions），该部分内容主要是承包商在投标和合同谈判阶段提交的各种文件，包括工程初步设计简图、工程进度计划、工程人力资源清单和施工机具清单等等。

（三）合同价格构成、支付方式与工具，以及测量和估价标准合同价格由设备款、服务款和现场工程款三部分组成，其中设备款和服务款都是固定价格，现场工程款为以工程量清单为基础的单价形式。设备款以里程碑方式支付；服务款以进度款方式支付；现场工程款依据对每月完成工程量的实际测量和估价结果按月进行支付。

业主在一家知名国际银行开立了以承包商为受益人、金额与合同价格等值的不可撤销即期跟单信用证，作为支付工具。该信用证也依据合同价格的构成将全部金额分成三部分，分别用于支付设备款、服务款和现场工程款。

评析：

承包商在投标阶段并没有类似糖厂工程的实施经历，在还没有设计图纸的条件下，根本无法复核工程师预估工程量的准确性。而且，由于案例工程地处遥远的南美洲，承包商也只能在标前现场考察时对现场地面情况进行目测，而不能就地质勘察报告的内容进行详细调查。然而为了获得工程，承包商最后还是依据工程师预估的工程量，结合自己公司的以往施工经验，对工程量清单进行了报价。

与道路、桥梁等大型土建工程不同，案例工程属工业工程，设备款和服务款累计金额占到中标合同金额的70%以上。按照传统国际贸易做法，承包商坚持要求业主使用信用证支付全部合同款项，并将此要求落实到合同的特殊条件中。承包商的最初目的仅仅是保证收汇安全，但这个无意中建立起来的以“FDIC 黄皮书＋信用证”为基础的合同支付体系却成为承包商最终赢得索赔的关键因素之一。

复习思考题

1．FIDIC 施工合同条件中在合同履行过程中划分了几个重要的期限？
2．施工合同条件中哪些情况属于雇主的风险？
3．交钥匙工程施工合同条件与施工合同条件各适用于何种承包情况？
4．交钥匙合同分担风险的原则是什么？

第八章　建设工程索赔及管理

【引导案例】 E 国公路改造项目索赔

该项目是位于 E 国北部山区的公路改造项目，本项目为实行贷款项目，合同文本采用 FIDIC 合同条款第四版。承包商为实施该公路项目而进口的第一批机械设备于 2005 年 6 月 24 日抵达 J 国 JBT 港口，集装箱装运的物资于 2005 年 7 月 5 日抵达 J 国 JBT 港口。此时，E 国农业发展部进口了大量的化肥和粮食，造成 J 国 JBT 港口异常拥挤和堵塞。为此，E 国公路运输局下达行政指令：要求所有 E 国运输公司的运输车辆必须优先运送 E 国农业发展部进口的化肥和粮食，由此致使承包商进口的机械设备和物资一直滞留在 J 国 JBT 港口，而不能如期运抵现场，这给承包商造成了严重的工期和资金损失。所以承包商依据合同条件的第 12.2 款和第 70.8 款向工程师提出索赔意向，并抄送业主。在发生上述事件之时，承包商依据合同条件第 53.2 款收集并保留了同期记录，并且一直在搜集有关证据资料。

在收到承包商的索赔通知后，工程师回函表示：J 国 JBT 港口属于另外一个国家，不属于合同中定义的现场（即项目合同地理范围），所以其认为承包商的索赔无效。收到承包商的索赔意向后，业主却未能以客观公正的态度对待此事，反而致函要求 E 国公路运输局同承包商雇佣的清关代理和运输公司联系，并告知他们不要给承包商提供索赔的相关证据。同时，业主认为承包商捏造事由，且有意渲染该事件以推卸承包商进度相对滞后的合同责任。承包商精心地研究了合同文件并进行了周密的策划，对工程师和业主做出答复。在收到承包商的复函后，工程师来函明确要求承包商继续保持同期记录并准备索赔文件，而业主也不再强词夺理，对此索赔保持默认。随后，承包商一直保持同期记录并搜集有关证据资料，认真准备索赔报告，争取有理有据地赢得这一索赔。根据计算，承包商进行工期索赔约 16 日，费用索赔约 25 万美元。

该索赔案例让人深刻体会到：工程索赔是一门涉及面广，融商务合同、工程技术、法律法规、财务会计、语言运用能力为一体的综合性学科，它不仅是一门科学，又是一门艺术。要想搞好索赔，不仅要善于发现和把握住索赔的机会，更重要的是要会处理索赔，索赔的成功很大程度上取决于承包商对索赔做出的解释和有说服力的证明材料。要想获得好的索赔，必须要有强有力的索赔队伍，正确的索赔战略、机动灵活的索赔技巧以及严肃的法律和合同依据。

第一节　建设工程索赔概述

一、建设工程索赔的概念

在工程建设领域中，工程索赔是经常发生的一种普遍和正常的现象。在国际工程市场上，工程索赔是合同当事人保护自身正当权益、弥补工程损失、提高经济效益的重要和有效的手段，许多国际工程项目，承包人通过成功的索赔能使工程收入的增加达到工程造价的 10%～

20%，有些工程的索赔额甚至超过了合同额本身。"中标靠低价、利润靠索赔"已成为一种惯例。但在我国，工程索赔尚处于起步阶段，对工程索赔的认识还不够全面，存在发包人忌讳索赔、承包人不敢索赔、监理工程师不懂如何处理索赔的现象。在工程建设过程中，索赔管理不仅能追回损失，而且能防止损失的发生，还能极大地提高工程合同管理、工程项目管理和企业管理的能力和水平，其本身花费较小，经济效益却十分明显。因此，我们应当加强对索赔的理论和方法的研究，认真对待工程索赔管理。

索赔英文词 claim 原本具有较为广泛的含义，是指对于原本属于自己物品的声明与主张。本文所涉及的工程索赔概念，我们定义为：在工程合同履行过程中，合同当事人一方因非自身责任或对方不履行或未能正确履行合同而受到经济损失或权利损害时，通过一定的合法程序向对方提出的价款与工期补偿的要求。

索赔具有广义和狭义两种解释：广义的索赔是指合同双方向对方提出的索赔，既包括承包商向业主的索赔，也包括业主向承包商的索赔；狭义的索赔仅指承包商向业主的索赔。

二、索赔的基本特征

在工程建设合同履行过程中，索赔是不可避免的。从索赔的定义可以归纳出索赔具有以下基本特征。

1. 索赔是双向的

基于合同中当事人双方平等的原则，承包商可以向发包方索赔，发包方也可以向承包商索赔。由于在索赔处理的实践中，发包方向承包商索赔处于有利的地位，他可以直接从支付给承包商的工程款中扣取相关费用，以实现索赔的目标，不存在"索"。而承包商向发包方索赔相对而言实现较困难一些，因而通常所理解的索赔是承包商向发包方的索赔，也就是前面所述的狭义索赔。它在工程实践中是大量发生的一种索赔，也是工程索赔管理的主要对象和重点内容。

承包商的索赔范围非常广泛，一般认为只要是因非承包商自身责任造成其工期延长或成本增加，都有可能向发包方提出索赔。有时发包方违反合同，如未及时交付施工图纸、提供满足条件的施工现场、决策错误等造成工程修改、停工、返工、窝工及未按合同规定支付工程款等，承包商可向发包方提出赔偿要求。有时发包方并未违反合同，而是由于其他原因，如合同范围内的工程变更、恶劣气候条件影响、国家法律法规修改等造成承包商损失或损害的，承包商也可以向发包方提出补偿要求，因为这些风险应由发包方承担。

2. 只有实际发生了经济损失或权利损害，一方才能向对方索赔

这种损失可能是经济损失或权利损害。经济损失是指因对方原因造成了合同外的额外支出，如人工费、材料费、机械费、管理费等额外开支；权利损害是指虽然没有经济上的损失，但造成了一方权利上的损害，如由于恶劣气候条件对工程进度的不利影响，承包商有权要求工期延长等。因此发生了实际的经济损失或权利损害，应是一方提出索赔的一个基本前提条件。没有实际损失，索赔不可能成功。这与承担违约责任不一样，一方违约了，没有给对方造成损失，同样应向对方承担责任，如支付违约金等。

3. 索赔是由非自身原因导致的，要求索赔一方无过错

这一特征也体现了索赔成功的一个重要条件，即索赔一方对造成索赔的事件不承担责任或风险，而是根据法律法规、合同文件或交易习惯应由对方承担风险，否则索赔不可能成功。当然由对方承担风险但不一定对方有过错，如物价上涨，发生不可抗力等，均不是发包人的

过错，但这些风险应由发包人承担，因而若发生此类事件给承包商造成损失，承包商可以向发包方索赔。

4. 索赔必须要有切实有效的证据

合同当事人一方向另一方索赔必须有合理、合法的证据，否则索赔不可能成功。这些证据包括合同履行地的法律法规及政策和规章、合同文件及工程建设交易习惯。当然最主要的依据是合同文件。索赔的关键在于“索”，你不“索”，对方就没有任何义务主动地来“赔”。同样，“索”得乏力、无力，即索赔依据不充分、证据不足、方式方法不当，也是很难成功的。

5. 索赔是一种未经对方确认的单方行为

一方面，在合同履行过程中，只要符合索赔的条件，一方向另一方的索赔可以随时进行，不必事先经过对方的认可，至于索赔能否成功及索赔值如何则应根据索赔的证据等具体情况而定。另一方面，单方行为含义指一方向另一方的索赔何时进行，哪些事件可以进行索赔，当事人双方事先不可能约定，只要符合索赔的条件，就可以启动索赔程序。

工程索赔与工程签证不同。在施工过程中签证是承发包双方就额外费用补偿或工期延长等达成一致的书面证明材料和补充协议，它可以直接作为工程款结算或最终增减工程造价的依据。而索赔要求能否最终实现，必须要通过确认（如双方协商、谈判、调解或仲裁、诉讼）后才能实现。

基于上述对索赔特征的分析，索赔实质上是一种正当的权利或要求，是合情、合理、合法的行为，它是在正确履行合同的基础上争取合理的偿付，不是无中生有、无理争利。索赔同守约、合作并不矛盾、对立，索赔本身就是市场经济中合作的一部分，只要是符合有关规定的、合法的或者符合有关惯例的，就应该理直气壮地、主动地向对方索赔。

对一个承包商而言，只有善于索赔，才能维护自身的合法权益，才能取得更大的利润。

三、索赔与违约责任的比较

（1）索赔事件的发生，不一定在合同文件中有约定；而工程合同的违约责任，则必然是合同所约定的。

（2）索赔事件的发生，可以是一定行为造成（包括作为和不作为），也可以是不可抗力事件所引起的；而追究违约责任，必须要有合同不能履行或不能完全履行的违约事实存在，发生不可抗力可以免除追究当事人的违约责任。

（3）索赔事件的发生，可以是合同当事人一方引起，也可以是任何第三人行为引起；而违反合同则是由于当事人一方或双方的过错造成的。

（4）一定要有造成损失的结果才能提出索赔，因此，索赔具有补偿性；而合同违约不一定造成损失结果，因为违约具有惩罚性。

（5）索赔的损失与被索赔人的行为不一定存在法律上的因果关系，如因业主（发包人）指定分包商原因造成承包商损失的，承包商可以向业主索赔等；而违反合同的行为与违约事实之间存在因果关系。

四、工程索赔的分类

1. 按索赔的起因分类

（1）延误索赔：由于业主或其工程师原因、或双方不可控原因引起。

（2）现场条件变更索赔：如现场地质条件的变化或天气异常恶劣等。

（3）加速施工索赔：业主要求提前竣工或由于业主原因发生延误后，业主要求按时竣工。

（4）工程范围变更索赔：业主变更工程范围，增加或减少合同工程量。

（5）工程终止索赔：由于某种非承包商责任原因，如不可抗力使工程在竣工前被迫停止。

（6）其他原因索赔：如货币贬值、汇率变化、物价上涨、政策法规变化等原因。

2. 按索赔的依据分类

（1）合同内索赔。合同内索赔是指索赔所涉及的内容可以在合同条款中找到依据，并可根据合同规定明确划分责任。一般情况下，合同内索赔的处理和解决要顺利一些。

（2）合同外索赔。合同外索赔是指索赔的内容和权利难以在合同条款中直接找到依据，但可从合同引申含义和合同适用法律或政府颁发的有关法规及相关的交易习惯中找到索赔的依据。

（3）道义索赔：指承包商无论在合同内或合同外都找不到进行索赔的合同依据和法律依据，因而没有提出索赔的条件和理由，但承包商认为自己有要求补偿的道义基础，而对其遭受的损失提出具有优惠性质的补偿要求。

业主在下列四种情况下，可能会同意并接受道义索赔：

1）若另找承包商，费用会更大。

2）为了树立自己的形象。

3）出于对承包商的同情和信任。

4）谋求与承包商更理想或更长久的合作。

3. 按索赔当事人分类

（1）承包商与发包方之间的索赔。这种索赔一般与工程计量、工程变更、工期、质量、价格等方面有关，有时也与工程中断、合同终止有关。

（2）总承包商与分包商间的索赔。在总承包的模式下，总承包商与分包商之间可能就分包工程的相关事项产生索赔，以维护各自的利益。分包商向总承包人提出的索赔要求，经过总承包人审核后，凡是属于业主方面责任范围内的事项，均由总承包人汇总后向业主提出；凡属总承包人责任的事项，则由总承包人同分包商协商解决。

（3）业主或承包商与供货商间的索赔。他们之间可能因产品或货物的质量不符合技术要求，数量不足或不能按时交货或不能按时支付货款产生索赔。

（4）业主与监理单位间的索赔。在监理合同履行中因双方的原因或单方原因使合同不能得到很好的履行或外界原因如政策变化、不可抗力等而产生的索赔。

4. 按索赔的目的分类

（1）工期索赔。这里主要指出现了非承包人责任的原因而导致施工进程延误，要求批准延长合同工期的索赔。工期索赔形式上是对权利的要求，一旦获得批准，合同工期延长后，承包人不仅避免了承担拖期违约赔偿费用的风险，而且可能因提前工期得到奖励，最终仍反映在经济收益上。

（2）费用索赔。在合同履行中，由于非自身的原因而应由对方承担责任或风险情况，自己有额外的费用支付或损失，可以向对方提出费用索赔。如工程量增加，承包商可以向发包方提出费用补偿的索赔要求。

5. 按索赔处理的方式分类

（1）单项索赔。单项索赔是针对某一干扰事件提出的，在影响原合同正常运行的干扰事件发生时或发生后，由合同管理人员立即处理，并在合同规定的索赔有效期内向业主或监理师提交索赔要求和报告。

（2）综合索赔。综合索赔又称一揽子索赔，一般在工程竣工前和工程移交前，承包商将工程实施过程中因各种原因未能及时解决的单项索赔集中起来进行综合考虑，提出一份综合索赔报告，由合同双方在工程交付前后进行最终谈判，以一揽子方案解决索赔问题。这种索赔由于过程复杂并且涉及的索赔值大而不易解决，因而在实践中最好能及时做好单项索赔，尽量不采用综合索赔。

五、工程索赔的作用

工程索赔与工程承包合同同时存在。它的主要作用如下：

（1）索赔是合同全面、适当履行的重要保证。合同一经签订，合同双方即产生权利和义务关系。这种权利受法律保护，这种义务受法律制约。索赔是合同法律效力的具体体现，并且由合同的性质决定。如果没有索赔和关于索赔的法律规定，则合同形同虚设，对双方都难以形成约束，合同的实施得不到保证，也会影响正常的社会经济秩序。索赔能对违约者起警示作用，违约的后果和为之付出的代价能促使违约者规范自己的行为，以尽力避免违约事件发生。所以，索赔有助于工程建设双方更紧密的合作，有助于合同目标的实现。

（2）索赔是落实和调整合同双方经济责任、权利、利益关系的手段。谁未履行责任，构成违约行为，造成对方损失，侵害对方权利，则应承担相应的合同处罚，予以赔偿。离开索赔，合同的责任就不能体现，合同双方的权利义务关系就不平衡。

（3）索赔能维护合同当事人的正当权益。索赔是一种维护自己正当权益，避免损失，增加利润的手段。在工程建设过程中，如果承包人索赔意识不强，不精通索赔业务，不能进行有效的索赔，往往使损失得不到合理的、及时的补偿，从而造成一定的经济损失。

（4）索赔可促使工程造价更加合理。工程索赔的正常开展，把原来计入工程报价的一些不可预见费用，改为按实际发生的损失支付，有助于降低工程报价，使工程造价更合理。

（5）索赔对提高企业和工程项目管理水平起着促进作用。索赔是由于工程受干扰引起的。这些干扰事件对双方都可能造成损失，影响工程的正常施工，造成混乱和拖延。所以从合同双方整体利益的角度出发，应极力避免干扰事件，避免索赔的产生。这就要求合同双方都要提高工程管理的意识和水平。在工程合同签订前，重视对合同的分析和研究，在合同实施过程中，严格按合同规定执行，保证工程建设的顺利进行。

六、工程索赔的基本条件

在合同履行过程中，当事人一方向另一方索赔应满足一定的条件才可能获得成功。这些最基本的要求与条件及其相关的内容见表 8-1。

表 8-1　　索赔的基本条件

要求	内　　容
客观性	（1）干扰事件确实存在 （2）干扰事件的影响存在 （3）造成工期拖延或经济损失 （4）有证据证明
合法性	按合同、法律或交易习惯规定应予补偿
合理性	（1）索赔要求符合合同规定 （2）符合实际情况

续表

要求	内　　容
合理性	（3）索赔值的计算符合以下几方面 ①符合合同规定的计算方法和计算基础 ②符合公认的会计核算原则 ③符合工程惯例 （4）干扰事件、责任、干扰事件的影响与索赔值之间有直接的因果关系，索赔要求符合逻辑
及时性	（1）出现索赔事件应提出索赔意向通知 （2）索赔事件结束后的一段时间内应提出正式索赔报告 如国内施工合同文本规定应在出现索赔事件后的28日内提意向通知，索赔事件结束后的28日内提出正式索赔报告，否则将失去索赔的机会

七、工程索赔的原因

索赔事件又称干扰事件，即影响合同的正常履行，对合同双方造成损失的事件。事件的产生即为索赔的起因。

产生索赔事件的主要原因如下：

1. 业主违约

（1）没有按合同规定提供设计资料、图纸，未及时地下达指令、答复请示等，使工程延期。

（2）没按合同规定的日期交付施工场地、行驶道路、提供水电、提供应由业主供应的材料和设备，使承包人不能及时开工，或造成工程中断。

（3）业主未按合同规定按时支付工程款，或业主已处于破产境地，不能再继续履行合同。

（4）下达错误的指令，提供错误的信息。

（5）在工程施工和保修期间，由于非承包人原因造成未完工程的损坏。

2. 监理工程师过错

（1）监理工程师及监理人员到达现场前，未按合同规定时间通知施工单位，致使对施工造成不利影响。

（2）监理工程师发出的指令、通知有误，影响了施工的正常进行或对施工造成不利影响。

（3）监理工程师未按合同规定及时提供必须由其发出的指令，对施工造成不利影响。

（4）监理工程师未按合同规定及时履行其必须履行的其他义务，以致对施工造成不利的影响。

（5）监理工程师对施工单位的施工组织进行不合理干预，或超越其职权的不合理干预，影响施工正常进行，而造成对施工的不利影响。

3. 合同缺陷

（1）合同文件的缺陷：如条文不全、前后矛盾、遗漏、错误，合同条款之间存在矛盾等，对施工造成不利影响。

（2）业主或监理工程师对合同作出错误解释，使承包人受到损失。

（3）招标文件中存在缺陷，使承包人报价失误受到损失。

（4）合同风险规定不具体、含混不清，或有失公正，造成合同一方当事人损失。

4. 工程变更

工程变更的形式很多，如设计变更、追加或取消某些工作、施工条件变更、合同规定的其他变更等。

5. 施工条件变化

在工程施工中，施工现场条件的变化对工期和造价的影响很大。由于不利的自然条件及障碍，常常导致设计变更、工期延长或成本大幅度增加。

6. 不可抗力事件

不可抗力事件是指当事人在订立合同时不能预见，对其发生和后果不能避免且不能克服的事件。不可抗力事件包括：

（1）自然灾害（如台风、暴雨、地震等）超过了合同规定的，认定为不可抗力的标准。

（2）社会动乱、战争、内乱、暴动等。

7. 其他承包人干扰

其他承包人干扰通常是指其他承包人未能按时、按序进行并完成某项工作、各承包人之间配合协调不好等而给本承包人的工作带来的干扰。如：

（1）某承包人不能按期完成他所承揽的那部分工作，使其他承包人的相应工作因此延误。

（2）因场地使用、现场交通等原因，使各承包人之间发生相互干扰。

（3）监理工程师或业主没有组织协调好各个承包人之间的工作，给各承包人的工作带来严重影响。

8. 国家政策及法律、法规变更

国家政策及法律、法规变更，通常是指直接影响到工程造价的某些政策及法律、法规的变更。

第二节　工程索赔的程序及文件

一、工程索赔工作程序

索赔工作程序是指从索赔事件产生到最终处理结束全过程所包括的工作内容和工作步骤。由于索赔工作实质上是承包人和业主在分担工程风险方面的重新分配过程，涉及双方的众多经济利益，因而是一项繁琐、细致、耗费精力和时间的过程。因此，合同双方必须严格按照合同规定办事，按合同规定的索赔程序工作。承包商向业主索赔的主要步骤有：

1. 提出索赔意向通知

索赔意向通知是一种维护自身权利的文件。是承包商向业主或工程师就某一个或若干件索赔事件表示索赔愿望、要求或声明保留索赔的权利。是索赔工作程序中的第一步，其关键是抓住索赔机会，及时提出索赔意向。

FIDIC 合同条件及我国建设工程施工合同条件都规定，承包人应在索赔事件发生后的 28 日内，将其索赔意向以正式函件通知工程师。反之，如果承包商没有在合同规定的期限内提出索赔意向通知，承包商则会丧失在索赔中的主动和有利地位，业主和工程师也有权拒绝承包人的索赔要求，这是索赔成立的有效和必备条件之一。

索赔意向通知应简明扼要。通常只要说明以下几点内容：索赔事由发生的时间、地点、简要事实情况和发展动态；索赔所依据的合同条款和主要理由；索赔事件对工程成本和工期产生的不利影响。

2. 准备索赔资料及文件

从提出索赔意向到提交索赔文件，是属于承包人索赔的内部处理阶段和索赔资料准备阶段。此阶段的主要工作有：

（1）跟踪和调查干扰事件，掌握事件产生的详细经过和前因后果。

（2）分析干扰事件产生原因，划清各方责任，确定责任归属，并分析这些干扰事件是否违反了合同规定，是否在合同规定的赔偿或补偿范围内，即确定索赔根据。

（3）损失或损害调查或计算。通过对比实际和计划的施工进度和工程成本，分析经济损失或权利损害的范围和大小，并由此计算出工期索赔和费用索赔值。

（4）搜集证据。从干扰事件产生、持续直至结束的全过程都必须保留完整的记录，这是索赔能否成功的重要条件。在实际工作中，许多承包人的索赔要求都因没有或缺少书面证据而得不到合理解决，这个问题应引起承包人的高度重视。

（5）起草索赔文件。按照索赔文件的格式和要求，将上述各项内容系统地反映在索赔文件中。

索赔的成功在很大程度上取决于承包人对索赔作出的解释和真实可信的证明材料。即使抓住合同履行中的索赔机会，如果拿不出索赔证据或证据不充分，其索赔要求往往难以成功或被大打折扣。因此，承包人在正式提出索赔报告前的资料准备工作极为重要。

3. 提交索赔文件

承包人必须在合同规定的索赔时限内向业主或工程师提交正式的书面索赔文件。FIDIC合同条件和我国建设工程施工合同条件都规定，承包人必须在发出索赔意向通知后的28日内或经工程师同意的其他合理时间内，向工程师提交一份详细的索赔文件和有关资料，如果干扰事件对工程的影响持续时间长，承包人则应按工程师要求的合理间隔（一般28日）提交中间索赔报告，并在干扰事件影响结束后的28日内提交一份最终索赔报告。如果承包人未能按时间规定提交索赔报告，则他就失去了对该项事件请求补偿的索赔权利，此时他所受到损失的补偿将不超过工程师认为应主动给予的补偿额；如把该事件损失提交仲裁解决，仲裁机构将依据合同和同期记录可以证明的损失补偿额进行补偿裁定。

4. 工程师审核索赔文件

工程师（业主）对索赔报告审核。工程师（业主）审核索赔是否成立。索赔要成立必须满足以下条件。

（1）索赔一方有损失。如承包商应有费用的增加或工期损失。

（2）这种损失是应由业主承担责任或风险的事件所造成的，承包商没有过错。

（3）承包商及时提交了索赔意向通知和索赔报告。

这三个条件没有先后主次之分，必须同时满足，承包商的索赔才可能成功。

工程师对索赔文件的审查重点主要有：重点审查承包人的申请是否有理有据，即承包人的索赔要求是否有合同依据，所受损失确属不应由承包人负责的原因造成，提供的证据是否足以证明索赔要求成立，是否需要提交其他补充材料等。工程师应以公正的立场、科学的态度，重点审查并核算索赔值的计算是否正确、合理，分清责任，对不合理的索赔要求或不明确的地方提出反驳和质疑，或要求承包人作出进一步的解释和补充，并拟定自己计算的合理索赔款项和工期延长天数。

5. 工程师对索赔的处理与决定

工程师核查后初步确定应予补偿的额度，往往与承包人索赔报告中要求的额度不一致，甚至差额较大，主要原因大多为对承担事件损害责任的界限划分不一致，索赔证据的认定、索赔计算的依据和方法分歧较大等，因此双方应就索赔的处理进行协商。通过协商达不成共识的话，工程师有权单方面作出处理决定，承包人仅有权得到所提供的证据满足工程师认为索赔成立那部分的付款和工期延长。不论工程师通过协商与承包人达成一致，还是他单方面做出的处理决定，批准给予补偿的款额和延长工期的天数如果在授权范围之内，则可将此结果通知承包人，并抄送业主。补偿款将计入下月支付工程进度款的支付证书内，业主应在合同规定的期限内支付，延展的工期加到原合同工期中去。如果批准的额度超过工程师的权限，则应报请业主批准。

对于持续影响时间超过 28 日的工期延误事件，当工期索赔条件成立时，对承包人每隔 28 日报送的阶段索赔临时报告审查后，每次均应作出批准临时延长工期的决定，并于事件影响结束后 28 日内承包人提出最终的索赔报告后，批准延长工期总天数。应当注意的是：最终批准的总延长天数，不应少于以前各阶段已同意延长天数之和。规定承包人在事件影响期间每隔 28 日提出一次阶段报告，可以使工程师能及时根据同期记录批准该阶段应予延长工期的天数，避免事件影响时间太长而不能准确确定索赔值。

工程师经过对索赔文件的认真评审，并与业主、承包人进行了较充分的讨论后，应提出自己的索赔处理决定。通常，工程师的处理决定不是终局性的，对业主和承包人都不具有强制性的约束力。

我国建设工程施工合同条件规定，工程师收到承包人送交的索赔报告和有关资料后应在 28 日内给予答复，或要求承包人进一步补充索赔理由和证据。如果在 28 日内既未给予答复也未对承包人做进一步要求，则视为承包人提出的该项索赔要求已经被认可。

6. 业主审核批准

当索赔数额超过工程师权限范围时，由业主直接审查索赔报告，并与承包人谈判解决，工程师应参加业主与承包人之间的谈判，工程师也可以作为索赔争议的调解人。业主首先根据事件发生的原因、责任范围、合同条款审核承包人的索赔文件和工程师的处理报告，再依据工程建设的目的、投资控制、竣工投产日期要求以及针对承包人在施工中的缺陷或违反合同规定等的有关情况，决定是否批准工程师的处理决定。例如，承包人某项索赔理由成立，工程师根据相应条款的规定，既同意给予一定的费用补偿，也批准延长相应的工期，但业主权衡了施工的实际情况和外部条件的要求后，可能不同意延长工期，而宁愿给承包人增加费用补偿额，要求承包人采取赶工措施，按期或提前完工，这样的决定只有业主才有权做出。索赔报告经业主批准后，工程师即可签发有关证书。对于数额比较大的索赔，一般需要业主、承包人和工程师三方反复协商才能做出最终处理决定。

7. 索赔最终处理

如果承包人同意接受最终的处理决定，索赔事件的处理即告结束。如果承包人不同意，则可根据合同约定，将索赔争议提交仲裁或诉讼，使索赔问题得到最终解决。在仲裁或诉讼过程中，工程师作为工程全过程的参与者和管理者，可以作为见证人提供证据、做答辩。

工程项目实施中会发生各种各样、大大小小的索赔、争议等问题，应该强调：合同各方应该争取尽量在最早的时间、最低的层次尽最大可能以友好协商的方式解决索赔问题，不要轻易提交仲裁或诉讼。因为对工程争议的仲裁或诉讼往往是非常复杂的，要花费大量的人力、物力、财力，对工程建设也会带来不利，有时甚至是严重的影响。

二、工程索赔文件

1. 索赔证据

任何索赔事件的确立，其前提条件是必须有正当的索赔理由。对正当索赔理由的说明必须具有证据，因为索赔工作的开展主要是靠证据说话。没有证据或证据不足，索赔是难以成功的。

（1）对索赔证据的基本要求。①真实性。索赔证据必须是在实际工程过程中产生，完全反映实际情况，并能经得住对方推敲。由于在工程实施过程中，合同双方都在进行合同管理，收集工程资料，所以双方应有相同的证据。使用不实的，或虚假证据是违反商业道德甚至法律的。②全面性。所提供的证据应能说明事件的全过程。索赔报告中所涉及的问题都应有相应的证据，不能零乱和支离破碎。否则，退回索赔报告，要求重新补充证据。这会拖延索赔的解决，损害索赔方的声誉。所以在工程实施过程中，对涉及合同的所有工程活动和其他经济活动都应做记录，对所有涉及合同的资料都应保存。③及时性。包括两方面内容：第一，证据是工程活动或其他经济活动发生时的记录或产生的文件，除了专门规定外，后补的证据通常不容易被认可；第二，证据作为索赔报告的一部分，一般和索赔报告一并交付对方。④关联性。索赔的证据应当与索赔事件有必然联系，并能够互相说明，符合逻辑，不能互相矛盾。⑤有效性。索赔证据必须具有法律效力。一般要求证据必须是书面文件，有关记录、协议、纪要必须是双方签署的；工程中重大事件、特殊情况的记录、统计必须由监理工程师及业主签证认可。

（2）证据的分类。索赔中的证据通常可分为如下几类：①干扰事件存在和事件经过的证据。主要为来往信件、会谈纪要、业主或监理工程师的指令等。②证明干扰事件责任和影响的证据。③证明索赔理由的证据。如合同文件、备忘录、会谈纪要等。④证明索赔值的计算基础和计算过程的证据。如各种账单、记工单、进料单、用料单、工程成本报表等。

在合同实施过程中，资料很多，面很广。在索赔中要分析考虑对方需要哪类证据，哪类证据最能说明问题，最有说服力。

（3）常见的索赔证据类型。①招标文件、工程合同及附件、业主认可的施工组织设计、图纸、技术规范，工程各种有关设计交底记录、变更图纸、变更施工指令、工程各种会议纪要等；②工程各种经业主或监理工程师签认的签证，工程各种往来信件、业主或监理工程师指令、信函、通知、答复等；③施工计划及现场实施情况记录，施工日志及工长工作日志、备忘录；④工程送电、送水、道路开通、封闭的日期及数量记录，工程停电、停水和干扰事件影响的日期及恢复施工的日期；⑤工程预付款、进度款拨付的数额及日期记录；⑥工程图纸、图纸变更、交底记录的送达份数及日期记录，工程有关施工部位片及录像等；⑦工程现场气候记录，有关天气的温度、风力、雨雪等；⑧工程验收报告及各项技术鉴定报告等；⑨工程材料采购、订货、运输、进场、验收、使用等方面的凭据，工程会计核算资料；⑩建设行政主管部门发布的工程造价指数、政府发布的物价指数、工资指数，国家、省、市有关影响工程造价、工期的文件、规定等。

2. 索赔报告

（1）索赔报告的编写要求。索赔报告是向对方索赔的最重要文件，因而应有说服力，合情合理，有理有据，逻辑性强，能说服工程师、业主，从而使索赔获得成功。编写索赔报告应满足下列要求。①索赔事件真实，符合实际。这是索赔的基本要求，关系到索赔一方的信誉和索赔的成功。一个符合实际的索赔报告，可使审阅者看后的第一印象是合情合理，不会立即予以拒绝。相反如果索赔要求缺乏根据，漫天要价，使对方一看就极为反感，甚至连其中有道理的索赔部分也被置之不理，不利于索赔问题的最终解决。②说服力强，责任分析清楚明确。一般索赔报告中针对的干扰事件是由对方应承担责任或风险引起的，应充分引用合同文件中的有关条款，为自己的索赔要求引证合同依据，将风险责任推给对方。特别注意的是在报告中不可用含混和自我批评的语言，否则，会丧失在索赔中的有利地位。③索赔值计算准确。索赔报告中应完整列入索赔值的详细计算资料，计算结果要反复校核，做到准确无误。计算上的错误，尤其是扩大索赔款的计算错误，会给对方留下恶劣的印象，对方会认为提出的索赔要求太不严肃，其中必有多处弄虚作假，会直接影响索赔的成功。④简明扼要，条理清楚，逻辑清楚。索赔报告在内容上应组织合理、条理清楚，各种定义、论述、结论正确，逻辑性强，既能完整地反映索赔要求，又要简明扼要，使对方很快理解索赔的要求及理由。

索赔报告的逻辑性，主要在于将索赔要求（工期延长和费用增加）与干扰事件、责任、合同条款、影响连成一条打不断的逻辑链。

（2）索赔报告的格式和内容。工程索赔文件通常由三个部分构成：①索赔方向对方提出索赔要求的索赔意向通知（或索赔信、索赔函）；在通知中应简要说明索赔事项、主要索赔理由、索赔要求（费用和工期）等；②索赔报告正文。③附件，包括索赔报告中所列举事实、理由、影响等证明文件和证据；详细计算书，为简明起见也可以用大量图表。

在工程中，对单项索赔，可设计统一格式的索赔报告，这使得索赔处理比较方便。总索赔报告的形式可以灵活确定，但实质性内容相似。索赔报告一般包括如下内容：①标题。索赔报告的标题应该能够简要准确地概括索赔的中心内容。②索赔事件叙述。详细描述事件过程，主要包括：事件发生的工程部位、发生的时间、原因和经过、影响的范围以及承包人当时采取的防止事件扩大的措施、事件持续时间、承包人已经向业主或监理工程师报告的次数及日期、最终结束影响的时间、事件处置过程中的有关人员办理的有关事项等，并尽量引用报告后面的证据作为证明。③理由。是指索赔的依据，主要是法律依据和合同条款的规定。合理引用法律和合同的有关规定，建立事实与损失之间的因果关系，说明索赔的合理合法性。④影响。简要说明事件对索赔方的影响。而这些影响与上述事件有直接的因果关系。重点围绕由于上述事件原因造成的成本增加和工期延长，与后面分项的费用计算还应有对应关系。⑤结论。指出对方造成的损失或损害及其大小，主要包括要求补偿的金额及工期，这部分只须列举各项明细数字及汇总数据即可。结论最后应明确提出具体索赔要求：费用索赔多少元，工期索赔多少天（或周、月）。⑥附件。附件一般包括如下两个部分：a.支持索赔报告所列举的事实、理由、影响的证明文件和证据。b.详细计算书。为了证实索赔金额和工期的真实性，必须指明计算依据及计算资料的合理性，包括损失费用、工期延长的计算基础、计算方法、计算公式及详细的计算过程。

三、工程索赔策略与技巧

索赔策略是经营策略的一部分。对某一个具体的索赔事件往往没有预定的、特定的解决方法及结果，它受制于双方签订的合同文件、各自的工程管理水平和索赔能力以及处理问题的公正性、合理性等因素。对于工程索赔，不仅要有充分的证据、理由和令人信服的法律依据、正确的计算方法，索赔的策略、技巧和艺术也是影响索赔能否成功及达到预期目的的重要因素。

1. 索赔工作中的两种极端倾向

（1）只讲关系、义气和情意，忽视应有的合理索赔，致使企业遭受不应有的经济损失。

（2）不顾关系，过分注重索赔，斤斤计较，缺乏长远和战略目光，以致影响合同关系、企业信誉和长远利益。

2. 索赔技巧和艺术

（1）索赔是一项十分重要和复杂的工作，涉及面广，合同当事人应设专人负责索赔工作，指定专人收集、保管一切可能涉及索赔论证的资料，并加以系统分析研究，做到处理索赔时以事实和数据为依据。对于重大的索赔，双方应聘请专家（懂法律和合同，有丰富的施工管理经验，懂会计学，了解施工中的各个环节，善于从图纸、技术规范、合同条款及来往信件中找出矛盾、找出有依据的索赔理由）指导，组成强有力的谈判小组。

（2）正确把握提出索赔的时机。索赔过早提出，往往容易遭到对方反驳或在其他方面可能施加的挑剔、报复等；过迟提出，则容易留给对方借口，索赔要求遭到拒绝。因此索赔方必须在索赔时效范围内适时提出。如果老是担心或害怕影响双方合作关系，有意将索赔要求拖到工程结束时才正式提出，可能会事与愿违，适得其反。

（3）及时、合理地处理索赔。索赔发生后，必须依据合同的准则及时地对索赔进行处理。如果承包人的合理索赔要求长时间得不到解决，单项工程的索赔积累下来，有时可能影响整个工程的进度。此外，拖到后期综合索赔，往往还牵涉到利息、预期利润补偿、工程结算以及责任的划分、质量的处理等，大大增加了处理索赔的困难。因此尽量将单项索赔在执行过程中加以解决，这样做不仅对承包人有益，同时也体现了处理问题的水平，既维护了业主的利益，又照顾了承包人的实际情况。

（4）加强索赔的前瞻性，有效避免过多索赔事件的发生。由于工程项目的复杂多变、现场条件及气候环境的变化、标书及施工说明中的错误等因素不可避免，索赔是不可避免的。在工程的实施过程中，工程师要将预料到的可能发生的问题及时告诉承包人，避免由于工程返工所造成的工程成本上升，这样也可以减轻承包人的压力，减少其想方设法通过索赔途径弥补工程成本上升所造成的利润损失。另外，工程师在项目实施过程中，应对可能引起的索赔有所预测，及时采取补救措施，避免过多索赔事件的发生。

（5）注意索赔程序和索赔文件的要求。承包人应该以正式书面方式向工程师提出索赔意向和索赔文件，索赔文件要求根据充分、条理清楚、数据准确、符合实际。

（6）索赔谈判中注意方式方法。合同一方向对方提出索赔要求，进行索赔谈判时，措词应婉转，说理应透彻，要以理服人，而不是得理不让人，尽量避免使用抗议式提法，在一般情况下少用或不用如“你方违反合同”“使我方受到严重损害”等类似的说法，最好采用“请求贵方作公平合理的调整”“请在×××合同条款下加以考虑”等，既要正确表达自己的索赔要求，又不伤害双方的和气和感情，以达到索赔的良好效果。如果对于合同一方一次次合理的索赔要求，对方拒不合作或置之不理，并严重影响工程的正常进行，索赔方可以采取较为严厉的措辞和切实可行的手段，以实现自己的索赔目标。

（7）索赔处理时作适当让步。在索赔谈判和处理时应根据情况作出必要的让步，扔“芝麻”抱“西瓜”，有所失才有所得。可以放弃金额小的小项索赔，坚持大项索赔。这样使对方容易作出让步，达到索赔的最终目的。

（8）发挥公关能力。除了进行书信往来和谈判桌上的交涉外，有时还要发挥索赔人员的公关能力，采用合法的手段和方式，营造适合索赔争议解决的良好环境和氛围，促使索赔问题的早日和圆满解决。

索赔既是一门科学，同时又是一门艺术，它融自然科学、社会科学于一体，涉及工程技术、工程管理、法律、财会、贸易、公共关系等在内的众多学科知识，因此索赔人员在实践过程中，应注重对这些知识的有机结合和综合应用，不断学习，不断体会，不断总结经验教训，才能更好地开展索赔工作。

第三节　工程索赔值的计算方法

一、工期索赔值的计算

1. 工期索赔的目的

在工程索赔中，只有承包人向业主提出的索赔要求可能包含工期索赔。而业主向承包人提出的索赔仅涉及索赔费用，不存在工期索赔。

承包人进行工期索赔的目的主要有：

（1）根据合同条款的规定，免去或推卸自己可能承担的误期赔偿费的责任。在大部分施工合同中，为保证工程按期竣工，一般都规定有提前工期的奖励和拖后工期罚款，工程越重要，这个奖罚的额度越大，因此承包人要千方百计规避工期拖后的风险。

（2）确定新的工程竣工日期及其相应的维修期。

（3）确定与工期延长有关的索赔费用。如由于工期延长而产生的人工费、材料费、机械费、分包费、现场管理费、总部管理费、利息、利润等额外费用。

2. 工期索赔值的计算

（1）工期索赔计算的依据。在工程实践中，承包人提出工期索赔计算的依据主要有：①合同约定的工程总进度计划；②合同双方共同认可的详细进度计划，如网络图、横道图等；③合同双方共同认可的周、月、季进度实施计划；④合同双方共同认可的对工期的修改文件，如会议纪要、来往信件、确认信等；⑤施工日志、气象资料；⑥业主或工程师的变更指令；⑦影响工期的干扰事件；⑧受干扰后的实际工程进度；⑨其他有关工期的资料等。

（2）工期索赔值的计算方法。

1）网络分析法。网络分析法即通过分析索赔事件发生前后的网络计划，对比两种工期计算结果来计算索赔值。分析的基本思路为：假设工程施工一直按原网络计划确定的施工顺序和工期进行。现发生了索赔事件，使网络中的某个或某些活动受到干扰而延长持续时间，或工程活动之间的逻辑关系发生变化，或增加新的工程活动等。将索赔事件的这些影响加入网络中，重新进行网络分析，得到新工期。则新工期与原工期之差即为索赔事件对总工期的影响，即为工期的索赔值。通常，如果受干扰的活动在关键线路上，则该活动的持续时间的延长值即为总工期的延长值。如果该活动在非关键线路上，且受干扰后仍在非关键线路上（即没有超过其总时差），则这个索赔事件对工期无影响，故不能提出工期索赔。

2）比例类推法。在实际工程中，若干扰事件仅影响某些单项工程、单位工程或分部分项工程的工期，要分析它们对总工期的影响，可采用较简单的比例类推法。比例类推法可分为两种情况。①按工程量进行比例类推。即根据已知的工程量及对应的工期来计算增加的工程量应延长的工期。②按造价进行比例类推法。根据已知的合同价款及对应的工期，来计算增加完成价款应增加的工期值。

比例类推法有以下的特点：计算较简单、方便，但有些情况可能不适用，计算不太合理和科学，如业主要求变更工程施工次序，业主指令加速施工等，不适合此方法。另外当计划中的非关键工作工程量增加或造价增加，由于时差的存在，不一定影响工期，若仍按这种方法就不合理，因而对于比例类推法从理论上应用较少。

二、费用索赔值的计算

1. 费用索赔分析

费用索赔必须：①符合合同规定的补偿条件和范围，在索赔值的计算中必须扣除合同规定应由承包人承担的风险和承包人自己失误所造成的损失；②符合合同规定的计算方法，如合同价格的调整方法和调整计算公式；③以合同报价作为计算基础，除合同有专门规定以外，费用索赔必须以合同报价中的分部分项工程单价、人工费单价、机械台班费单价及费率标准作为计算基础。

2. 费用索赔值的计算

（1）实际费用法。是索赔计算最常用的一种计算方法，其计算的原则是，它以承包人为某项索赔工作所支付的实际开支为依据向业主要求费用补偿，但仅限于由于索赔事项引起的、超过原计划的费用，故也称为额外成本法。该法是按照索赔事件所引起损失的费用项目分别分析计算索赔值，然后将各费用项目的索赔值汇总，即得到总索赔费用。在这种计算方法中，需要注意的是不要遗漏费用项目。

通常可以计算的费用项目有以下几种。

1）人工费。人工费是指：①完成合同之外的额外工作所花费的人工费用；②由于非承包人责任的工效降低所增加的人工费用；③超过法定工作时间加班劳动的加班费用，法定人工费增长；④非承包人责任工程延误导致的窝工费和工资上涨费用等。注意：人员窝工费用索赔的标准是日工资乘以折扣系数。

2）机械费。机械费是指：①由于完成额外工作增加的机械使用费；②由于业主或工程师原因导致机械停工的窝工费；③非承包人责任工效降低增加的机械使用费等。注意：机械台班费用索赔中已包含机上工作人员的人工费。窝工费的计算，如是租赁设备，一般按实际租金和调进调出费的分摊计算；如是自有设备，一般按台班折旧费计算，而不是按台班费计算，因台班费中包括了设备使用费。

3）材料费。材料费是指：①由于索赔事项材料实际用量超过计划用量而增加的材料费；②由于客观原因材料价格大幅度上涨；③由于非承包人责任工期延误导致的材料价格上涨和超期储存费用等。材料费用中应包括运输费、仓储费，以及合理的消耗费用。如果由于承包人管理不善，造成材料损坏失效，则不能列入索赔计价。

4）分包费用。是指分包商的索赔费用，一般也包括人工费、材料费、机械使用费的索赔。因业主或工程师的责任导致的分包商的索赔费用应如数列入承包人的索赔款额内。

5）工地（现场）管理费。是指承包人完成额外工程、索赔事项工作以及工期延长期间的工地管理费，包括管理人员的工资、办公费、交通费等。但如果对部分工人窝工损失进行索赔时，因其他工程仍然在进行，可能不予计算工地管理费索赔。

6）利息。在索赔费用的计算中，经常包括利息。利息的索赔通常发生于下列情况：①拖期付款的利息；②由于工程变更和工程延期增加的投资的利息；③索赔款的利息；④错误扣款的利息等。

7）总部（公司）管理费。索赔款中的总部管理费主要是指工程延误期间增加的管理费。

8）利润。一般来说，由于工程范围的变更和施工条件的变化引起的索赔（即由于业主的原因造成工程量增加、设计变更工程量增加和合同终止等），承包人可以列入利润。索赔利润的款项计算与原报价单中的利润百分比保持一致，即在原成本的基础上增加报价单中的利润率，作为该项索赔款的利润。

但对于工程暂停的索赔，由于利润通常是包括在每项实施的工程内容的价格之内，而延误工期并未因削减某些项目的实施，而导致利润的减少。因此，一般工程师很难同意在工程暂停的费用索赔中列入利润损失。

（2）总费用法。总费用法即总成本法，是用索赔事件发生后所重新计算出的项目实际总费用，减去合同估算的总费用，其余额即为索赔金额，其计算方法如下：

索赔金额＝实际总费用－合同估算总费用

（3）修正总费用法。这种方法是对总费用法的改进，即在总费用计算的基础上，去掉一些不确定的可能因素，对总费用法进行相应的修改和调整，使其更加合理。

具体做法如下：

1）将计算索赔金额的时段局限于受影响的时间，而不是整个施工期。

2）只计算受影响时段内某项工作受影响的损失，而不是计算该时段内所有施工所受的损失。

3）与该项工作无关的费用不列入总费用中。

4）对投标报价费用进行重新核算，按受影响时段内该项工作的实际单价进行核算，乘以完成该项工作的实际工程量，得出调整的报价费用。计算方法如下：

索赔金额＝某项工作调整后实际总费用－该项工作的报价费用

本章综合案例

案例 1　某基础工程工期索赔计算

某工程基础，出现了不利的地质障碍，工程师指令承包商进行处理，土方工程量由原来的 2760m^3 增至 3280m^3，原定工期 45 天，同时合同约定 10%范围内的工程量增加为承包商承担的风险，试求承包商可索赔的工期为多少天？

解　（1）可索赔工期的工程量为：

$$Q=3280-2760\times(1+10\%)=244m^3$$

（2）按比例法计算可索赔工期为：

$$\Delta T=45\times\frac{244}{2760\times(1+10\%)}=3.62\text{天}\approx4\text{天}$$

案例 2　大型公路工程索赔分析

A2A 公路项目是位于 E 国北部山区的公路改造项目，全长 108km，是在既有约 6m 宽的砾石路面基础上升级改造为 10m 宽的路基和 7m 宽的沥青混凝土路面改造工程。本项目为实行贷款项目，合同文本采用FIDIC合同条款第四版。业主是E国公路局，监理单位是SKW工程咨询公司，承包商为C公司。合同标价约合人民币2.76亿元，合同总工期42个月，工程保修期12个月。

承包商为实施A2A公路项目而进口的第一批机械设备于2005年6月24日抵达J国JBT港口，集装箱装运的物资于2005年7月5日抵达J国JBT港口。此时，E国农业发展部进口了大量的化肥和粮食，造成J国JBT港口异常拥挤和堵塞。为此，E国公路运输局下达行政指令：要求所有E国运输公司的运输车辆必须优先运送E国农业发展部进口的化肥和粮食，这使原先给承包商运送上述物资的车辆都不得不给E国农业发展部运送进口的化肥和粮食。由此致使承包商进口的机械设备和物资一直滞留在J国JBT港口，而不能如期运抵现场，这给承包商造成了严重的工期和资金损失，究其原因如下：

（1）由于进口物资不能按时运抵现场，影响到现场工作不能按计划进行，从而产生了项目进度的偏离；

（2）由此而引起巨大的滞港费超预算的管理费以及其他费用的额外支出。

索赔历程：

1. 承包商的索赔意向

由于上述非正常的行政指令干扰影响承包商的设备和物资进口计划，且给承包商造成了工期和经济的损失，所以承包商依据合同条件的12.2款和70.8款向工程师提出索赔意向，并抄送业主。在发生上述事件之时，承包商依据合同条件53.2款收集并保留了同期记录，并且一直在搜集有关证据资料。

2. 工程师对承包商索赔意向的反馈

在收到承包商的索赔通知后，工程师回函表示：J国JBT港口属于另外一个国家，不属于合同中定义的现场（即项目合同地理范围），所以其认为承包商的索赔无效。

3. 业主对承包商索赔意向的反馈

收到承包商的索赔意向后，业主起初致函E国公路运输局要求其澄清事实原委。随后，业主却未能以客观公正的态度对待此事，反而致函要求E国公路运输局同承包商雇佣的清关代理和运输公司联系，并告知他们不要给承包商提供索赔的相关证据。同时，业主认为承包商捏造事由，且有意渲染该事件以推卸承包商进度相对滞后的合同责任。

4. 承包商对工程师和业主态度的答复

承包商精心地研究了合同文件并进行了周密的策划，对工程师和业主做出如下答复：

（1）工程师没有全面分析和理解这一索赔事件的根本原因，而只是片面地看到J国JBT港口堵塞，然后推理出J国JBT港口为合同定义的现场之外。事实上，这一索赔事件的真正原因是：E国公路运输局下达行政指令，要求为承包商运输进口机械设备和物资的运输公司去给E国农业发展部运送进口的化肥和粮食。

（2）业主在这一索赔事件上的行为表现已经严重地违背了FIDIC合同条款的原则和精神，希望业主能够以客观公正的态度对待此事，并对承包商日后进口设备和物资的清关及运输提供必要的协助。

（3）事实上，E国公路运输局的上述行为直接影响到承包商进口设备和物资的正常运输和清关工作，这发生在业主国内。

（4）众所周知，J国JBT港口是本项目所需物资进口到项目现场的唯一海运港口通道。

正是因为E国公路运输局的上述行为而导致承包商为本项目进口的设备和物资滞留在J国JBT港口，从而无法顺利完成正常的运输和清关，这又直接影响到本项目的进度计划。

（5）所以承包商认为：基于合同条件第12.2款，承包商面临这一影响项目进度计划和正常清关计划的实际障碍和特殊情况；基于合同条件第70.8款，承包商面临因E国公路运输局下达行政指令而干扰承包商开展正常运输和清关工作的这一事实；综上所述，这些都是一个有经验的承包商无法合理预见的，由此导致承包商和业主的合约中途受阻，这给承包商造成巨大的工期和费用损失。

在收到承包商的上述复函后，工程师来函明确要求承包商继续保持同期记录并准备索赔文件，而业主也不再强词夺理，对此索赔保持默认。随后，承包商一直保持同期记录并搜集有关证据资料，认真准备索赔报告，争取有理有据地赢得这一索赔。根据计算，承包商可进行工期索赔约16日，费用索赔约25万美元。

评析：

施工索赔是由于业主过失或业主风险等非承包商的原因，导致合同不能正常履行，从而给承包商带来了额外的费用和工期延误，承包商有权对这部分工期延误和费用损失进行补偿。因为业主和工程师的利益和在整个项目管理中的地位等原因，承包商并不总能顺利成功地索赔。提高索赔成功率的关键因素在于承包商能否进行有效的索赔管理，这要求承包商在有效合同管理的基础上，不仅要遵循合同规定的索赔程序，还要适当地采用一些索赔技巧。因此，承包商在正式提出索赔报告前的资料准备工作极为重要，这就要求承包商注意记录和积累保存各个方面的资料，并可随时从中索取与索赔事件有关的证据资料；另外，要想获得好的索赔成果，必须要有强有力的索赔队伍，正确的索赔战略、机动灵活的索赔技巧以及严肃的法律和合同依据。

案例3　某土方工程索赔事件[1]

某汽车制造厂建设施工土方工程中，承包商在合同中标明有松软石的地方没有遇到松软石，因此工期提前1个月。但在合同中另一未标明有坚硬岩石的地方遇到很多的坚硬岩石，开挖工作变得更加困难，由此造成了实际生产率比原计划低得多，经测算影响工期3个月。由于施工速度减慢，使得部分施工任务拖到雨季进行，按一般公认标准推算，又影响工期2个月。为此，承包商提出索赔。

【问题】

（1）该项施工索赔能否成立？为什么？

（2）在该项索赔事件中，应提出的索赔内容包括哪些方面？

（3）在工程施工中，通常可以提供的索赔证据有哪些？

（4）承包商应提供的索赔文件有哪些？请协助承包商拟定一份索赔通知。

该案例主要考核工程施工索赔成立的条件与索赔责任的划分、索赔的内容与证据以及索赔文件的种类、内容与形式。

答案：

（1）该项施工索赔能成立。施工中在合同未标明有坚硬岩石的地方遇到很多的坚硬

[1] 沈中友.工程招投标与合同管理．武汉：武汉理工大学出版社，2014.

岩石，导致施工现场的施工条件与原来的勘察有很大差异，属于甲方的责任范围。

（2）本事件使承包商由于意外地质条件造成施工困难，导致工期延长，相应产生额外工程费用，因此，应包括费用索赔和工期索赔。

（3）可以提供的索赔证据有：

①招标文件、工程合同及附件、业主认可的施工组织设计、图纸、技术规范，工程各种有关设计交底记录、变更图纸、变更施工指令、工程各种会议纪要等。

②工程各种经业主或监理工程师签认的签证，工程各种往来信件、业主或监理工程师指令、信函、通知、答复等。

③施工计划及现场实施情况记录，施工日志及工长工作日志、备忘录。

④工程送电、送水、道路开通、封闭的日期及数量记录，工程停电、停水和干扰事件影响的日期及恢复施工的日期。

⑤工程预付款、进度款拨付的数额及日期记录。

⑥工程图纸、图纸变更、交底记录的送达份数及日期记录，工程有关施工部位片及录像等。

⑦工程现场气候记录，有关天气的温度、风力、雨雪等。

⑧工程验收报告及各项技术鉴定报告等。

⑨工程材料采购、订货、运输、进场、验收、使用等方面的凭据，工程会计核算资料。

⑩建设行政主管部门发布的工程造价指数、政府发布的物价指数、工资指数，国家、省、市有关影响工程造价、工期的文件、规定等。

（4）承包商应提供的索赔文件有：

①索赔信；

②索赔报告；

③索赔证据与详细计算书等附件。索赔通知的参考格式如下：

索 赔 通 知

致甲方代表（或监理工程师）：

我方希望你方对工程地质条件变化问题引起重视：在合同文件未标明有坚硬岩石的地方遇到了坚硬岩石，致使我方实际生产率降低，而引起进度拖延，并不得不在雨季施工。

上述施工条件变化，造成我方施工现场设计与原设计有很大不同，为此向你方提出工期索赔及费用索赔要求，具体工期索赔及费用索赔依据与计算书在随后的索赔报告中提出。

承包商：×××

××年××月××日

案例4 某工程项目索赔事件[1]

某工程项目采用了固定单价施工合同，工程招标文件参考资料中提供的用砂地点距

[1] 沈中友.工程招投标与合同管理．武汉：武汉理工大学出版社，2014.

工地 4km，但是开工后，检查该砂质量不符合要求，承包商只得从另一距工地 20km 的供砂点采购，而在一个关键工作面上又发生了 4 项临时停工事件：

事件 1：5 月 20 日至 5 月 26 日，承包商的施工设备出现了从未出现过的故障；

事件 2：应于 5 月 24 日交给承包商的后续图纸直到 6 月 10 日才交给承包商；

事件 3：6 月 7 日至 6 月 12 日，施工现场下了罕见的特大暴雨；

事件 4：6 月 13 日至 6 月 14 日，该地区的供电全面中断。

【问题】

（1）承包商的索赔要求成立的条件是什么？

（2）由于供砂距离的增大，必然引起费用的增加，承包商经过仔细计算后，在业主指令下达的第 3 天，向业主的造价工程师提交了将原用砂单价每吨提高 5 元人民币的索赔要求。该索赔要求是否成立，为什么？

（3）若承包商对因业主原因造成的窝工损失进行索赔，要求设备窝工损失按台班价格计算，人工的窝工损失按日工资标准计算是否合理？如不合理，该怎样计算？

（4）承包商按规定的索赔程序，针对上述 4 项临时停工事件向业主提出了索赔，试说明每项事件工期和费用索赔能否成立？为什么？

（5）试计算承包商应得到的工期和费用索赔是多少（如果费用索赔成立，则业主按 2 万元人民币/天补偿给承包商）？

（6）在业主支付给承包商的工程进度库案中是否扣除因设备故障引起的竣工拖期违约损失赔偿金？为什么？

评析：

该案例主要考察工程索赔的概念、工程索赔成立的条件、施工进度拖延和费用增加的责任划分与处理原则和方法，以及竣工拖期违约损失赔偿金的处理原则与方法。出现共同延误情况下的工期和（或）费用损失由谁来承担，要看谁的责任事件（或风险事件）发生在先，如果是业主的责任事件（或风险事件）发生在先，则共同延误期间的工期和（或）费用损失由业主承担，反之由承包商承担。

答案：

（1）承包商的索赔要求成立必须同时具备如下 4 个条件：

1）与合同相比较，已造成了实际的额外费用或工期损失；

2）造成费用增加或工期损失不是由于承包商的过失引起的；

3）造成费用增加或工期损失不是应由承包商承担的风险；

4）承包商在事件发生后的规定时间内提出了索赔的书面意向通知和索赔报告。

（2）因供砂距离增大提出的索赔不能被批准，原因是：

1）承包商应对自己就招标文件的解释负责；

2）承包商应对自己报价的正确性与完备性负责；

3）作为一个有经验的承包商，可以通过现场踏勘确认招标文件参考资料中提供的用砂质量是否合格，若承包商没有通过现场踏勘发现用砂质量问题，其相关风险应由承包商承担。

（3）不合理。因为窝工闲置的设备按折旧费或停滞台班费或租赁费计算，不包括运转费部分；人工费损失应考虑这部分工作的工人调做其他工作时工效降低的损失费用，一般用工日单价乘以一个测算的降效系数计算这部分损失，而且只按成本费用计算，不包括利润。

（4）事件1：工期和费用索赔均不成立，因为设备故障术语承包商应承担的风险。

事件2：工期和费用索赔均成立，因为延误图纸属于业主应承担的风险。

事件3：特大暴雨属于双方共同的风险，工期索赔成立，设备和人工窝工费用索赔不成立。

事件4：工期和费用索赔均成立，因为停电属于业主应当承担的风险。

（5）事件2：5月27日至6月9日，工期索赔14天，费用索赔14天×2万元/天＝28万元；

事件3：6月10至6月12日，工期索赔3天；

事件4：6月13日至6月14日，工期索赔2天，费用索赔2天×2万元/天＝4万元；

合计：工期索赔19天，费用索赔32万元。

（6）业主不应在支付给承包商的工程进度款中扣除竣工拖期违约损失赔偿金，因为设备故障引起的工程进度拖延不等于竣工工期的延误，如果承包商能够通过施工方案的调整将延误的工期补回，不会造成工期延误，如果承包商不能通过施工方案的调整将延误的工期补回，将会造成工期延误。所以，工期提前奖励或拖期惩罚款应在竣工时处理。

复习思考题

1．如何规避业主对承包商的索赔？
2．简述索赔的基本程序。
3．简述索赔的策略和技巧。
4．常用的索赔计算方法有哪些？

第九章　建设工程合同管理综合案例

案例1　大型复杂国际工程合同管理分析

在非洲某国112km道路升级项目中，业主为该国国家公路局，出资方为非洲发展银行（ADF），由法国BCEOM公司担任咨询工程师，我国某对外工程承包公司以1713万美元的投标价格第一标中标。该项目旨在将该国两个城市之间的112km道路由砾石路面升级为行车道宽6.5m，两侧路肩各1.5m的标准双车道沥青公路。项目工期为33个月，其中前3个月为动员期。项目采用1999年版的FIDIC合同条件作为通用合同条件，并在专用合同条件中对某些细节进行了适当修改和补充规定，项目合同管理相当规范。在工程实施过程中发生了若干件索赔事件，由于承包商熟悉国际工程承包业务，紧扣合同条款，准备充足，证据充分，索赔工作取得了成功。下面将在整个施工期间发生的五类典型索赔事件进行介绍和分析。

（一）放线数据错误

按照合同规定，工程师应在6月15日向承包商提供有关的放线数据，但是由于种种原因，工程师几次提供的数据均被承包商证实是错误的，直到8月10日才向承包商提供了被验证为正确的放线数据，据此承包商于8月18日发出了索赔通知，要求延长工期3个月。工程师在收到索赔通知后，以承包商“施工设备不配套，实验设备也未到场，不具备主体工程开工条件”为由，试图对承包商的索赔要求予以否定。对此，承包商进行了反驳，提出：在有多个原因导致工期延误时，首先要分清哪个原因是最先发生的，即找出初始延误，在初始延误作用期间，其他并发的延误不承担延误的责任。而业主提供的放线数据错误是造成前期工程无法按期开工的初始延误。

在多次谈判中，承包商根据合同第6.4款“如因工程师未曾或不能在一个合理时间内发出承包商按第6.3款发出的通知书中已说明了的任何图纸或指示，而使承包商蒙受误期和（或）招致费用的增加时……给予承包商延长工期的权利”，以及第17.1款和第44.1款的相关规定据理力争，此项索赔最终给予了承包商69日的工期延长。

（二）设计变更和图纸的延误

按照合同谈判纪要，工程师应在8月1日前向承包商提供设计修改资料，但工程师并没有在规定时间内提交全部图纸。承包商于8月18日对此发出了索赔通知，由于此事件具有延续性，因此承包商在提交最终的索赔报告之前，每隔28日向工程师提交了同期记录报告。项目实施过程中主要的设计变更和图纸延误情况记录如下：

（1）修订的排水横断面在8月13日下发；

（2）在7月21日下发的道路横断面修订设计于10月1日进行了再次修订；

（3）钢桥图纸在11月28日下发；

（4）箱涵图纸在9月5日下发。

根据FIDIC合同条件第6.4款“图纸误期和误期的费用”的规定，“如因工程师未曾或不能在一个合理时间内发出，承包商按第6.3款发出的通知书中已说明了的任何图纸或指示，而使承包商蒙受误期和招致费用的增加时，则工程师在与业主和承包商做必要的协商后，给予承包商延长工期的权利”。承包商依此规定，在最终递交的索赔报告中提出索 81 个阳光工作日。最终，工程师就此项索赔批准了 30 日的工期延长。在有雨季和旱季之分的非洲国家，一年中阳光工作日（Sunny Working Day）的天数要小于工作日（Working Day），更小于日历天，特别是在道路工程施工中，某些特定的工序是不能在雨天进行的。因此，索赔阳光工作日的价值要远远高于工作日。

（三）借土填方和第一层表处工程量增加

由于道路横断面的两次修改，造成借土填方的工程量比原 BOQ（工料测量单）中的工程量增加了 50%，第一层表处工程量增加了 45%。根据合同第 52.2 款“合同内所含任何项目的费率和价格不应考虑变动，除非该项目涉及的款额超过合同价格的 2%，以及在该项目下实施的实际工程量超出或少于工程量表中规定之工程量的 25%以上”的规定，该部分工程应调价。但实际情况是业主要求借土填方要在同样时间内完成增加的工程量，导致承包商不得不增加设备的投入。对此承包商提出了对赶工费用进行补偿的索赔报告，并得到了 67 万美元的费用追加。对于第一层表处的工程量增加，根据第 44.1 款“竣工期限延长”的规定，承包商向业主提出了工期索赔要求，并最终得到业主批复的 30 日工期延长。

（四）边沟开挖变更

本项目的 BOQ 中没有边沟开挖的支付项，在技术规范中规定，所有能利用的挖方材料要用于 3km 以内的填方，并按普通填方支付，但边沟开挖的技术要求远大于普通挖方，而且由于排水横断面的设计修改，原设计的底宽 3m 的边沟修改为底宽 1m，铺砌边沟底宽 0.5m。边沟的底宽改小后，人工开挖和修整的工程量都大大增加，因此边沟开挖已不适用按照普通填方单价来结算。根据合同第 52.2 款“如合同中未包括适用于该变更工作的费率或价格，则应在合理的范围内使合同中的费率和价格作为估价的基础”的规定，承包商提出了索赔报告，要求对边沟开挖采用新的单价。经过多次艰苦谈判，业主和工程师最后同意，以 BOQ 中排水工程项下的涵洞出水口渠开挖单价支付，仅此一项索赔就成功地多结算 140 万美元。

（五）迟付款利息

该项目中的迟付款是因为从第 25 号账单开始，项目的总结算额超出了合同额，导致后续批复的账单均未能在合同规定时间内到账，以及部分油料退税款因当地政府部门的原因导致付款拖后。特殊合同条款第 60.8 款“付款的时间和利息”规定：“……业主向承包商支付，其中外币部分应该在 91 日内付清，当地币部分应该在 63 日内付清。如果由于业主的原因而未能在上述的期限内付款，则从迟付之日起业主应按照投标函附录中规定的利息以月复利的形式向承包商支付全部未付款额的利息。”

据此承包商递交了索赔报告，要求支付迟付款利息共计 88 万美元，业主起先只愿意接受 45 万美元。在此情况下，承包商根据专用合同条款的规定，向业主和工程师提供了每一个账单的批复时间和到账时间的书面证据，有力地证明了有关款项确实迟付；同时又提供了投标函附录规定的工程款迟付应采用的利率。由于证据确凿，经过承包商的多方努力，业主最终同意支付迟付款利息约 79 万美元。

评析：

结合工程施工和FIDIC合同条件，通过前面的案例分析，以下几个因素在该项目的索赔管理工作中至关重要：

（一）遵守索赔程序，尤其要注意索赔的时效性

FIDIC合同条件规定了承包商索赔时应该遵循的程序，并且提出了严格的时效要求：承包商应该在引起索赔的事件发生后28日内将索赔意向递交工程师；在递交索赔通知后的28日内应该向工程师提交索赔报告。在索赔事件发生时，承包商应该有同期记录，并应允许工程师随时审查根据本款保存的记录。

在本案例中，承包商均在规定时间内提出了索赔意向，确保了索赔权。如在“放线数据错误”这个事件结束即8月10日之后，承包商于8月18日向工程师提出了书面索赔通知，严格遵守时效要求奠定了索赔成功的基础。

（二）对索赔权进行充分的合同论证

一般来说，业主和工程师为确保自身利益，不会轻易答应承包商的要求，通常工程师会以承包商索赔要求不合理或证据不足为由来进行推托。此时，承包商应对其索赔权利提出充分论证，仔细分析合同条款，并结合国际惯例以及工程所在国的法律来主张自己的索赔权。在“放线数据错误”的索赔事件中，工程师收到索赔要求后，立即提出工期延误是由于承包商不具备永久工程的开工条件，企图借此将工期延误的责任推给承包商。承包商依据国际惯例对其索赔权利进行了论证，认为不具备永久工程开工条件和业主提供的放线数据错误都是导致工期延误的原因，但是初始延误是业主屡次提供了错误的放线数据。承包商指出，试验设备没有到场可以通过在当地租赁的形式解决，而放线数据错误才是导致损失的最根本的原因。最终工程师不得不批准承包商的索赔要求。在这个事件中，承包商对其索赔权的有力论证保证了该项索赔的成功。

（三）积累充足详细的索赔证据

在主张索赔权利时，必须要有充分的证据作支持，索赔证据应当及时准确，有理有据。承包商在施工过程开始时，就应该建立严格的文档管理制度，以便于在项目实施过程中不断地积累各方面资料；在索赔事项发生时，要做好同期记录。在迟付款利息的索赔中，起先业主对数额巨大的利息款并不能全部接受，承包商随即提供了许多证据，包括每一个账单的批复时间与到账时间的书面证据，工程款迟付期间每日的银行利率等。正是这些详细的数据使得业主不得不承认该索赔要求是合理的，最终支付了绝大部分的利息款。

（四）进行合理计算，提交完整的索赔报告

按照FIDIC索赔的程序，承包商应该在提交索赔通知后28日内向工程师提出完整的索赔报告。这份索赔报告应该包括索赔的款额和要求的工期延长，并且附有相应的索赔依据。这就要求承包商要事先对准备索赔的费用和工期进行合理的计算，在索赔报告中提出的索赔要求令业主和工程师感到可以接受。目前较多采用的费用计算方法为实际费用法，该方法要求对索赔事项中承包商多付出的人工、材料、机械使用费用分别计算并汇总得到直接费，之后乘以一定的比例来计算间接费和利润，从而得到最后的费用。而分析索赔事件导致的工期延误一般采用网络分析法，并借助进度管理软件进行工期的计算。

（五）处理好与业主和工程师的关系

在施工索赔中，承包商能否处理好与业主和工程师的关系在一定程度上决定了索赔的成败。如果承包商与工程师之间平时关系恶劣，在索赔时，工程师就会处处给承包商制造麻烦。而与业主和工程师保持友善的关系，不仅有利于承包商顺利地实施项目，有效地避免合同争端，而且在索赔中会得到工程师较为公正的处理，有利于索赔取得成功。在实践中，许多国际工程索赔的结果并不乐观。对于如何在国际工程索赔管理中取得成功，提出如下建议：

1. 承包商要加强内部管理

许多承包商内部管理松散混乱，计划实施不严，成本控制不力，这些是导致索赔失败的重要原因。承包商应当从以下几方面着手加强内部管理：

（1）索赔要引起全企业，特别是企业高层管理人员的重视。公司应派出高级管理人员负责索赔事务，并设立专门的合同管理部门，培养精通外语、熟悉工程实务和合同知识的合同管理人员，并应把合同部置于各业务部门的核心地位。

（2）加强合同管理，研究分析合同条款的含义并注意收集与合同有关的一切记录，包括图纸、订货单、会谈纪要、来往信函、变更指令、工程照片等。

（3）加强进度管理，通过计划工期和实际进度比较，找出影响工期的各种因素，分清各方责任，及时提出索赔，例如，使用专业项目进度管理软件可以有效地提高进度管理的效率。

（4）加强成本管理，控制和审核成本支出，通过比较预算成本和实际成本，为索赔提供依据。

（5）进行信息管理，成立专门的信息管理部门，为索赔提供必要的证据。

2. 承包商要提高索赔管理中的商务技巧

很多承包商在索赔时处理不当，直接导致了索赔的失败。承包商处理索赔可以遵循以下几个原则：

（1）承包商应该有正确的索赔心态，既不能怕影响关系不敢索赔，又不能不顾业主和工程师的反应，采取激烈言词，甚至抱侥幸心理骗取索赔。前者会影响承包商的直接利益，后者可能会造成关系紧张，加大索赔难度。承包商在索赔中应该有理有据，努力争取自己应得的利益。

（2）承包商应该加强与合同各方的沟通工作，处理好与业主和工程师的关系，使索赔工作得以顺利进行。

（3）承包商处理索赔应该有一定的艺术性。例如在索赔开始时应该用语委婉，不伤和气；当对方拒绝合作或拖延时，则应该采用较为强硬的措施。另外，索赔可以采取抓大放小的策略，放弃小项，坚持大项索赔。

思考题

1. 在建设工程项目中，业主和承包商如何做才能尽可能索赔成功？业主和承包商面临着哪些风险？

2. 导致索赔发生的原因有哪些？从合同管理的角度应如何尽量减少或避免索赔？

案例 2 中标后拒签施工合同的实例

C 城建设局发布招标公告，为该城轻轨铁路的一座综合服务楼进行公开招标。北光工程公司参与投标竞争，按照业主单位 C 城建设局制定的招标文件进行了报价，总价为 9342000 美元，系固定总价合同，有 9 家承包商参加竞争。

开标后，北光工程公司的报价最低，次低报价为 9737000 美元，二者相差 395000 美元，差额超过报价的 4%。该工程项目的设计概算造价为 9400000 美元。

北光公司检查自己的投标文件时发现，他们在报价书中少列一项工地管理费，其数额为 181274 美元。在开标后的当天，北光工程公司的经理立即致函 C 城建设局，报告了总价中遗漏的管理费，并要求与业主见面协商。承包商在致业主的信函中明确表示，该项目的总报价应包括该项工地管理费 181274 美元，合同总价应为 9523274 美元，否则，原报价撤销。

业主没有考虑承包商的要求，没有进行协商，即向承包商发出中标通知书，并附上全套施工合同，声明：如果在 5 日之内承包商不签署施工合同，则认为承包商违约，业主将不再受中标通知书的约束。

由于承包商拒签施工合同而构成违约，业主将其告上法庭，要求承包商赔偿由此给业主造成的经济损失。根据招标文件第 10 条"投标人违约时的业主权利"中称："如果投标人以任何理由违背了自己的合同责任，业主有权要求投标人支付投标价格和业主重新授标价格之间的差额……，以及业主重新招标所发生的一切费用等。"

承包商的辩护律师申明，投标书中遗漏的一项费用纯属综合报价的工作人员的疏忽，并在开标后被发现时立即向业主做了报告。业主不应在这样的情况下发出中标通知书。

法官审阅了报价书的资料，认为报价书中的漏项在总价合同报价中不容易被发现，又鉴于承包商北光工程公司拒绝签署并实施施工合同，确实给业主 C 城建设局带来了损失，依据招标文件第 10 条的规定，法官判决如下：

北光工程公司向 C 城建设局支付由于违约带来的损失，向 C 城建设局赔偿 395000 美元。据此判决，C 城建设局将综合服务楼工程的施工授予次低标，即报价序列倒数第二家工程承包公司。

评析：

EPC 合同虽属于设计、施工合同一类，但它具有不少独特之处，主要有：

（1）它主要适用于大型基础设施工程，一般除土木工程外，还包括机械及电气设备的采购和安装工作，而且机电设备的造价往往在整个合同额中占有相当大的比重。

（2）它的实施往往涉及某些专业的技术专利或技术秘密，承包商在完成工程项目建设的同时，还须将其专业技术的专利知识传授给业主方的运行管理人员。

（3）技术培训是 EPC 合同工作的重要组成部分，承包商要承担业主人员的技术培训和操作指导。

（4）EPC 合同往往涉及承包商的投资问题，包括延期付款，这就要求承包商要有一定的融资能力。

（5）承包商在实施合同的过程中承担较大的风险，因此，EPC 合同受到业主方的普遍欢迎。

从该案例中可以看出，承包商在投标报价时应十分仔细地考虑到各种工程成本因素，切不可漏项，以免在没有开始实施合同时就酿成合同争端，甚至付诸法律解决。

该案例中的承包商不是有意压低报价以求中标，而是因为疏忽大意而使报价过低而被业主选定为中标人，这种投标工作中的粗心大意，也同样会使自己陷入被动。为了避免这类性质的错误，承包商在投标报价时应注意做好以下工作：

（1）认真进行施工现场的调查研究，甚至进行必要的勘测工作，使自己对施工中可能遇到的困难有充分的准备，在报价时考虑到这些困难因素。

（2）认真进行物价的市场调研，对人工、材料、设备等价格掌握可靠的资料，使施工单价合理。即该单价既符合实际，又具有竞争性。

（3）在填写报价书时严格按工程量清单逐项仔细填写，防止漏项。

（4）在送出投标报价书之前，一定要经过专人再审阅核算一遍，发现并纠正漏项或计算错误，提高报价书的质量。

（5）万一在投标书截止时间前不久发现错误而已来不及修改报价书中的计算部分时，可以投标书专函的方式予以申明，甚至在此专函中对报价进行主动修改，以利于中标。

思考题

1．什么是EPC合同，它的主要特点是什么？
2．进行投标报价时应注意哪些问题？你能说出投标报价的一些技巧吗？

案例3 国际总承包工程变更案例分析

我国A工程承包公司在南美某国以总承包模式承建一座现代化甘蔗糖厂。该项目使用了国际咨询工程师联合会（FIDIC）出版的《设计—建造与交钥匙合同条件》（以下简称“FIDIC黄皮书”）作为通用合同条件。业主聘请英国B公司作为工程师为其规划和管理项目。除被业主聘为工程师外，B公司还与业主公司有着千丝万缕联系：项目融资方世界银行指定由B公司的高级管理人员在业主公司担任首席执行官，并且B公司每年还负责承销一部分业主公司生产的蔗糖。在此背景下，当项目工程范围出现歧义和漏洞时，工程师总是想尽办法保护业主的利益。本案例分析了总承包商如何灵活运用FIDIC黄皮书的相关规定和国际工程行业惯例将一个工程漏洞转化成一个带来盈利的变更。

项目合同对工程范围定义如下：SP1工作包：甘蔗卸载和喂料设备（以下简称“SP1设备”），用于将甘蔗从运输工具卸载到制糖生产线上；SW1工作包：整个项目的土建和安装工程；SW2工作包：甘蔗预处理设备，用于将甘蔗处理成蔗汁和蔗渣；SW3工作包：蔗糖制炼设备，用于将蔗汁制炼成蔗糖；SW4工作包：联合电站，利用蔗渣、重油发电和提供蒸汽。通常情况下，总承包商应该负责上述全部工程范围。然而，业主出于某些商业目的，将上述SP1工作包的设计和设备采购从整个工程范围中分离出来。在这种情况下，业主将依据FIDIC黄皮书第4.20款［业主设备和免费供应的材料］的相关规定负责提供SP1设备至现场，总承包商负责上述SW1～SW4工作包的设计、采购、建造和试车，以及SP1设备的土建、安装和试车。上述工程范围安排使业主和总承包商之间产生了一个界面接口，即业主负责的SP1与总承包商负责的SW1～SW4的技术衔接。根据经验，总承包工程项目中任何界面接口必然存在着合同约定歧义和工程范围漏洞的风险。实际情况验证了这一点：项目合同没有明确SP1设备的电力来源。

2015 年 11 月在与业主的 SP1 设备供货商就 SP1 设备现场布置、甘蔗传输速率等技术接口问题进行交流过程中，总承包商注意到 SP1 设备供货商从未提及 SP1 设备的供电安排。为了避免误解，总承包商向工程师反映了该情况并要求工程师明确 SP1 设备的供电安排由业主负责，工程师表示要进行相关调查。在随后的设计审核会上，工程师认定依据“Fit for the Purpose”原则（“Fit for the Purpose”原则是一条重要的国际工程惯例，即在国际总承包工程项目中，总承包商应保证项目完成后能满足合同规定之目的。该糖厂项目采用的 FIDIC 黄皮书对此做了明确规定，第 4.1 款[承包商一般义务]规定“When completed, the Works shall be fit for the purposes for which the Works are intended as defined in the Contract.”），总承包商应对整个项目的技术接口负责。既然总承包商负责 SW4 联合电站的建设，他应统筹考虑整个项目的供电和配电情况，因此总承包商应负责为 SP1 设备提供电力。SP1 设备的供电设施主要包括变压器、输配电柜和若干电缆（以下统称“SP1 供电设施”），功能主要是将 SW4 联合电站产出的中压直流电转换成低压交流电，并输送到 SP1 设备。总承包商对 SP1 供电设施进行了成本核算，大致需要 25 万美元。如果接受工程师的决定，总承包商将不得不承担该费用。总承包商重新详细梳理了合同条款，向工程师提出：①SP1 设备的供电设施属于合同漏项，总承包商有义务保证整个项目的技术接口，但没有义务为项目“补漏”，因此拒绝免费提供 SP1 的供电设施；②如果业主希望总承包商提供上述供电设施，应将该部分作为变更处理。

2016 年 1 月，工程师根据 FIDIC 黄皮书第 13.3 款［变更程序］发出书面指示，要求总承包商负责提供 SP1 供电设施，同时递交变更建议书。总承包商认为工程师的指示意味着业主已经认可了 SP1 供电设施的变更，遂迅速做出反应，向工程师提交了变更建议书，报价 50 万美元。在收到变更建议书后，工程师采取了拖延战术，无论总承包商如何催促，工程师始终未依据合同做出变更费用的决定。

根据项目工期计划，SP1 供电设施必须在 2017 年 7 月份运抵现场并开始安装，为此总承包商最迟必须在 2016 年 12 月委托制造厂生产这些设备。总承包商在 2016 年 11 月已经完成了 SP1 供电设施的设计工作，但工程师此时仍然没有对变更建议书进行确认。总承包商不得不面临两难选择：如果继续执行该变更，委托设备厂制造设备，工程师很有可能继续拖延变更决定时间，其用意无非是想等总承包商将供电设施造好并运抵现场开始安装后，找理由与总承包商谈判，借机讨价还价，压低供电设施价格。在这种情况下，总承包商将面临费用损失风险；如果拒绝执行该变更，总承包商首先违反了合同条件第 13.3 款［变更条件］的规定（即业主工程师在收到总承包商的变更建议书后应尽快回复。在等待回复期间，总承包商不能延误任何工作），从而有可能受到业主索赔。其次 SP1 设备是整个项目的龙头工段，如果 SP1 设备因缺电而不能投产或晚投产，整个项目将因此无法按时试车。

综合分析上述情况，总承包商判断业主伙同工程师拖延确认变更费用的目的并不是想拒绝支付，其主要是想等到设备制造好并运到现场后借机压低变更价格。而且出于整个项目利益考虑，总承包商在能够收回成本的情况下还是愿意执行该变更。因此，为了不影响整个项目进度以及与业主、工程师的关系，总承包商采取了变通办法：在得到工程师对 SP1 供电设施设计图纸的批准后，总承包商随即秘密委托制造厂生产了设备，并将这些设备混在其他正常设备中运抵现场。2017 年 6 月，当供电设备到达现场时，工程师还不知情。上述办法虽然解决了项目进度问题，但仍然不能迫使工程师确认变更价格。于是，总承包商在 2017 年 4 月再次向业主发函，回顾了整个变更的来龙去脉，并重点强调了以下内容：

第一，合同条款的规定：FIDIC 黄皮书规定了变更程序的两种模式——工程师签发变更指示模式和工程师要求提交变更建议书模式。针对不同的程序模式，工程师应采用不同的变更定价方法，总承包商也拥有相应的合同权利。

第二，工程师的失职：根据 FIDIC 黄皮书，工程师本应在收到变更建议书后立即依据合同作出决定，但实际上是一再拖延。

第三，总承包商的合作态度：尽管没有得到工程师对变更建议书的确认，总承包商为了保证项目进度仍然开始了 SP1 供电设施制造（实际上 SP1 供电设施当时已经在运往工程目的国的途中）。

结论：督促工程师立即对变更建议书进行确认。工程师在收到上述函件后也采取了变通办法，他签发了一份没有价格的变更指令（Variation Order），其用意是既迫使总承包商继续执行变更，又不给出任何价格承诺（工程师拖延确认变更价格的情况在国际工程行业屡见不鲜。这种现象与承包商在项目中的变更价格谈判地位有关。通常情况下，承包商的谈判地位在项目建设早期和中期最高，此时如果业主为了促进承包商的建设积极性，往往在变更价格上容易做出让步；到了项目后期，承包商谈判地位最弱，此时不仅承包商已经完成了大部分建设工作，而且业主手中往往还掌握着大量项目待结算款项。因此，如果工程师将变更价格的确认拖到项目后期，业主将拥有更多的价格谈判主动权）。此后工程师再次就此事保持沉默。

2017 年 11 月，总承包商已经安装完 SP1 的供电设施，但工程师仍然不肯就变更费用进行确认。总承包商不得不再次向工程师发函，指责其没有履行工程师应有的公正和专业的义务，严重违背了工程师的职业行为准则，并暗示如果再不依据合同决定变更价格，总承包商将有可能依据相关法律和国际惯例采取针对工程师的行动。此时，工程师自知理亏，在权衡了工程师公司与业主公司各自利益后，于收到承包商信函后第五日，签发了已经拖延半年的变更价格确认函，裁定变更费用为 40.8 万美元。至此，总承包商成功赢得了该变更，不仅收回了变更成本，而且还获得了 15 万美元的利润。

评析：

（1）FIDIC 黄皮书第 13.1 款 [变更权] 和第 13.3 款 [变更程序] 将总承包工程项目的变更程序分为两种模式，这两种程序模式对应了不同的变更定价方法：

模式 1：在工程师签发变更指示前，可以邀请总承包商提供包括费用、工期延长和技术方案三部分内容的变更建议书，工程师收到该建议书后应立即做出批准或拒绝的回复。总承包商在等待工程师回复期间，不得延误任何工作。

模式 2：工程师直接签发变更指示，要求总承包商执行某变更，同时记录变更执行过程中总承包商发生的各种费用以及变更对项目工期造成的影响。待完成变更后，总承包商提交费用和工期影响记录，由工程师批准认可。因此，业主可以随时委托工程师发起一项变更，总承包商不仅必须执行这项变更，而且变更涉及的费用和工期都由业主或工程师单方面决定，总承包商几乎没有话语权。欧洲国际承包商协会（European International Contractors，EIC）在 2003 年出版的《EIC Contractor's Guide to the FIDIC

Conditions of Contract》中指出 FIDIC 在设计变更条款时明显偏向于业主一方，不仅将发起变更的权力完全归属于业主或工程师，而且部分损害了总承包商对变更定价的权力。FIDIC 不公平地让总承包商承担了不应承担的风险。

在本案例中，工程师深谙上述合同原理，他开始使用了模式 1，邀请总承包商提供变更建议书，然后利用“总承包商在等待回复期间不得延误任何工作”的合同规定拖延回复时间，待总承包商发文指责其失职后，又改用了模式 2，希望继续拖延决定变更费用的时间，直至项目最后移交。工程师的这种通过运用合同原理来转嫁风险的方法往往给总承包商带来巨大损失。与工程师的利用合同原理转嫁风险的方法相对应，总承包商则充分使用了下文提到的与工程师在总承包工程项目中承担的义务和责任相关的国际工程行业惯例成功反驳了工程师。为了从根本上杜绝总承包商在变更定价方面的被动，建议在合同谈判阶段对 FIDIC 合同条件进行以下修改：一是对工程师回复总承包商的变更建议书增加时间限制，例如工程师在收到总承包商提供的变更建议书后 14 日内应进行回复。二是删除“总承包商在等待回复期间不得延误任何工作”的规定，改为“总承包商可以在其变更建议书得到工程师的批准或总承包商与业主就变更造成的费用和工期达成了一致后开始实施变更。”

（2）针对与工程师的义务和责任相关的国际工程行业惯例，总承包工程项目具有工程技术和范围复杂、合同条件概括笼统的特点，工程师在总承包工程项目执行中往往拥有较大话语权和权力发挥空间，发挥着至关重要的作用。本案例充分说明了这一点。作为一种有效保护己方利益的手段，了解和掌握与工程师的义务和责任相关的国际工程行业惯例，可以有效帮助总承包商在与工程师进行类似变更定价这样的合同博弈时占据主动。

总承包商在履行其合同义务时，应时刻牢记工程师的权力不是无限大，工程师的权力受制于合同规定。以 FIDIC 合同条件为代表的国际合同范本都出于对责权利平衡的角度考虑，依据工程的承包模式对工程师的权力进行了适度规定，例如在传统施工合同（FIDIC 红皮书）中工程师的权力就大于总承包合同（FIDIC 黄皮书或银皮书）中工程师的权力。但实践中，工程师为了获得充分权力，往往对平衡的合同范本进行针对性的修改。

在本案例项目中，经验老到的工程师在合同条件中保留了 FIDIC 黄皮书对其权力的基本规定，但却在本应是技术文件的合同第三部分“业主要求”中添加了大量增强其管理权力的条款。这种合同设置既增加了工程师的合同权力，又避免使承包商在合同谈判和签约阶段特别注意和拒绝这些给工程师带来额外权力的合同修改。例如在案例项目中，工程师在“业主要求”中增加了工程师对设备选型有审批权的规定。在项目的设计阶段，工程师滥用审批权力，以性能可靠为由要求总承包商在设备选型时用技术更先进、价格更昂贵的英国进口设备代替总承包商选用的国产设备，否则不批准总承包商的设备选型方案。这种要求显然不合理，但不接受工程师的推荐，设备选型就得不到批准。总承包商最后不得不接受了工程师的要求。在总承包工程项目中，承包商承担了“设计－采购－施工”的全部合同责任。因此，承包商应尽量避免在确定设计方案、设备选型、选择分包商或供货商、确定施工方案等一系列项目重要工作节点上赋予工程师过多话语权。

思考题

1．该项目中工程师采用了什么技巧？承包商又是如何应对的？

2. 导致工程变更的因素有哪些？

案例4 国际工程项目风险管理案例对比分析

成功案例：某公司实施伊朗某大坝项目

我国某公司在承包伊朗某大坝项目时，风险管理比较到位，成功地完成了项目并取得较好的经济和社会效益。下面对该项目从几个主要方面进行分析：

合同管理：该公司深知合同签订、管理的重要性，专门成立了合同管理部，负责合同的签订和管理。在合同签订前，该公司认真研究并吃透了合同，针对原合同中的不合理条款据理力争，获得了有利的修改。在履行合同过程中，则坚决按照合同办事，因此，项目进行得非常顺利，这也为后来的成功索赔提供了条件。

融资方案：为了避免利率波动带来的风险，该公司委托国内的专业银行做保值处理，避免由于利率波动带来风险。因为是出口信贷工程承包项目，该公司要求业主出资部分和还款均以美元支付，这既为我国创造了外汇收入，又有效地避免了汇率风险。

工程保险：在工程实施过程中，对一些不可预见的风险，该公司通过在保险公司投保工程一切险，有效避免了工程实施过程中的不可预见风险，并且在投标报价中考虑了合同额的6%作为不可预见费。

进度管理：在项目实施过程中，影响工程进度的主要是人、财、物三方面因素。对于物的管理，首先是选择最合理的配置，从而提高设备的效率；其次是对设备采用强制性的保养、维修，从而使得整个项目的设备完好率超过了90%，保证了工程进度。由于项目承包单位是成建制的单位，不存在内耗，因此对于人的管理难度相对小；同时项目部建立了完善的管理制度，对员工特别是当地员工都进行了严格的培训，这大大保证了工程的进度。

设备投入：项目部为了保证施工进度，向项目投入了近2亿元人民币的各类大型施工机械设备，其中包括挖掘机14台、推土机12台、45t自卸汽车35台、25t自卸汽车10台、装卸机7台、钻机5台和振动碾6台等。现场进驻各类技术干部、工长和熟练工人约200人，雇佣伊朗当地劳务550人。

成本管理：对于成本管理，项目部也是牢牢抓住人、财、物这三个方面。在人的管理方面，我国承包商牢牢控制施工主线和关键项目，充分利用当地资源和施工力量，尽量减少中国人员。通过与当地分包商合作，减少中方投入约1200万～1500万美元。在资金管理方面，项目部每天清算一次收入支出，以便对成本以及现金流进行有效掌控。在物的管理方面，选择最合理的设备配置，加强有效保养、维修，提高设备的利用效率。项目部还特别重视物流工作，并聘用专门的物流人员，做到设备材料一到港就可以快速清关，并能很快应用在工程中，从而降低了设备材料仓储费用。

质量管理：该项目合同采用FIDIC的EPC范本合同，项目的质量管理和控制主要依照该合同，并严格按照合同框架下的施工程序操作和施工。项目部从一开始就建立了完整的质量管理体制，将施工质量与效益直接挂钩，奖罚分明，有效地保证了施工质量。

HSE管理：安全和文明施工有利于树立我国公司在当地的良好形象，因此该项目部格外重视，并自始至终加强安全教育，定期清理施工现场。同时为了保证中方人员的安全，项目部还为中方人员购买了人身保险。

沟通管理：为了加强对项目的统一领导和监管，协调好合作单位之间的利益关系，该公司成立了项目领导小组，由总公司、海外部、分包商和设计单位的领导组成，这也大大增强了该公司内部的沟通与交流。而对于当地雇员，则是先对其进行培训，使其能很快融入项目中，同时也尊重对方，尊重对方的风俗习惯，以促进中伊双方人员之间的和谐。

人员管理：项目上中方人员主要是中、高层管理人员，以及各作业队主要工长和特殊技工。项目经理部实行聘任制，按项目的施工需要随进随出，实行动态管理。进入项目的国内人员必须经项目主要领导签字认可，实行一人多岗、一专多能，充分发挥每一个人的潜力，实行低基本工资加效益工资的分配制度。项目上，机械设备操作手、电工、焊工、修理工、杂工等普通工种则在当地聘用，由当地代理成批提供劳务，或项目部直接聘用管理。项目经理部对旗下的四个生产单位（即施工队）实行目标考核、独立核算，各队分配和各队产值、安全、质量、进度和效益挂钩，奖勤罚懒，拉开差距，鼓励职工多劳多得，总部及后勤人员的效益工资和工作目标及各队的完成情况挂钩。

分包商管理：该项目由该公司下属全资公司某工程局为主进行施工，该工程局从投标阶段开始，即随同并配合总公司的编标，考察现场，参与同业主的合同谈判和施工控制网布置，编制详细的施工组织设计等工作，对于项目了解比较深入。该工程局从事国际工程承包业务的技术和管理实力比较雄厚，完全有能力完成受委托的主体工程施工任务。同时该公司还从系统内抽调土石坝施工方面具有丰富经验的专家现场督导，并从总部派出从事海外工程多年的人员负责项目的商务工作。其合作设计院是国家甲级勘测设计研究单位，具有很强的设计能力和丰富的设计经验。分包商也是通过该项目领导小组进行协调管理。

失败案例：某联合体承建非洲公路项目

我国某工程联合体（某央企和某省公司共同组成）在承建非洲某公路项目时，由于风险管理不当，造成工程严重拖期，亏损严重，同时也影响了中国承包商的声誉。该项目业主是该国政府工程和能源部，出资方为非洲开发银行和该国政府，项目监理是英国监理公司。

在项目实施的四年多时间里，中方遇到了极大的困难，尽管投入了大量的人力、物力，但由于种种原因，合同于 2005 年 7 月到期后，实物工程量只完成了 35%。2005 年 8 月，项目业主和监理工程师不顾中方的反对，单方面启动了延期罚款，金额每天高达 5000 美元。为了防止国有资产的进一步流失，维护国家和企业的利益，我方承包商在我国驻该国大使馆和经商处的指导和支持下，积极开展外交活动。

2006 年 2 月，业主致函我方承包商同意延长 3 年工期，不再进行工期罚款，条件是我方承包商必须出具由当地银行开具的约 1145 万美元的无条件履约保函。由于保函金额过大，又无任何合同依据，且业主未对涉及工程实施的重大问题做出回复，为了保证公司资金安全，维护我方利益，中方不同意出具该保函，而用中国银行出具的 400 万美元的保函来代替。但是，由于政府对该项目的干预未得到项目业主的认可，2006 年 3 月，业主在监理工程师和律师的怂恿下，不顾政府高层的调解，无视我方对继续实施本合同所做出的种种努力，以我方企业不能提供所要求的 1145 万美元履约保函的名义，致函终止了与中方公司的合同。针对这种情况，中方公司积极采取措施并委托律师，争取安全、妥善、有秩序地处理好善后事宜，力争把损失降至最低，但最终结果目前尚难预料。

该项目的风险主要有：

外部风险：项目所在地土地全部为私有，土地征用程序及纠纷问题极其复杂，地主阻工的事件经常发生，当地工会组织活动活跃；当地天气条件恶劣，可施工日很少，一年只有 1/3 的可施工日；该国政府对环保有特殊规定，任何取土采沙场和采石场的使用都必须事先进行相关环保评估并最终获得批准方可使用，而政府机构办事效率极低，这些都给项目的实施带来了不小的困难。

承包商自身风险：在陌生的环境特别是当地恶劣的天气条件下，中方的施工、管理、人员和工程技术等不能适应于该项目的实施。在项目实施之前，尽管我方承包商从投标到中标的过程还算顺利，但是其间隐藏了很大的风险。业主委托一家对当地情况十分熟悉的英国监理公司起草该合同。该监理公司非常熟悉当地情况，将合同中几乎所有可能存在的对业主的风险全部转嫁给了承包商，包括雨季计算公式、料场情况、征地情况。我方公司在招投标前期做的工作不够充分，对招标文件的熟悉和研究不够深入，现场考察也未能做好，对项目风险的认识不足，低估了项目的难度和复杂性，对可能造成工期严重延误的风险并未做出有效的预测和预防，造成了投标失误，给项目的最终失败埋下了隐患。随着项目的实施，该承包商也采取了一系列的措施，在一定程度上推动了项目的进展，但由于前期的风险识别和分析不足以及一些客观原因，这一系列措施并没有收到预期的效果。特别是由于合同条款先天就对我方承包商极其不利，造成了我方索赔工作成效甚微。

内部风险：在项目执行过程中，由于我方承包商内部管理不善，野蛮使用设备，没有建立质量管理、保证体系，现场人员素质不能满足项目的需要，现场的组织管理沿用国内模式，不适合该国的实际情况，对项目质量也产生了一定的影响。这一切都导致项目进度仍然严重滞后，成本大大超支，工程质量也不如意。

该项目由某央企工程公司和省工程公司双方五五出资参与合作，项目组主要由该省公司人员组成。项目初期，设备、人员配置不到位，部分设备选型错误，中方人员低估了项目的复杂性和难度，当项目出现问题时又过于强调客观理由。现场人员素质不能满足项目的需要，现场的组织管理沿用国内模式。在一个以道路施工为主的工程项目中，道路工程师却严重不足甚至缺位，所造成的影响是可想而知的。在项目实施的四年间，该承包商竟三次调换办事处总经理和现场项目经理。在项目的后期，由于项目举步维艰，加上业主启动了惩罚程序，这使原本亏损巨大的该项目雪上加霜，项目组织也未采取积极措施稳定军心。由于看不到希望，现场中外职工情绪不稳，人心涣散，许多职工纷纷要求回国，当地劳工纷纷辞职，这对项目也产生了不小的负面影响。由上可见，尽管该项目有许多不利的客观因素，但是项目失败的主要原因还是在于承包商的失误，而这些失误主要还是源于前期工作不够充分，特别是风险识别、分析管理过程不够科学。尽管在国际工程承包中价格因素极为重要而且由市场决定，但可以说，承包商风险管理（及随之的合同管理）的好坏直接关系到企业的盈亏。

评析：

对于施工项目，承包商绝对不能低估所需完成的工程量和所需投入的资源（人工、机械设备、材料等）数量，如果低估了工程量和资源数量，以及通货膨胀或变更（不管是否有业主或工程师的变更通知）的影响，成本就可能超支。而且可能会发生工期延误的风险。管理成本超支风险主要存在以下几方面：

人工、机械设备、材料的成本以及日常费用（包括维护与更换成本）；相关法律、法规规定的费用；贷款的利息支付；应上缴的地方和国家税收；变更及索赔；通货膨胀、工资上涨以及重要进口物资的汇率波动；处理建筑垃圾和受污染土地的费用；现金流（资金的减少，如周转不灵，就会影响分包商和供应商的工作状况）；不必要的或过高的施工保函或担保；雇佣了不得力的分包商；不充分的现场调查等。

项目没有在合同规定的竣工日期前完成（考虑经协商同意或通知的工期延长）就是工期延误，该风险与施工合同条款密切相关，如果是由于承包商的失误造成工期延误，承包商就需要支付违约赔偿金或罚金。施工阶段特别是施工前期导致工期延误的主要原因有：合同不公平，合同管理不规范、设计或图纸的错误、变更过多或图纸供应延误、施工现场用地获取延误、施工错误（特别是设计复杂的情况下）、分包商或供应商的过失、恶劣的天气、未预计到的现场地质情况或设施供应情况、施工方法或设备选择错误、争端、材料短缺、人员、机械设备或事故、规划许可或审批延误。

思考题

1. 第一个案例成功的因素是什么？第二个案例项目为什么失败？
2. 从中你得到什么启发？

案例5 南亚某国港口设施项目

一、合同概况

该项目是某港散货与集装箱多功能泊位，是后方堆场、仓库、维修车间、办公楼、港内道路与铁路，以及上下水等配套工程。业主是当地港务局（CPA），总承包商是中港总公司（CHEC），承建单位为中港四航局，土建分包是南京国际公司。签约时间 2007 年 6 月 12 日，开工时间为 2009 年 7 月 23 日，完工时间为 2012 年 7 月 5 日。签约时合同额为 2400 万美元，竣工结算工程款为 3860 万美元。该项目世界银行贷款，外汇比例 65%为美元，其余当地币（TK），税金为 3%合同额，预付款比例为 15%合同额，履约保函为 10%合同额，保留金 5%合同额。合同通用条款为 FIDIC 第三版合同条款。该项目为分期交工，拖期罚款也是不同的：码头 A 区拖期罚款为 25 万 TK/d；全部工程拖期罚款为 33.5 万 TK/d。技术规范为英国 BS 规范。设计为英国公司，施工监理也是英国公司的联合体。

二、合同的特点及难点

（1）合同条款为 FIDIC 第三版，为单价结算合同，监理工程师负责管理，并且为分段交工的合同。

（2）承建单位和土建分包单位都是第一次搞境外承包工程，对合同和规范不熟悉，曾一度出现凭经验施工，给工程实施增加难点的现象。

（3）英国人设计和监理，使用英国设计和施工规范，承包商不懂、不熟悉，国内有些经验用不上，施工初期，束手无策。

（4）堆场软土地基处理工程量大、技术复杂、施工条件差，时间紧，是工程的难点。

（5）工程所处的国家和地方，工业基础差、技术市场、劳务市场和经济市场不完备，物资供应和劳务提供都很难。

三、经营结果

（1）该项目是分段交工的项目。合同工期条款中明确规定，码头区即A区先交工，原因是业主要求提前投入使用。在工期罚款中，规定了A区没延迟交工一天就罚25万TK，而且会出现初期现场暴露的许多问题，如不按合同要求和技术规程施工，凭国内经验办，工程师提出批评，他们不接受，不了解工程师在合同管理中业主赋予的权利；不按要求采购施工设备，因不符合要求而被工程师拒绝，需重新采购等。项目部针对暴露出来的问题，组织大家学习合同、技术规程，端正态度，正确处理与业主、工程师的关系，扭转了开工初期的被动局面，为工程顺利实施创造了条件。

（2）针对项目的设备采购和安装的工程量大，而且技术和质量要求高的特点，项目部采取了积极措施，派出有经验的技术和物资采购人员分头到马来西亚、日本等十几个国家和地区，按技术规程要求采购，并经香港有名船级社按BS规范要求逐项验证。规范对钢结构加工要求很高，经认真落实，认为现场的条件无法解决，决定采用境外工厂化加工制作，运到现场组装。规范对水泥标号和性能要求高，要求水泥与当地砂、石料制混凝土时不起碱反应，约5万吨水泥除满足BS12要求外，且要求C_3A含量不超过0.8%，Na_2O含量低于0.6%，选出当地的、国产的及邻近国家几家水泥样品送检，最后确定国产的乐山水泥厂符合要求。工程所需的物资设备，除砂、石料使用当地的，其余全部靠进口，进口手续复杂、通信条件又差，给采购、供应带来许多困难，但经过大家共同努力，满足了施工的需要。

（3）该工程是码头后方堆场、生产设施和附属建筑物为主的配套项目施工，施工范围内的场地几乎全部为软土地基，按设计要求94%需预压加固，预压所需材料多、预压时间长、标准高，直接影响工程造价、进度和质量，是该项目的关键工序。

项目部从第一手资料入手，钻探取样、研究分析，发现地质构造与标书有出入，根据成层构造和透水特性，进行固结计算，按计算结果在30m×30m小范围内预压试验，结果证明可以取消插打塑料排水板，采取一次加载到位快速预压的施工方法，预压时间由原方案的7个月降至1.5个多月，完全满足规范要求。预压材料由山砂代替原方案的海砂，解决了预压材料的供应难题。项目部把钻探结果、试验和计算结果写成专题报告，很快得到工程师的批准。由于技术上的改进，大量堆载预压材料的圆满解决，全部解决软基预压处理的难题。

（4）加强成本控制，做好施工索赔，减少损失，扩大效益。

1）开工前对工程成本进行全面核算，制订成本控制计划，把成本计划落实到各个部门和施工现场，对投标报价时形成的问题，进行认真分析，从施工方案、计划控制和质量控制诸多方面寻求解决问题、降低成本的途径。这是极其重要、非常关键的一步。

2）从技术方案上降低成本。①软基处理项目，在投标书中按吹填海砂分块预压的技术方案。在真正要实施时，发现海砂储量不足，当地无采砂吹填的挖泥船可以租赁，从国内调迁费用太高，经过认真研究标书和现场实地调查，决定改用山砂代替海砂，技术可行，造价低，预压时间短。②通过进一步钻探取样，经过技术论证，取消原方案中的插打塑料排水板，采用快速滚动预压法，一次加载到位，加速排水固结时间，不仅节省插打塑料排水板的施工设备和材料，还加快施工进度。

3）巧妙利用合同条款降低施工成本。①据合同规定，当合同总价的5%保留金扣留完毕时，承包人可以提供相应金额的保函，则可以从业主方面申请到50%的保留金的退款，补充流动资金的不足，减少贷款及利息。②在写预压方案变更时，是依据技术规范中“也可以使用山砂”的条款，附加了典型试验分析报告和相关的技术论证，咨询工程师很快做了批复，同意用山砂代替海砂的预压方案。

4）依据合同赋予承包人的索赔权利，充分利用合同条款，按惯例提交报告和资料，做到有理有据，成功索赔。①在合同第70条价格调整条款中，给出了价格调整项目和公式。该合同是2007年投标报价，到2009年7月才开工，再加上历时近3年半的施工期，基本上所有的材料、设备、人工工资都有不同程度的上调。承包商选配比较精干，熟悉合同的人员在高薪聘请的专家指导下做此项工作，利用规定进行合同单价索赔，使合同总额增加1000多万美元。②承包商开工前按合同要求，对工程进行保险。2010年4月29日，施工现场发生了百年不遇的特大飓风，风灾后，按规定拍照取证，清点现场损失情况，列清单写报告，向投保的保险公司索赔，并抄送咨询工程师和业主，除了从保险公司获得130万美元损失赔偿外，还从业主索赔到35日工期延长。

评析：

这项工程，开始因不熟悉国际承包合同管理，走了些弯路，也花了不少冤枉钱，但中期以后，在实践中向合同规范和监理工程师学习，使工程逐步走上正轨。结束时，工期按时完工，工程质量评为优良，尤其在工程索赔上取得了丰硕的成果，工程竣工结算是盈利的。

这个案例告诉我们：①搞国际工程承包，就必须按国际惯例办事，不能单凭在境内搞工程的经验办事。为了把第一个境外承包项目搞好，安排了许多技术好、施工经验丰富的干部到项目部工作，但他们不懂外国规范，没有境外施工管理经验，初期进度、质量上不去，工程师和业主不满，要求换人，问题的核心是境外承包管理与境内不同，需用外向型人才管理。后经过近半年的运行，通过总结，决定精简机构，调整人员，为适应现场生产需要，增设了总调度员，减少散乱人员，加强合约部和物资采购部的力量，从而使项目不断走向正轨，扭转开工初期的被动局面。②重视投标报价时单价水平的把握，合同执行也很重要，不为小利失大利，综观全局，权衡利弊。③项目负责人应以严肃的态度对待合同和进度计划，工作时应严格执行进度计划，执行中要善于有预见性的分析和发现问题，必须采取果断措施，避免和扭转被动局面。承包商必须针对问题，采取相应对策，要求项目经理具有丰富的施工和合同管理经验。④按合同规定施工，认真执行规范和标准，多听工程师的意见，选用负责任的人和先进方法管理质量，一定确保合格，争取优良。⑤必须实现费用的动态控制和主动控制，及时发现问题，及时采取针对性纠偏措施，如组织的、经济的、技术和合同措施。⑥做好施工索赔管理。⑦处理好业主和工程师的关系。

思考题

1．你从这个案例中得到了什么启发？

2. 履行单价工程合同时应把握好哪些问题？

案例6 加纳排水渠项目的创收经验

（一）项目合同概况及难点

加纳排水渠工程的目的，是彻底治理穿越该国首都阿克拉市的一条泄洪排污河道，使首都在洪水季节免受淹没之灾，城市污水宣泄畅通，首都的环境得到保护和改善。为此，要修建混凝土渠道和管道数十公里以及大量道路、桥涵等建筑物，完成土方工程67万m^3，混凝土6万m^3，施工用模板8.7万m^3，等等。此项目的特点是：施工内容繁杂，市区施工干扰大，受天气影响严重，要保证按期建成难度甚大。

工程项目的规模虽然不大，但投标竞争甚为激烈。中国的一家专业承包公司为了继续开拓这一承包市场，使已完项目的下场设备得到利用，决定采取低价中标的策略，为此终以852万欧元的合同价中标。

开工后不久，1999～2001年期间欧元大幅贬值，在项目施工期的平均贬值率达19%，使该项目在开工之初就面临经济亏损的严峻局面。

中国项目的合同文件采用FIDIC《土木工程施工合同条件》（第4版）；项目为世界银行贷款，工程施工按照国际工程惯例进行施工合同管理。这些条件，为项目的顺利实施奠定了基础。

（二）施工期采取的经营管理措施

1. 加强施工组织，力争按期完工

项目组制订了周密的施工计划，并根据客观变化及工作人员的意见不断修正，每周末举行生产例会，检查实施情况，对现场生产进度进行适度监控。在要求各施工组完成生产进度的同时，引进以产量奖为核心的浮动工资制度，进一步调动了工人的积极性，原计划在3个月内完成4000m管线施工的任务，仅用两个半月的时间就圆满完成了。

2. 注重技术管理，保证施工质量

在施工过程中，项目组按照合同文件及施工技术规程的规定，严格要求各施工组保证施工质量，维护承包商的信誉。水利工程的特点，是对建筑物的强度和防渗性有严格的规定。项目组在检查各施工组的工作时，不仅检查施工进度，更严格地检查施工质量。因此，此项工程的施工质量获得了业主和工程师的赞扬。

3. 钻研合同条件，抓紧每个增收的环节

在整个施工过程中，项目组对合同文件深入研究，对工程进度款的申报和物价上涨的价格调整，以及应获取的索赔款等项收入，都认真仔细地进行申报和催款，以维护自己的合法的经济利益，扭转中标时的过低报价给自己带来的经济亏损风险。

增加收入机会较大的是进行工程变更，这要依靠设计变更或追加工程内容来实现。由于设计工作原来存在考虑不周的地方，因而要修改设计断面。此外，由于承包商诚实履约，专业技能和经验丰富，业主和工程师采纳了他的建议，增加了多项工作作为议标项目，仅此项新增合同额即达250万美元。

第二个增加收入的途径是进行物价调整。即根据FIDIC合同条件第4版第70.1条费用增减及其专用条件中的调价公式进行计算，以补偿物价上涨给承包商带来的额外开支。这个项目合同额不大，其物价调整带来的收益亦在30万美元以上。

第三个增加收入的途径是进行施工索赔。这是根据承包商遭遇的不可预见的风险或完成合同范围以外的工作而应该获得的补偿。在这项合同实施的过程中，承包商提出多项索赔要求，实际收回索赔额在 90 万美元以上。

（三）经营成果

这项排水渠工程合同工期为 33 个月，由于承包商施工管理得力，实际上提前 3 个月建成工程，具体施工期为 2008 年 12 月至 2010 年 6 月。工程质量优良，业主和工程师均表示满意。在竣工典礼时，该国副总统亲临剪彩，为中国承包商树立了良好的信誉。

在经济效益方面，彻底扭转了开工初期面临的亏损危机，最终结算工程款额为 1450 万欧元，较中标合同价 852 万欧元增加了 598 万欧元，为中标合同价的 70%以上，其中实现税后纯利润约 200 万美元。

评析：

项目经济效益的根本扭转，得益于细致的施工合同管理工作。使承包商自己应得的、符合合同规定及国际惯例的经济收入逐项地予以落实，其中主要的有：

（1）建筑物设计变更引起的工程变更，新增合同收入 134 万美元。

（2）追加工程内容及议标项目，增加合同收入 250 万美元，其利润率达 20%以上。

（3）通过物价调整计算和批准，增收 30 万美元。

（4）由于欧元贬值造成的汇率损失，取得了 80%的汇率损失补偿。

（5）工程保险范围内的损失，向保险公司申报保险索赔，两次支付共 6.5 万美元。

（6）施工索赔款，三次成功的索赔收入为 92 万美元。

因此本案例成功的主要原因是抓住了创收的途径和机会，在实施工程变更时，做好施工记录和验收签字工作。工程变更最普遍的情况是实际工程量同工程量清单中所列的工程量发生变化。而实际工程量是承包商在“月结算单”中取得工程款的基础，因此，承包商要注意做好施工现场记录，在同工程师的现场技术员验收时做好签字工作，这些资料很可能会在日后的结算或索赔中起重要作用。当工程量变更很大时，要抓住新定施工单价的机会。

思考题

1. 本案例成功的原因是什么？
2. 为了保证工程的顺利实施，施工期间应采取哪些措施？

参考文献

[1] 李启明. 建设工程合同管理. 2版. 北京：中国建筑工业出版社，2015.
[2] 李启明. 土木工程合同管理. 3版. 南京：东南大学出版社，2018.
[3] 陈慧玲. 建设工程招标投标实务. 南京：江苏科学技术出版社，2004.
[4] 李志生，付冬云. 建筑工程招标投标实务与案例分析. 北京：机械工业出版社，2010.
[5] 王瑞玲. 工程招投标与合同管理. 北京：中国电力出版社，2011.
[6] 陈美华. 香港超人：李嘉诚传. 广州：广州出版社，2002.
[7] 沈中友. 工程招投标与合同管理. 武汉：武汉理工大学出版社，2014.
[8] 舒畅. FIDIC条款解析与案例. 重庆：重庆大学出版社，2015.
[9] 中国建设监理协会. 监理工程师建设工程合同管理. 北京：中国建筑工业出版社，2019.